普通高等教育"十三五"规划教材

微型计算机原理与接口技术

（微课版）

马　静　王建国　主　编

徐万罗　王河媛　茹　媛　副主编

U0316892

中国铁道出版社有限公司

CHINA RAILWAY PUBLISHING HOUSE CO., LTD.

内 容 简 介

本书由主讲微型计算机原理与接口技术的教师团队，在总结多年教学经验的基础上，结合微型计算机技术的最新发展编写而成。主要内容包括：微型计算机系统的概念和原理、Intel 8086/8088系列微处理器的内部结构、指令系统、汇编语言程序设计、存储器系统、输入与输出、中断控制技术、并行接口、可编程定时器/计数器、串行通信接口以及模/数与数/模转换。书中重点难点部分配有讲解视频，并有在线课程供学生学习。

本书条理清晰、讲解透彻、语言流畅、理论与实践相结合，并配有诸多应用实例，力求培养学生具备作为科研人员应掌握的资料阅读能力、接口设计能力、系统设计与编程实现能力以及软、硬件调试能力。

本书适合作为普通高等院校电子类、计算机类专业的教材，也可以作为其他工科类本科生的教材，还可作为学习和从事微型计算机系统设计和应用的科技人员的参考用书。

图书在版编目（CIP）数据

微型计算机原理与接口技术：微课版/马静，王建国主编. —
北京：中国铁道出版社有限公司，2019.9（2022.7重印）
普通高等教育"十三五"规划教材
ISBN 978-7-113-26090-3

Ⅰ. ①微… Ⅱ. ①马… ②王… Ⅲ. ①微型计算机－理论－
高等学校－教材②微型计算机－接口技术－高等学校－教材
Ⅳ. ①TP36

中国版本图书馆CIP数据核字（2019）第164163号

书　　名：微型计算机原理与接口技术（微课版）
作　　者：马　静　王建国

策　　划：唐　旭　　　　　　　　　　　　　编辑部电话：（010）63549508
责任编辑：陆慧萍　彭立辉
封面设计：刘　颖
责任校对：张玉华
责任印制：樊启鹏

出版发行：中国铁道出版社有限公司（100054，北京市西城区右安门西街8号）
网　　址：http:// www.tdpress.com/51eds/
印　　刷：北京铭成印刷有限公司
版　　次：2019年9月第1版　　2022年7月第3次印刷
开　　本：787 mm×1 092 mm　1/16　印张：21　字数：480千
书　　号：ISBN 978-7-113-26090-3
定　　价：58.00元

前　言

　　微型计算机的应用已经深入到科学计算、信息处理、工业控制、仪器/仪表制造、多媒体信息处理以及通信网络等各个方面。微处理器字长从 4 位、8 位、16 位发展到 64 位；集成度从 Intel 4004 的 2 000 个晶体管/片，发展到 Intel Core 2 的 2.91 亿个晶体管/片，工作频率从最初的 0.5 MHz 提高到 3.2 GHz。

　　在高等教育的课程体系中，"微型计算机原理与接口技术"除了被设置为计算机类、电子类专业的专业基础课程外，近年来，绝大多数工科专业也将其列为专业基础课，作为后续学习计算机相关技术的基础。为了便于学生的学习，我们组织了一个多年从事该门课程教学的教师团队，在总结多年教学经验的基础上，结合微型计算机技术的最新发展，编写了本书。同时，书中相关重点难点部分，配有教师的视频讲解，并设计开发了"微机原理与应用"在线课程，帮助学生进一步深化学习。学生扫描二维码，即可进行观看。

　　Intel 8086/8088 是典型的 16 位微处理器，虽然现在微处理器发展到了 64 位，功能也有了极大的提高，但是其内部结构的设计思想、指令系统、芯片连接、接口处理方式、信号时序关系都成为 Intel 80x86 系列微处理器设计时的参考对象，以保持对其兼容。基于这些原因，本书以典型微处理器 Intel 8086/8088 为背景，以基本概念为基础，以微型计算机的组成为主线，以关键技术为重点，以具体技术应用为实例，重点讲解微型计算机系统的基础理论知识和关键技术，有利于学生理解微型计算机系统的基本构成和工作原理；通过具体的应用实例培养学生作为科研人员应掌握的资料阅读能力、接口设计能力、系统设计与编程实现能力以及软、硬件调试能力。

　　本书的特色：在编写团队方面，由多位主讲微型计算机原理与接口技术的教师，在总结多年教学经验的基础上编写而成；在内容方面，根据西安工业大学"微型计算机原理与接口技术"精品课程的教学内容进行组织，并结合微型计算机技术的最新发展，同时运用一些教改项目的成果，使内容保持系统性和先进性；在理论和实践方面，既注重微型计算机系统的基本原理和关键技术的讲解，也注重实践环节，力求将理论与实践相结合；在书中列举了大量的应用实例，对关键技术的应用进行了详细讲解（配有视频）。

　　本书共分 11 章，主要内容包括：微型计算机系统的概念和原理、Intel 8086/8088 系列微处理器的内部结构、指令系统、汇编语言程序设计、存储器系统、输入与输出、中断控制技术、并行接口、可编程定时器/计数器、串行通信接口以及模/数与数/模转换。

　　本书由马静、王建国任主编，徐万罗、王河媛、茹媛任副主编。其中：第 1～7 章由马静编写，第 8 章由王河媛编写，第 9～11 章由徐万罗、茹媛编写。全书由王建国统筹设计、统稿和定稿。

　　由于时间仓促，编者水平有限，书中难免存在疏漏与不妥之处，欢迎广大读者批评指正。

编　者

西安工业大学计算机科学与工程学院

2019 年 5 月

目　录

微型计算机是电子计算机的一个分类，它的出现为计算机的广泛应用开拓了更加广阔的前景。目前，微型计算机是得到最为广泛应用的计算机，已经渗透到社会的各个领域，极大地改变了人们的工作、学习及生活方式，成为信息时代的重要标志之一。

本章主要介绍微型计算机的基本概念，回顾微处理器的产生和发展历程，介绍微型计算机的特点和应用。

学习目标：

- 能够说出微型计算机系统的基本概念和基础知识。
- 能够列出计算机中的数制及常见码制，能够进行不同码制的转换。
- 能够列出微处理器的基本功能，说出 CPU 在微机系统中的重要作用。

1.1 微型计算机系统概述

在计算机诞生的半个多世纪中，它把人类的计算速度提高了数千亿倍。计算机的发展先后经历了电子管、晶体管、大规模集成电路和超大规模集成电路为主要元器件的 4 个发展时代。现在科学家们正在研究应用神经网络、生物技术、光子科学和超导器件的第五代计算机。计算机总的发展趋势是朝着巨型化、微型化、网络化、智能化、多媒体化发展。计算机发展至今，一直沿用"存储程序"（即著名的数学家冯·诺依曼提出的采用二进制计算、存储程序并在程序控制下自动执行）的思想。这是计算机科学发展史上的一个重要里程碑，它奠定了计算机发展的科学基础。

1.1.1 微型计算机的特点和发展

微型计算机和一般计算机一样，具有运算速度快、计算精度高等常规特点。此外，还具有以下特点：

1. 体积小、重量轻、功耗低

由于采用了大规模和超大规模集成电路，从而使构成微型计算机所需的元器件数目大幅减少，体积大幅缩小。

2．可靠性高、对使用环境要求低

微型计算机采用大规模集成电路以后，使系统内使用的芯片数大幅减少，接插件数目大幅减少，简化了外部引线，安装更加容易。加之 MOS 电路芯片本身功耗低、发热量小，使微型计算机的可靠性大幅提高，因而也降低了对使用环境的要求，普通的办公室和家庭环境就能满足要求。

3．结构简单、设计灵活、适应性强

微型计算机多采用模块化的硬件结构，特别是采用总线结构后，使微型计算机系统成为一个开放的体系结构，系统中各功能部件通过标准化的插槽和接口相连，用户选择不同的功能部件（板卡）和相应外设就可构成不同要求和规模的微型计算机系统。

4．性能价格比高

随着微电子学的高速发展和大规模、超大规模集成电路技术的不断成熟，集成电路芯片的价格越来越低，微型计算机的成本不断下降，同时也使许多过去只在大、中型计算机中采用的技术（如流水线技术、RISC 技术、虚拟存储技术等）也在微型计算机中采用，许多高性能的微型计算机的性能实际上已经超过了中、小型计算机（甚至是大型机）的水平，但其价格要比中、小型计算机低得多。

自 1946 年第一台电子数字计算机 ENIAC 诞生以来，计算机共经历了电子管、晶体管、集成电路、大规模和超大规模集成电路 4 个阶段的发展。

（1）第一代电子管计算机（1946—1957 年）

第一代计算机逻辑元件采用的是真空电子管，主存储器采用汞延迟线、阴极射线示波管静电存储器、磁鼓、磁芯；外存储器采用的是磁带。软件方面采用的是机器语言、汇编语言。应用领域以军事和科学计算为主。特点是功耗高、可靠性差、速度慢（一般为每秒数千次至数万次）、价格昂贵、体积庞大。

（2）第二代晶体管计算机（1958—1963 年）

采用晶体管等半导体器件，以磁鼓和磁盘为辅助存储器，并开始出现操作系统。应用领域以科学计算和事务处理为主，并开始进入工业控制领域。特点是体积缩小、能耗降低、寿命长、效率提高、运算速度提高（一般为每秒数十万次，可高达 300 万次）、性能比第 1 代计算机有很大的提高。

电子管计算机使用的是"定点运算制"，参与运算数的绝对值必须小于 1；而晶体管计算机增加了浮点运算，使数据的绝对值可达 2 的几十次方或几百次方，计算机的计算能力实现了一次飞跃。同时，用晶体管取代电子管，使得第二代计算机体积大大减小，寿命延长，价格降低，为计算机的广泛应用创造了条件。

（3）第三代集成电路计算机（1964—1970 年）

第三代计算机的发展是建立在集成电路技术基础上的，1964 年 IBM360 系列计算机是最早使用集成电路的通用计算机系列。软件方面出现了分时操作系统以及结构化、规模化程序设计方法。特点是速度更快（一般为每秒数百万次至数千万次），而且可靠性有了显著提高，价格进一步下降，产品走向了通用化、系列化和标准化等。应用领域开始进入文字处理和图形图像处理领域。

（4）第四代大规模和超大规模集成电路计算机（1971 年至今）

大规模集成电路（LSI）可以在一个芯片上容纳几百个元件。到了 20 世纪 80 年代，超大规模集成电路（VLSI）在芯片上容纳了几十万个元件，后来的甚大规模集成电路（ULSI）上将数量扩充到百万级。可以在硬币大小的芯片上容纳如此数量的元件使得计算机的体积和价格不断下降，而功能和可靠性不断增强。软件方面出现了数据库管理系统、网络管理系统和面向对象语言等。1971 年世界上第一台微处理器在美国硅谷诞生，开创了微型计算机的新时代。应用领域从科学计算、事务管理、过程控制逐步走向家庭。运算速度可达到每秒上千万次到上亿次。软件运用了高级语言，渗入社会各级领域。美国 ILLIAC-IV 计算机是第一台第四代计算机。

随着人工智能技术的不断发展，人们将第五代计算机定名为智能计算机系统。第五代计算机由问题求解与推理，知识库管理和智能化人机接口三个基本子系统组成，具有形式化推理、联想、学习和解释的能力，能够帮助人们进行判断、决策、开拓未知领域和获得新知识。

1.1.2　微型计算机的分类

微型计算机可以从不同的方面来划分：

①　从计算机规模来分：分为巨型机、大型机、中型机、小型机和微型机。

②　从信息表现形式和被处理的信息来分：有数字计算机（数字量、离散的）、模拟计算机（模拟量、连续的）、数字模拟混合计算机。

③　按照用途来分：分为通用计算机、专用计算机。

④　按采用操作系统来分：分为单用户机系统、多用户机系统、网络系统和实时计算机系统。

⑤　从字长来分：有 4 位、8 位、16 位、32 位、64 位计算机。

⑥　按主机形式分：有台式机、便携机、笔记本计算机、手掌式机。

1.1.3　微型计算机的应用

微型计算机已经被广泛地应用到社会的各个领域，从科研、生产、国防、文化、教育、卫生直到家庭生活，都离不开计算机提供的服务。其应用领域可归纳为以下几个方面：

1. 科学计算

科学计算也称数值计算。计算机最开始就是为解决科学研究和工程设计中遇到的大量数学问题的数值计算而研制的计算工具。许多现代微型计算机系统具有较强的运算能力，这在过去只有大、中、小型机才具有，特别是由多个微处理器构成的系统，其计算功能往往可与大型机相匹敌。

2. 信息处理

信息处理主要是指利用计算机来加工、管理和操作各种形式的数据，包括数据的收集、存储、加工、分类、排序、检索和发布等一系列工作。在科学研究和工程技术中，往往会得到大量的原始数据，其中包括大量图片、文字、声音等，这些信息需要利用计算机进行处理。目前，微型计算机应用到信息处理领域已非常普遍，如办公自动化、企业管理、物资管理、报表统计、财务管理、图书资料管理、商业数据交流、信息情报检索等。

3．过程控制

过程控制是微型计算机系统应用最多，也是最有效的方面之一。现在，在制造工业和日用品生产领域中都可以看到微型计算机控制的自动化生产线，微型计算机在这些领域的应用为生产能力和产品质量的迅速提高开辟了广阔的前景。

4．计算机辅助设计与制造

计算机辅助设计（Computer Aided Design，CAD）是指借助计算机强有力的计算功能和高效率的图形处理能力，人们可以自动或半自动地完成各类工程设计工作。目前，CAD 技术已应用于飞机设计、船舶设计、建筑设计、机械设计、大规模集成电路设计等。采用 CAD 可缩短设计时间，提高工作效率，节省人力、物力和财力，更重要的是提高了设计质量。计算机辅助制造（Computer Aided Manufacturing，CAM）有广义和狭义之分。广义 CAM 是指利用计算机辅助完成从原材料到产品的全部制造过程，其中包括直接制造过程和间接制造过程；狭义 CAM 是指在制造过程中的某个环节应用计算机，在计算机辅助设计和制造系统中，通常是指计算机辅助机械加工，更明确地说，是指数控加工，它的输入信息是零件的工艺路线和工序内容，输出信息是刀具加工时的运动轨迹和数控程序。

随着微型计算机系统软、硬件的不断丰富，它们也被广泛应用于计算机辅助设计和制造领域。

5．仪器仪表控制

在仪器仪表，特别是电子设备中，已逐步用微处理器取代了传统的机械部件或分离的电子部件，大大提高了产品的性能价格比。此外，微处理器的应用还促使了一些新仪器——智能仪器的诞生。例如，智能示波器、逻辑分析仪等，它使得人们能同时观察众多的信号波形及它们之间的时序关系。在医学领域，出现了以微处理器为核心控制部件的 CT 扫描仪、超声扫描仪等智能化的医疗设备，大大提高了对疾病的确诊速度和确诊率。

6．多媒体技术应用

多媒体（Multimedia）是指文本、音频、视频、动画、图形和图像等各种媒体信息的综合。在医疗、教育、商业、银行、保险、行政管理、军事、工业、广播和出版等领域，多媒体的应用发展很快。随着网络技术的发展，微型计算机的应用进一步深入到社会的各行各业中，人们通过高速信息网实现数据与信息的查询、高速通信服务（电子邮件、电视电话、电视会议、文档传输）、电子教育、电子娱乐、电子购物、远程医疗和会诊、交通信息管理等。计算机的应用将推动信息社会更快地向前发展。

7．计算机网络与通信

计算机网络是指把若干台地理位置不同，且具有独立功能的计算机通过通信设备和线路互连起来，以实现信息传输和资源共享的一种计算机系统。计算机技术和通信技术的迅速发展与紧密结合使计算机不仅用于科学计算、工业控制等，也更多地用于信息的收集、加工、处理和传输。计算机网络使人们能将计算机"群集"起来，快速而有效地发挥系统的整体效益。Internet 功能的不断增强和用户的不断扩充，使地球变为一个村庄。微型计算机作为信息高速公路的终端，其功能是电话、电视、多媒体计算机汇集而成的"家庭信息中心"。

1.2 计算机中的数与编码方法

在计算机中，只能表示 0 和 1 两种数码，所以计算机中任何信息都是采用 0 和 1 的组合序列来表示。计算机中的信息采用二进制编码的优点：

① 二进制数易于物理实现。
② 二进制数运算简单。
③ 二进制数能使机器可靠性高。
④ 基于二进制数的编码通用性强。

1.2.1 数制之间的转换

数制是以表示数值所用的数字符号的个数来命名的，并按一定进位规则进行计数的方法。常用的进制表示如表 1-1 所示。

表 1-1 各进制的表示

十进制	二进制	八进制	十六进制	十进制	二进制	八进制	十六进制
0	0	0	0	9	1001	11	9
1	1	1	1	10	1010	12	A
2	10	2	2	11	1011	13	B
3	11	3	3	12	1100	14	C
4	100	4	4	13	1101	15	D
5	101	5	5	14	1110	17	E
6	110	6	6	15	1111	17	F
7	111	7	7	16	10000	20	10
8	1000	10	8	17	10001	21	11

① 十进制的特点：数字符号是 0~9；基数为 10；进（借）位规则是逢十进一（借一为十）。
② 二进制的特点：数字符号是 0，1；基数为 2；进（借）位规则是逢二进一（借一为二）。
③ 八进制的特点：数字符号是 0~7；基数为 8；进（借）位规则是逢八进一（借一为八）。
④ 十六进制的特点：数字符号是 0~9，A~F；基数为 16；进（借）位规则是逢十六进一（借一为十六）。

常用进制间的转换方法是使用不同进制表示数据时所必须掌握的。规则如下：

1. 十进制转换为二进制

整数部分的转换：除 2 取余，至商为零，所得的余数倒序排列。
小数部分的转换：乘 2 取整，达到精度为止，乘积的整数部分顺序排列。

【例 1-1】 将 42、0.6875，转换成二进制。

$$(42)_{10} = (101010)_2$$

$$(0.6875)_{10} = (0.1011)_2$$

2．二进制和十六进制之间的转换

① 二进制转换为十六进制：4 位二进制取代 1 位十六进制。

② 十六进制转换为二进制：1 位十六进制用 4 位二进制数代替。

【例 1-2】 将 $(0010111010111101.10111000)_2$ 转换成十六进制数。

$$(0010111010111101.10111000)_2 = (2EBD.B8)_{16}$$

【例 1-3】 将 $(3A8C.9D)_{16}$ 转换成二进制数。

$$(3A8C.9D)_{16} = (0011101010001100.10011101)_2$$

1.2.2　二进制编码

1．BCD 码

BCD 码（Binary-Coded Decimal）也就是二–十进制码，是一种二进制的数字编码形式。BCD 码用 4 位二进制数表示 1 位十进制数中的 0～9。BCD 有两种形式，压缩 BCD 码（用 4 位二进制数表示十进制数）和非压缩 BCD 码（用 8 位二进制数表示一个十进制数位，其中低 4 位是 BCD 码，高 4 位是 0）。最常用的 BCD 码是 8421BCD 码。

BCD 码进行计算时需要进行修正，当两个 BCD 码相加时，如果和等于或小于 1001（即十进制数 9），不需要修正；如果相加之和在 1010～1111（即十六进制数 0AH～0FH）之间，则需加 6 进行修正；如果相加时，本位产生了进位，也需要加 6 进行修正。这样做的原因是，机器按二进制相加，所以 4 位二进制数相加时，是按"逢十六进一"的原则进行运算的，而实质上是两个十进制数相加，应该按"逢十进一"的原则相加，16 与 10 相差 6，所以当和超过 9 或有进位时，都要加 6 进行修正。

【例 1-4】 用 BCD 码计算 5+8。

$$(0101)_{BCD} + (1000)_{BCD} = (1101)_{BCD}$$

结果大于 9，需要加 6 修正　$(1101)_{BCD} + (0110)_{BCD} = (10011)_{BCD}$

2．ACSII 码

ASCII（American Standard Code for Information Interchange，美国标准信息交换代码）是基于拉丁字母的一套计算机编码系统，主要用于显示现代英语和其他西欧语言。标准 ASCII 码也称基础 ASCII 码，使用 7 位二进制数来表示所有的大写和小写字母、数字 0～9、标点符号，以及在美式英语中使用的特殊控制字符。

1.2.3　二进制数运算

二进制可以进行两种运算：算术运算和逻辑运算。

1．算术运算

加法：逢二进一。

减法：借一有二。

乘法：可仿照十进制数乘法进行。注意：$0 \times 0 = 0$，$0 \times 1 = 1 \times 0 = 0$，$1 \times 1 = 1$。

【例 1-5】计算 $(1110)_2 \times (101)_2 = ?$

$$
\begin{array}{r}
1110 \\
\times\ \ \ \ \ 101 \\
\hline
1110 \\
0000 \\
1110 \\
\hline
1000110
\end{array}
$$

2．逻辑运算

二进制数的逻辑运算包括"或"运算、"与"运算、"非"运算和"异或"运算。

"或"运算：

$$0 + 0 = 0 \ (0 \vee 0 = 0)$$
$$0 + 1 = 1 \ (0 \vee 1 = 1)$$
$$1 + 0 = 1 \ (1 \vee 0 = 1)$$
$$1 + 1 = 1 \ (1 \vee 1 = 1)$$

"与"运算：

$$0 \times 1 = 0 \ (0 \wedge 1 = 0)$$
$$1 \times 0 = 0 \ (1 \wedge 0 = 0)$$
$$1 \times 1 = 1 \ (1 \wedge 1 = 1)$$

"非"运算：

$$\overline{0} = 1 \ (\text{非 0 等于 1})$$
$$\overline{1} = 0 \ (\text{非 1 等于 0})$$

"异或"运算：

$$0 \oplus 0 = 0$$
$$0 \oplus 1 = 1$$
$$1 \oplus 0 = 1$$
$$1 \oplus 1 = 0$$

1.2.4　二进制带符号数表示法

我们将一个数在计算机中的表示称为机器数。形式上为二进制数，但有别于日常生活中使用的二进制数。机器数是带符号的，在计算机用一个数的最高位存放符号，正数为 0，负数为 1。机器数的实际值称为真值。真值往往是面向人的，可以用二进制数表示，也可用其他进制数表示。

原码、反码、补码是机器存储一个具体数字的编码方式。

1．原码

原码就是符号位加上真值的绝对值，即用第一位表示符号，其余位表示值。

【例 1-6】8 位二进制数：

$[+1]_原 = 0000\ 0001$ 　　　　　　　　　$[-1]_原 = 1000\ 0001$

因为第一位是符号位，所以 8 位二进制数的取值范围就是：[1111 1111，0111 1111] 即 [−127, 127]。

注意：正数的原码、反码、补码都一样；0 的原码跟反码都有两个，因为这里 0 被分为+0 和−0。

2. 反码

正数的反码是其本身，负数的反码是在其原码的基础上，符号位不变，其余各个位取反。

【例 1-7】 [+1] = [00000001]原 = [00000001]反

[−1] = [10000001]原 = [11111110]反

3. 补码

补码是在反码上加 1。

【例 1-8】 $X=-101011$，$[X]_原 = 10101011$，$[X]_反 = 11010100$，$[X]_补 = 11010101$

注意：0 的补码是唯一的，如果机器字长为 8，那么 $[0]_补 = 00000000$。

在计算机中，带符号数一般用补码表示，运算结果也是补码。当计算结果不超出补码表示的范围时，结果就是正确的，否则就会发生溢出。进位是用来判断无符号数运算是否超出计算机所能表示的范围的，溢出则用来判断有符号数。

单符号法判断溢出：用 CF 表示符号位向前的进位，CF=1 时有进位，CF=0 时无进位。用 DF 表示数值部分最高位向前的进位，DF=1 时有进位，DF=0 时无进位。用 $OF=CF \oplus DF$ 来判断有无溢出，OF=1 溢出，OF=0 无溢出。

【例 1-9】 设 $X = 01000100B$，$Y = 01001000B$，当 X、Y 分别为有符号数补码和无符号数时，判断 $X+Y$ 是否溢出。

$$
\begin{array}{r}
01000100 \\
+\ 01001000 \\
\hline
10001100
\end{array}
$$

有符号数补码：CF=0，DF=1，OF=0⊕1，溢出。

无符号数：CF=0，无溢出。

1.3 微处理器、微型计算机和微型计算机系统

1.3.1 微处理器

微处理器由一片或少数几片大规模集成电路组成，也称为中央处理器。微处理器完成取指令、执行指令，以及与外界存储器和逻辑部件交换信息等操作，是微型计算机的运算控制部分。

按照微处理器处理信息的字长，可以分为：4 位微处理器、8 位微处理器、16 位微处理器、32 位微处理器以及 64 位微处理器。

1.3.2 微型计算机

微型计算机是以微处理器为基础，配以内存储器及输入/输出(I/O)接口电路和相应的辅助电路而构成的裸机。单纯的微处理器和单纯的微型计算机都不能独立工作，只有微型计算机系统才是完整的信息处理系统，才具有实用意义。

1.3.3　微型计算机系统

　　微型计算机系统是由计算机硬件系统、软件系统组成的，如图 1-1 所示。组成一台微型计算机的物理设备的总称称为微型计算机硬件系统，是实实在在的物体。指挥微型计算机工作的各种程序的集合称为微型计算机软件系统，是控制微型计算机工作的核心。微型计算机通过执行程序而运行，工作时软、硬件协同工作，二者缺一不可。可以说硬件是基础，软件是灵魂，只有将硬件和软件结合成统一的整体，才能称其为一个完整的微型计算机系统。图 1-2 所示为计算机系统的 3 个层次。

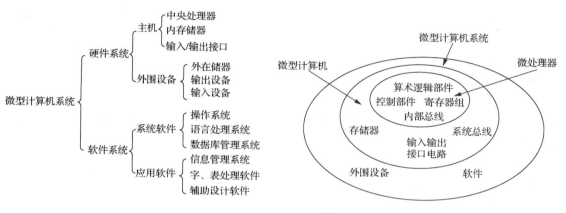

图 1-1　计算机系统的组成　　　　　　图 1-2　计算机系统的三个层次

1.4　微型计算机的性能指标

1. 字长

　　字长是计算机 CPU 能直接处理二进制数据的位数，通常与 CPU 内部的寄存器、运算器的位数、系统数据总线和指令宽度有关。字长是个重要的指标，字长越长，运算精度越高，处理速度越快，但价格也越高。因此，应考虑精度、速度和成本兼顾的原则来决定微型计算机的字长。PC/XT 微机的字长为 16 位；386、486 微机的字长为 32 位；586 微机的字长为 32 位或 64 位。

2. 内存容量

　　内存容量是指为计算机系统所配置的内存总字节数，这部分存储空间 CPU 可直接访问。很多复杂软件要求足够大的内存空间才能运行。目前，微型机一般配置 2 ~ 4 GB 或更高的内存，以具体应用为准。

3. CPU 内部体系结构

　　这是指 CPU 内部的设计，如是否采用 RISC 指令集、是否支持 MMX 指令、有无内部的 Cache 等，这些都会影响到 PC 的性能。

4．运算速度

计算机的运算速度以每秒能执行的指令条数来表示。由于不同类型的指令执行时所需的时间长度不同，因而有几种不同的衡量运算速度的方法。

① MIPS（百万条指令/秒）法，将不同类型指令出现的频度乘以不同的系数，求得统计平均值，得到平均运算速度，用 MIPS 作单位衡量。

② 最短指令法，以执行时间最短的指令（如传送指令、加法指令）为标准来衡量速度。

③ 直接计算，给出 CPU 的主频和每条指令执行所需要的时钟周期，可以直接计算出每条指令执行所需的时间。

5．扩展能力

扩展能力主要指计算机系统配置各种外设的可能性和适应性。例如，一台计算机允许配接多少种外设，对计算机的功能有重大影响。

6．软件配置情况

软件是计算机系统不可缺少的重要组成部分。软件是否配置齐全，是关系到计算机性能的重要标志。现在的计算机软件越来越丰富，功能越来越强大，对软件的配置应高度重视。

除了上述所列指标外，评价一台微型计算机，还应考虑它的可靠性、可维护性、兼容性等。但是，不能只凭一两项指标就断言孰好孰坏，而应综合考虑。由于性能与价格有着直接关系，因此在关注性能的前提下尚需顾及价格，在以"性能/价格比"为尺度的前提下关注性能指标才有意义。

习　题

一、选择题

1．在下面几个不同进制的数中，最小的数是（　　）。

  A．100100lB   B．75   C．37Q   D．0A7H

2．将十进制数 215 转换成二进制数是（　　）。

  A．11101010B   B．11101011B   C．11010111B   D．11010110B

3．用 ASCII 码（7 位）表示字符 5 和 7 是（　　）。

  A．01100101 和 1100111   B．10100011 和 01110111

  C．1000101 和 1100011   D．0110101 和 0110111

4．将二进制数 01100100 转换成十六进制数是（　　）。

  A．64H   B．63H   C．100H   D．0ADH

5．十进制数 82 的 BCD 码表示为（　　）。

  A．00101000B   B．10000010B   C．01010010B   D．00100101B

二、综合题

1．设机器字长为 6 位，写出下列各数的原码、反码和补码：

  （1）11111   （2）－10101   （3）－10000

2. 设机器字成为 8 位，最高位为符号位，试用"单符号位"法判别下列二进制运算有没有溢出产生。

（1）−52 + 7 = ?　　　　（2）72 − 8 = ?　　　　　（3）−90 +（−70）= ?

3. 将下列十进制数分别变为压缩型 BCD 码和非压缩型 BCD 码：

（1）8609　　　　　　　（2）2003

4. 有一个 16 位的数值 0100 0000 0110 0011：

（1）如果它是一个二进制数，和它等值的十进制数是多少？

（2）如果它们是 ASCII 码字符，则是些什么字符？

（3）如果是压缩型的 BCD 码，它表示的数是什么？

5. 8 位数和 16 位数的补码可表示数的范围分别是多少？

6. 字符 5 的 ASCII 是什么？字符 A 的 ASCII 呢？

第**2**章
微 处 理 器

　　微处理器是微机系统的核心组成部件，微机系统中的各组成部件在 CPU 的控制下工作。它利用大规模集成电路甚至超大规模集成电路技术制造。微型计算机的发展通常以微处理器的更新换代为主要标志。自从第一片微处理器芯片诞生以来，微处理器的结构和功能发生了巨大的变化。

　　本章主要介绍 Intel 80x86 系列微处理器的内部结构，各组成部件的主要功能；重点阐述和剖析 Intel 80x86 系列微处理器 8086 的内部结构、内部寄存器组、引脚功能、工作模式、存储器组织、工作时序以及系统总线等结构和技术。

学习目标：

- 能够列出 Intel 8086 的内部结构、内部寄存器组、工作模式和存储器组织。
- 能够看懂 Intel 8086 引脚功能说明。
- 能够说明 Intel 8086/8088 的工作时序和系统总线技术。
- 能够计算存储单元的物理地址。

2.1　微处理器的基本结构

　　微处理器是微型计算机的核心部件，除主要进行各种算术和逻辑运算外，还负责控制各部件的协调工作，如与外围设备交换数据；发出指令要外围设备执行规定的操作；向系统各部分提供时钟和控制信号；可以响应其他部件发出的中断请求等。

　　微处理器一般都由一片超大规模集成电路组成，如图 2-1 所示，主要可分为运算部分、控制部分及寄存器组等。

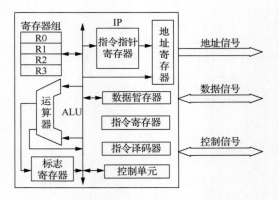

视频1　微处理器的基本结构

图 2-1　微处理器基本结构

2.1.1　运算部分

运算部分由算术逻辑单元(ALU)、寄存器、标志寄存器等组成。ALU 的核心部分是一个加法器，运算结果通过内部数据总线送往寄存器或内存单元、输出设备等。ALU 有两个操作数入口，数据在 ALU 中除可以进行加、减、乘、除的算术运算外，还可以进行逻辑运算（与、或、非运算等）。

运算结果的状态信息由标志寄存器记录，如运算结果是否产生进位、有无溢出、结果是否为 0 等。

2.1.2　控制部分

控制部分主要包括：

① 指令寄存器：指令以二进制代码形式，按一定的顺序事先存放在内存单元里，执行时逐条取出送往指令寄存器。指令寄存器的作用是暂时存放从内存中取出的计算机将要执行的指令。

② 指令译码器：指令译码器将二进制代码的指令翻译成相应的操作信号。

③ 控制单元 PLA：根据指令译码后的结果产生各种相应的时序和控制电位，送往计算机的有关部件，以控制各部件按指令的要求完成相应的操作功能。

2.1.3　寄存器组

寄存器是 CPU 内部的高速存储部件，不同的 CPU 寄存器的数量不同，长度也不相同。寄存器可以用来存放用于执行算术或逻辑运算的数据，也可以用来存放数据的地址，用来在内存中寻找数据，还可以用来读/写数据到外设。CPU 中的寄存器并不是都对用户开放的，有些寄存器是"透明"寄存器，用户不需要了解其工作方法，需要掌握的是那些具有引用名称，面向用户供编程使用的"可编程"寄存器。寄存器由触发器构成，CPU 读取时速度很快，所以经常用来存放临时数据或者地址。

"可编程"寄存器可以分为以下几类：

① 通用寄存器：既可以保存数据也可以保存地址，这类寄存器相对较多，使用频繁，使用最多的是累加器。

② 地址寄存器：存放地址，用来访问存储器，也称为地址指针寄存器，如变址寄存器、堆栈指针寄存器、指令指针寄存器等。

③ 标志寄存器：又称程序状态字（PSW）寄存器，其中存放一些状态标志，如有无进位、有无溢出，是否为负，还有一些控制标志，如是否开中断。这些标志用于反映处理器的状态和运算结果的某些特征及控制指令的执行。

2.2　8086 的功能结构

Intel 8086 微处理器是由美国 Intel 公司 1987 年推出的一种高性能的 16 位微处理器，是第三代微处理器的代表。它有 20 条地址线，直接寻址能力达到 1 MB，具有 16 条数据总线，内部总线和 ALU 均为 16 位，可进行 8 位和 16 位操作。

Intel 8086 微处理器具有丰富的指令，采用多级中断技术、多重寻址方式、多重数据处理形式、段式存储器结构、硬件乘除法运算电路，增加了预取指令的队列寄存器等，一问世就显示出了强大的生命力，以它为核心组成的微机系统性能已达到中、高档小型计算机的水平。8086 的一个突出特点是多重处理能力，用 8086 CPU 与 8087 协处理器以及 8089 I/O 处理器组成多处理器系统，可大大提高其数据处理和输入/输出能力。

8086 CPU 采用不同于第二代微处理器的一种全新结构形式，内部由两大独立的功能部件组成，分别为总线接口单元（Bus Interface Unit，BIU）和执行单元（Execute Unit，EU）。在执行指令的过程中，两个部件形成了两级流水线：执行单元执行指令的同时，总线接口单元完成从主存中预取后继指令的工作，使指令的读取与执行可以部分重叠，从而提高了总线的利用率。Intel 8086 CPU 内部结构如图 2-2 所示。

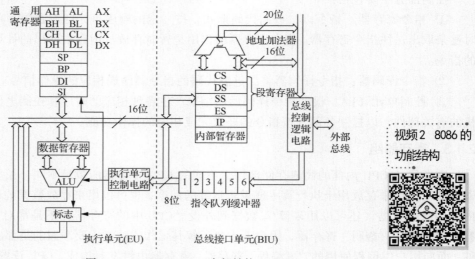

图 2-2　Intel 8086 CPU 内部结构

2.2.1　总线接口单元

总线接口单元（BIU）是 8086 CPU 存储器和 I/O 设备之间的部件，负责对全部引脚进行操作，即 8086 对存储器和 I/O 设备的所有操作均由 BIU 完成。所有对外部总线的操作都必须有正确的地址和适当的控制信号，BIU 中的各部件主要围绕这个目标而设计。它提供了 16 位双向数据总线、20 位地址总线和若干条控制总线。其具体任务是：负责从内存单元中预取指令，并将它们送到指令队列缓冲器。CPU 执行指令时，BIU 要配合 EU，从指定的内存单元或 I/O 端口中取出数据传送给 EU，或者把 EU 的处理结果传送到指定的内存单元和 I/O 端口中。

1. BIU 的组成

BIU 由 1 个 20 位地址加法器、4 个 16 位段寄存器、1 个 16 位指令指针（Instruction Pointer，IP）、指令队列缓冲器和总线控制逻辑电路等组成。8086 的指令队列由 6 个字节组成。

① 地址加法器和段寄存器。地址加法器将 16 位段寄存器内容左移 4 位，与 16 位偏移地址相加，形成 20 位的物理地址。

② 16 位指令指针 IP。指令指针 IP 用来存放下一条要执行的指令在代码段中的偏移地址。

③ 指令队列缓冲器。当 EU 正在执行指令，且不需要用总线时，BIU 会自动进行预取指

令操作，将所取的指令按先后次序存入 1 个 6 B 的指令队列缓冲器，该队列按"先进先出"的方式工作，并按顺序取到 EU 中执行。其操作遵循下列原则：

- 每当指令队列缓冲器中存满一条指令后，EU 就立即开始执行。
- 每当 BIU 发现队列中空了两个字节时，就会自动寻找空闲的总线周期进行预取指令操作，直到填满为止。
- 每当 EU 执行一条转移、调用或返回指令后，要清空指令队列缓冲器，并要求 BIU 从新的地址开始取指令，新取的第一条指令将直接经指令队列缓冲器送到 EU 去执行，并在新地址基础上再作预取指令操作，实现程序段的转移。

BIU 和 EU 各自独立工作，在 EU 执行指令的同时，BIU 可预取下面一条或几条指令。因此，一般情况下，CPU 执行完一条指令后，就可立即执行存放在指令队列中的下一条指令，形成了两级流水线并行操作，而不需要像以往的 8 位 CPU 那样，采取先取指令，后执行指令的串行操作方式。

④ 总线控制逻辑电路。总线控制逻辑电路将 8086 CPU 的内部总线和外部总线相连，是 8086 CPU 与内存单元或 I/O 端口进行数据交换的必经之路。它包括 16 条数据总线、20 条地址总线和若干条控制总线，CPU 通过这些总线与外部取得联系，从而构成各种规模的 8086 微型计算机系统。

2．BIU 的主要功能

BIU 完成 CPU 与主存储器或 I/O 端口间的信息传送，其主要功能如下：

① 预取指令序列存放在指令队列缓冲器中。每当 8086 CPU 的指令队列缓冲器中有两个空字节，并且 EU 没有要求 BIU 进入存取操作数的总线周期时，BIU 就自动从主存中顺序取出指令字节放入指令队列缓冲器中。当执行转移指令时，BIU 清空指令队列，从转移后的当前地址取出指令送 EU 执行，然后从主存中取出后继指令字节送指令队列缓冲器排队，从而实现 EU 和 BIU 的并行操作。

② 将访问主存的逻辑地址转换成实际的物理地址。

2.2.2　执行单元

执行单元（EU）由 1 个 16 位的算术逻辑单元 ALU、8 个 16 位通用寄存器、1 个 16 位标志寄存器 FLAGS、1 个数据暂存寄存器和执行单元控制电路组成。EU 负责进行所有指令的解释和执行，同时管理上述有关的寄存器。

1．EU 的组成

① 算术逻辑运算单元。它是 1 个 16 位的运算器，可用于 8 位、16 位二进制算术和逻辑运算，也可按指令的寻址方式计算寻址存储器所需的 16 位偏移量。

② 通用寄存器组。它包括 4 个 16 位的数据寄存器 AX、BX、CX、DX 和 4 个 16 位指针与变址寄存器 SP、BP 与 SI、DI。

③ 标志寄存器。它是 1 个 16 位寄存器，用来反映 CPU 运算的状态特征和存放某些控制标志。

④ 数据暂存寄存器。它协助 ALU 完成运算，暂存参加运算的数据。

⑤ EU 控制电路。它负责从 BIU 的指令队列缓冲器中取指令，并对指令译码，根据指令的要求向 EU 内部各部件发出控制命令，以完成各条指令规定的功能。

2. EU 的主要功能

① 从指令队列缓冲器中取出指令代码，由 EU 控制器进行译码后控制各部件完成指令规定的操作。

② 对操作数进行算术和逻辑运算，并将运算结果的特征状态存放在标志寄存器中。

③ 当需要与主存储器或 I/O 端口传送数据时，EU 向 BIU 发出命令，并提供要访问的内存地址或 I/O 端口地址以及传送的数据。

执行单元中的各部件通过 16 位 ALU 总线连接在一起，在内部实现快速数据传输。值得注意的是，这个内部总线与 CPU 外接的总线之间是隔离的，即这两个总线可以同时工作而互不干扰。EU 对指令的执行是从取指令操作开始的，它每次从总线接口单元的指令队列缓冲器中取一个字节。如果指令队列缓冲器为空，那么 EU 就要等待 BIU 通过外部总线从存储器中取得指令并送到 EU，通过译码电路分析，发出相应的控制命令，控制 ALU 数据总线中数据的流向。如果是运算操作，则操作数据经过数据暂存器送入 ALU，运算结果经过 ALU 数据总线送到相应寄存器，同时标志寄存器 FLAGS 根据运算结果改变状态。在指令执行过程中常会发生从存储器中读或写数据的事件，这时就由 EU 提供寻址用的 16 位有效地址，在BIU 中经运算形成一个 20 位的物理地址，送到外部总线进行寻址。

2.3 8086 的寄存器结构

8086 微处理器面向编程人员提供了 14 个 16 位内部寄存器，其中 AX、BX、CX 和 DX 4 个 16 位寄存器可作为 8 个 8 位寄存器使用。这 14 个寄存器按用途可分为数据寄存器、段寄存器、地址指针与变址寄存器和控制寄存器。其结构如图 2-3 所示。

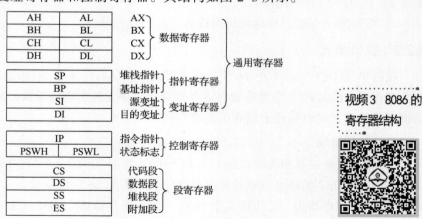

图 2-3 8086 微处理器的内部寄存器

2.3.1 数据寄存器

数据寄存器包括累加器 AX、基址寄存器 BX、计数器 CX 和数据寄存器 DX。这 4 个16 位寄存器又可分别分成高 8 位（AH、BH、CH、DH）和低 8 位（AL、BL、CL、DL）寄存器。因此，它们既可作为 4 个 16 位数据寄存器使用，也可作为 8 个 8 位数据寄存器使用，在编程时可存放源操作数、目的操作数或运算结果。

2.3.2　段寄存器

在 8086 系统中，访问存储器的地址由段基址和段内偏移地址两部分组成。段寄存器用来存放各分段的逻辑段基址并指示当前正在使用的 4 个逻辑段，包括代码段寄存器（CS）、数据段寄存器（DS）、堆栈段寄存器（SS）和附加段寄存器（ES）。

① 代码段寄存器：存放当前正在运行的程序代码所在段的段基址，表示当前使用的指令代码可以从该段寄存器指定的存储器中取得，相应的偏移地址由 IP 提供。

② 数据段寄存器：指出当前程序使用的数据所存放段的最低地址，即存放数据段的段基址。

③ 堆栈段寄存器：指出当前堆栈的底部地址，即存放堆栈段的段基址。

④ 附加段寄存器：指出当前程序使用附加数据段的段基址，该段是串操作指令中的目的串所在的段。

2.3.3　地址指针与变址寄存器

地址指针与变址寄存器一般用来存放主存地址的偏移量（即相对于段起始地址的距离），用于参与地址运算。BIU 地址器中的内容与左移 4 位后的段寄存器内容相加产生 20 位的物理地址。另外，它们也可作为 16 位通用寄存器存放操作数或结果。

地址指针与变址寄存器包括堆栈指针寄存器（SP）、基址指针寄存器（BP）、源变址寄存器（SI）和目的变址寄存器（DI）。

① 堆栈指针寄存器：用于指出在堆栈中当前栈顶的地址，入栈（PUSH）和出栈（POP）指令由 SP 给出栈顶的偏移地址。

② 基址指针寄存器：指出要处理的数据在堆栈段中的起始地址。特别值得注意的是，凡包含 BP 的寻址方式中，如无特别说明，其段地址均由 SS 段寄存器提供。也就是说，该寻址方式是对堆栈区的存储单元寻址的。

③ 源变址寄存器和目的变址寄存器：在某些间接寻址方式中，用来存放段内偏移量的全部或一部分。在字符串操作指令中，SI 用作源变址寄存器，DI 用作目的变址寄存器。

2.3.4　控制寄存器

控制寄存器包括指令指针寄存器（IP）和标志寄存器（FLAGS）。

① 指令指针寄存器：用来存放下一条要执行的指令在代码段中的偏移地址，程序员不能直接使用，但程序控制类指令会用到。它具有自动加 1 功能，每当执行一次取指令操作，它将自动加 1，总是指向下一条要取的指令在现行代码段中的偏移。它和 CS 相结合，形成指向指令存放单元的物理地址。注意，每取一个字节后 IP 内容加 1，取一个字后 IP 内容加 2。

② 标志寄存器：是一个 16 位的寄存器，但实际上 8086 只用到 9 位，其中的 6 位是状态标志位，3 位是控制标志位，如图 2-4 所示。状态标志位是当一些指令执行后，所产生数

据的一些特征的表征。而控制标志位则可以由程序写入，以达到控制处理器状态或程序执行方式的表征。

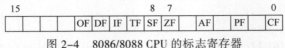

图 2-4   8086/8088 CPU 的标志寄存器

状态标志反映了当前运算和操作结果的状态条件，可作为程序控制转移与否的依据。它们分别是 CF、PF、AF、ZF、SF 和 OF。

- 进位标志（CF）位：算术运算指令执行后，若运算结果最高位（字节运算时为 D7 位，字运算时为 D15 位）产生进位或者借位，则 CF=1；否则 CF=0。除此之外，循环指令也会影响这一标志，这在后面还会讨论。

- 奇偶标志（PF）位：反映运算结果中 1 的个数是偶数还是奇数。运算指令执行后，若运算结果的低 8 位中含有偶数个 1，则 PF=1；否则 PF=0。

- 辅助进位标志（AF）位：算术运算指令执行后，若运算结果的低 4 位向高 4 位（即 D3 位向 D4 位）产生进位或借位，则 AF=1；否则 AF=0。

- 零标志（ZF）位：如果当前的运算结果为零，则 ZF=1；如果当前的运算结果为非零，则 ZF=0。

- 符号标志（SF）位：它与运算结果的最高位相同。若字节运算时 D7 位为 1 或字运算时 D15 位为 1，则 SF=1；否则 SF=0。用补码运算时，它能反映结果的符号特征。

- 溢出标志（OF）位：当运算过程中产生溢出时，会置 OF 为 1。所谓溢出，就是字节运算的结果超出了表示范围 −128 ~ +127，或者字运算的结果超出了表示范围 −32 768 ~ +32 767。计算机在进行加法运算时，每当判断出低位向最高有效位产生进位，而最高有效位向前没有进位时，便得知产生了溢出，于是，OF 置 1；或者反过来，每当判断出低位往最高位无进位，而最高位往前有进位时，便得知产生了溢出，于是 OF 置 1。在进行减法运算时，每当判断出最高位需要借位，而低位并不向最高位产生借位时，OF 置 1；或者反过来，每当判断出低位从最高位有借位，而最高位并不需要从更高位借位时，OF 置 1。

当然，在绝大多数情况下，一次运算后，并不对所有标志进行改变，程序也并不需要对所有的标志做全面的关注。一般只是在某些操作之后，对其中某个标志进行检测。

控制标志位用来控制 CPU 的操作，由指令进行置位和复位，它包括 DF、IF、TF。

- DF（方向标志位）：用于串操作指令，指定字符串处理时的方向。如果设置 DF=0，那么每执行一次串操作指令，地址指针内容将自动增加；设置 DF=1 时，地址指针内容将自动递减。可用指令设置或清除 DF 位。

- IF（中断允许标志位）：用来控制 8086 是否允许接受外部中断请求。如果设置 IF=1，则允许响应可屏蔽中断请求；设置 IF=0 时，禁止响应可屏蔽中断请求。可用指令设置或清除 IF 位。注意，IF 的状态不影响非屏蔽中断请求（NMI）和 CPU 内部中断请求。

- TF（单步标志位，或跟踪标志位）：它是为调试程序而设置的陷阱控制位。如果设置 TF=1，使 CPU 进入单步执行指令工作方式，则此时 CPU 每执行完一条指令就自动产生一次内部中断。当该位复位后，CPU 恢复正常工作，可用指令设置或清除 TF 位。

【例 2-1】设(AX)=0110 0011 0100 1101B，(DX)=0011 0010 0001 1001B，试指出两数相加后，6 位标志位的状态。

解析：用补码对两数进行运算，并按定义对结果进行判别。

计算机中存储的已是补码，两数相加过程如下：

$$
\begin{array}{r}
0110\ 0011\ 0100\ 1101 \\
+\quad 0011\ 0010\ 0001\ 1001 \\
\hline
1001\ 0101\ 0110\ 0110
\end{array}
$$

根据两数相加结果，可得如下结论：

① 结果非零，故 ZF=0。

② 低 8 位中共有 4 个 1（偶数个），故 PF=1。

③ 根据符号位，可知 SF=1。

④ 运算结束后，向更高位无进位，故 CF=0。

⑤ 根据运算结果，故 OF=1⊕0=1。

⑥ D3 位向 D4 位产生进位，故 AF=1。

2.4　8086 的存储器组织

前面已经提到，16 位计算机的最小存储单元是"字节"，在地址的编排中，每个存储单元的地址都必须唯一，这个唯一的地址就是该存储单元的物理地址。8086 的地址线有 20 根，所以其地址范围是 00000H ~ 0FFFFFH，可以直接访问的物理空间为 1 MB。8086 CPU 中的寄存器都是 16 位的，这样在寻址过程中只能找到最低 64 KB 的内存，也就是地址为 00000H ~ 0FFFFH 的存储空间。这样就产生了一个矛盾，即如何用 16 位寄存器来访问 1 MB 的存储空间，为此采用存储器分段的管理模式解决这个问题。

1. 由段寄存器、段偏移地址确定物理地址

将存储空间根据需要划分成若干逻辑段，划分时需要注意两点：第一，逻辑段开始的地址必须是 16 的倍数，即最低 4 位二进制必须全为 0；第二，逻辑段空间最大为 64 KB。每个逻辑段之间的关系如图 2-5 所示，可以相连（段 B 和段 C），可以不相连（段 A 和段 B），可以重叠（段 C 和段 D），甚至完全重叠。这样一来，1 MB 空间最多可划分成 64 K 个逻辑段，最少也可以有 16 个逻辑段。

视频 4　段与物理地址

对存储器进行分段可以实现用 16 位寄存器访问 1 MB 存储空间的要求，也就是使地址由 16 位转换成 20 位，而且对程序的重定位、浮动地址的编码和提高内存的利用率等方面都具有重要的实用价值。

段寄存器的内容 ×16（相当于左移 4 位）变为 20 位，再在低端 16 位上加上偏移地址（也叫作有效地址 EA），便可得到 20 位的物理地址。物理地址的形成如图 2-6 所示。

因此，在每个逻辑段第一个存储单元的物理地址可通过上述方法，也就是将段地址"左移 4 位补 0"来获得，而该段内某个内存单元的物理地址在计算中就需要知道偏移量（也可以成为有效地址），也就是该内存单元距离段地址的距离，有了段地址和偏移量，就能唯一地确定某一内存单元在存储器内的具体位置。

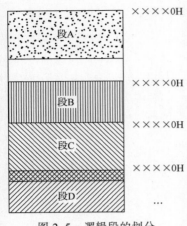

图 2-5 逻辑段的划分

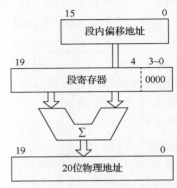

图 2-6 物理地址的形成

对于 CPU 读程序的内存地址，总是由下式来决定：

$$读程序的内存物理地址=CS \times 16+IP$$

因复位时 CS=FFFFH，IP=0000H，从而可以知道，8086 CPU 复位启动时的复位启动地址（复位入口地址）为：

$$复位启动地址=CS \times 16+IP=FFFF0H+0000H=FFFF0H$$

也就是说，当 8086 CPU 读程序时，其内存地址永远是由代码段（CS）寄存器×16 与提供偏移地址的 IP（指令指针）的内容来决定的。

但是，当 8086 CPU 读/写内存数据时，DS、SS 和 ES 三个段寄存器均可使用，而偏移地址又有多种不同的产生方法，这些内容将在下面的章节中做详细说明。

2．段寄存器的使用

段寄存器的设立不仅使 8086 的存储空间扩大到 1 MB，而且为信息按特征分段存储带来了方便。在存储器中，信息按特征可分为程序代码、数据、微处理器状态等。为了操作方便，存储器可以相应地划分为以下几个区域：程序区，用来存放程序的指令代码；数据区，用来存放原始数据、中间结果和最后的运算结果；堆栈区，用来存放压入堆栈的数据和状态信息。只要修改段寄存器的内容，就可以将相应的存放区设置在内存存储空间的任何位置。这些区域可以相互独立，也可以部分或完全重叠。需要注意的是，改变这些区域的地址时，是以 16 个字节为单位进行的。图 2-7 所示为段寄存器的使用情况。

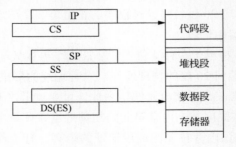

视频5 段寄存器的使用

图 2-7 段寄存器的使用情况

在 8086 CPU 中，对不同类型存储器的访问所使用的段寄存器和相应的偏移地址的来源做了一些具体规定。它们的基本约定如表 2-1 所示。

表 2-1　段寄存器使用时的一些基本约定

访问存储器类型	默认段寄存器类型	可指定段寄存器	段内偏移地址来源
取指令码	CS	无	IP
堆栈操作	SS	无	SP
串操作源地址	DS	CS、ES、SS	SI
串操作目的地址	ES	无	DI
BP 用作基址寄存器	SS	CS、DS、ES	按寻址方式求得有效地址
一般数据存取	DS	CS、ES、SS	按寻址方式求得有效地址

下面对表 2-1 中的内容进行简要说明。

① 在各种类型的存储器访问中，其段地址要么由"默认"的段寄存器提供，要么由"指定"的段寄存器提供。所谓默认的段寄存器，是指在指令中不用专门的信息来指定使用某一个段寄存器的情况，这时就由默认的段寄存器来提供访问内存的段地址。在实际进行程序设计时，绝大部分不属于这种情况。在某几种访问存储器的类型中，允许由指令来指定使用另外的段寄存器，这样可为访问不同的存储器段提供方便。这种指定通常是靠在指令码中增加一个字节的前缀来实现的。有些类型的存储器访问不允许指定另一个段寄存器。例如，为取指令而访问内存时，一定要使用 CS；进行堆栈操作时，一定要使用 SS；字符串操作指令的目的地址一定要使用 ES。

② 段寄存器 DS、ES 和 SS 的内容是用传送指令送入的，但任何传送指令不能向代码段寄存器 CS 送数。在后面的宏汇编中将讲到，伪指令 ASSUME 及 JMP、CALL、RET、INT 和 IRET 等指令可以设置和影响 CS 的内容。更改段寄存器的内容意味着存储区的移动。这说明无论程序区、数据区还是堆栈区都可以有超过 64 KB 的容量，都可以利用重新设置段寄存器内容的方法加以扩大，而且各存储区不可以在整个存储空间中移动。

③ 表中"段内偏移地址来源"一栏指明，除了有两种类型的访问存储器是"按寻址方式求得有效地址"外，其他都指明使用一个 16 位的指针寄存器或变址寄存器来获得地址。例如，在取指令访问内存时，段内偏移地址只能由堆栈指针寄存器 SP 来提供；在进行堆栈的压入/弹出操作时，段内偏移地址只能由 SP 提供；在进行字符串操作时，源地址和目的地址中的段内偏移地址分别由 SI 和 DI 提供。除此以外，为存取操作数而访问内存时，将根据不同寻址方式求得段内偏移地址。

2.5　8086 的引脚信号和工作模式

2.5.1　8086 的引脚信号

8086 CPU 是 Intel 公司的第三代微处理器，它采用双列直插式封装（DIP），具有 40 根引脚，使用+5 V 电源供电。时钟频率有 3 种：5 MHz（8086）、8 MHz（8086-1）和 10 MHz（8086-2）。8086 CPU 的数据总线为 16 位，一次可传输 16 位数据信息，因此是 16 位微处理器。其外部引脚分布如图 2-8 所示，括号内为最大模式时的引脚名。

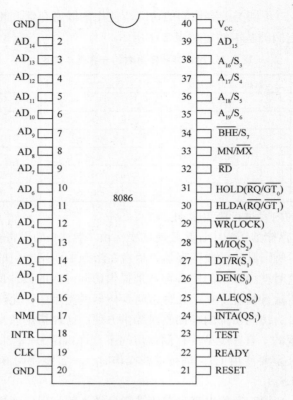

图 2-8　8086 微处理器芯片外部引脚分布

8086 CPU 对外有 3 组总线，因此它的 40 条引脚信号按功能可分为 4 部分：地址总线、数据总线、控制总线以及其他（时钟与电源）。它的引脚信号定义如表 2-2 所示。为了用有限的 40 个引脚实现地址、数据、控制信号的传输，部分 8086 CPU 的外部引脚采用了复用技术。复用引脚分为按时序复用和按模式复用两种情况。对于按时序复用的引脚，CPU 工作在不同的时钟周期，这些引脚传送不同的信息；对于按模式复用的引脚，当 CPU 处于不同的工作模式时，这些引脚具有不同的功能含义。

表 2-2　引脚信号定义

分　类	名　称	功　能	引脚号	类　型
公用信号	$AD_{15} \sim AD_0$	地址/数据总线	39、2 ~ 16	双向、三态
	$A_{19}/S_6 \sim A_{16}/S_3$	地址/状态总线	35 ~ 38	输出、三态
	$\overline{BHE}/S_7$	总线高允许/状态	34	输出、三态
	$MN/\overline{MX}$	最小/最大模式控制	33	输入
	$\overline{RD}$	读控制	32	输出、三态
	$\overline{TEST}$	等待测试控制	23	输入
	READY	等待状态控制	22	输入
	RESET	系统复位	21	输入
	NMI	非屏蔽中断请求	17	输入

续表

分　类	名　称	功　能	引　脚　号	类　型
公用信号	INTR	可屏蔽中断请求	18	输入
	CLK	系统时钟	19	输入
	V_{CC}	+5 V 电源	40	输入
	GND	接地	1、20	
最小模式信号 （ MN/$\overline{MX}$ = V_{CC} ）	HOLD	保持请求	31	输入
	HLDA	保持响应	30	输出
	$\overline{WR}$	写控制	29	输出、三态
	M /$\overline{IO}$	存储器输入/输出控制	28	输出、三态
	DT/$\overline{R}$	数据发送/接收	27	输出、三态
	$\overline{DEN}$	数据允许	26	输出、三态
	ALE	地址所存允许	25	输出
	$\overline{INTA}$	中断响应	24	输出
最大模式信号 （ MN/$\overline{MX}$ =GND ）	$\overline{RQ}$/$\overline{GT}_{1,0}$	请求/允许总线访问控制	30、31	双向
	$\overline{LOCK}$	总线优先级锁定控制	29	输出、三态
	S_2、S_1、S_0	总线周期状态	28 ~ 26	输出、三态
	QS_1、QS_0	指令队列状态	24、25	输出

2.5.2　8086 的工作模式

为提高系统性能、耐用性及适应性，8086/8088 CPU 设计为可工作在两种模式下，即最小模式和最大模式。

1．最小模式

最小模式用于由 8086/8088 单一微处理器构成的小系统。在这种方式下，由 8086/8088 CPU 直接产生小系统所需要的全部控制信号。其系统特点是：总线控制逻辑直接由 8086/8088 CPU 产生和控制。如果有 8086/8088 CPU 以外的其他模块想占用总线，则可向 CPU 提出请求，在 CPU 允许并响应的情况下，该模块才可获得总线控制权，使用完毕后，又将总线控制权交还给 CPU。

2．最大模式

最大模式用于实现多处理器系统，其中，8086/8088 CPU 被称为主处理器，其他处理器被称为协处理器。在这种方式下，8086/8088 CPU 不直接提供用于存储器或 I/O 读或写的读/写命令等控制信号，而是将当前要执行的传送操作类型编码为 3 个状态位输出，由总线控制器 8288 对状态信息进行译码产生相应控制信号。其系统特点是：总线控制逻辑由总线控制器 8288 产生和控制，即 8288 将主处理器的状态与信号转换成系统总线命令和控制信号。协处理器只是协助主处理器完成某些辅助工作，即被动地接收并执行来自主处理器的命令。与 8086 配套使用的协处理器有两个：一个是专用于数值计算的协处理器 8087，另一个是专用于输入/输出操作的协处理器 8089。通过硬件实现高精度整数浮点运算。8089 有其自身的一套专门用于输入/输出操作的指令系统，还可带局部存储器，可以直接为输入/输出设备服务；增加协处理器，使得浮点运算和输入/输出操作不再占用 8086 时间，从而大大提高了系统的运行效率。

3．两种模式下公用的引脚信号

下面首先介绍两种模式下功能含义相同的引脚。按其功能，可分为电源类、地址/数据类、状态类和控制类。

（1）地址总线和数据总线（$AD_{15} \sim AD_0$、$A_{19}/S_6 \sim A_{16}/S_3$、$\overline{BHE}/S_7$）

数据总线用来在 CPU 与内部存储器或 I/O 设备之间交换信息，为双向、三态信号。地址总线用来传输由 CPU 发出的用于确定 CPU 要访问的内存单元或 I/O 端口的地址信号，为输出、三态信号。

① $AD_{15} \sim AD_0$ 地址/数据复用引脚。在总线周期中，由于地址信息和数据信息在时间上不重叠，因此部分地址线与数据线共用一组引脚。$AD_{15} \sim AD_0$ 这 16 条信号线是分时复用的双重功能总线，数据总线 $D_{15} \sim D_0$ 与地址总线的低 16 位 $A_{15} \sim A_0$ 复用。在每个总线周期的第一个时钟周期 T_1 用作地址总线的低 16 位（$A_{15} \sim A_0$）传输，给出内存单元或 I/O 端口的地址；在其他时间（$T_2 \sim T_3$）为数据总线，用于数据传输。

② $A_{19}/S_6 \sim A_{16}/S_3$ 地址/状态复用位。这 4 条信号线也是分时复用的双重功能总线。在每个总线周期的 T_1 用作地址总线的高 4 位（$A_{19} \sim A_{16}$）传输，在存储器操作中为高 4 位地址，在 I/O 操作中，这 4 位置"0"（低电平）。在总线周期的其余时间（T_2、T_3、T_w 和 T_4 状态），这 4 条信号线指示 CPU 的状态信息 $S_6 \sim S_3$。其中，S_6 恒为低电平，表明 8086 当前正与总线相连；S_5 反映标志寄存器中中断允许标志 IF 的当前值；而 S_4 和 S_3 组合起来指示当前正在使用的是哪个段寄存器，其编码如表 2-3 所示。

表 2-3　S_4、S_3 代码组合与当前段寄存器的关系

S_4	S_3	当前使用的段寄存器
0	0	附加段寄存器（ES）
0	1	堆栈段寄存器（SS）
1	0	存储器寻址时，使用代码段寄存器（CS）；对 I/O 端口或中断向量寻址时，不需要用段寄存器
1	1	数据段寄存器（DS）

③ $\overline{BHE}/S_7$ 高 8 位数据总线允许/状态复用引脚。在总线周期的 T_1 状态，作为高 8 位数据总线允许信号，低电平有效。当 $\overline{BHE}=0$ 时，表示高 8 位数据总线 $AD_{15} \sim AD_8$ 上的数据有效；当 $\overline{BHE}=1$ 时，表示高 8 位数据总线 $AD_{15} \sim AD_8$ 上的数据无效，当前仅在数据总线 $AD_7 \sim AD_0$ 上传送 8 位数据。而在 T_2、T_3、T_w 和 T_4 状态，此引脚输出状态信息 S_7。在 8086 微处理机系统中，S_7 没有定义。

8086 系统的 1 MB 存储空间虽然按照字节编址，但它存放的操作数或结果可以是字节、字或双字类型。对各种类型数据，约定的存放规则如下：

- 字节数据：对应存储器地址可以是偶地址（最低地址为 0），也可以是奇地址（最低地址位为 1）。
- 字数据：存放在两个连续的字节单元中，高 8 位在高地址字节，低 8 位在低地址字节，并规定将低字节的地址作为该字的地址；若该字位于偶地址，则称为规则字，否则称为非规则字。

- 双字数据：占用 4 个连续字节单元，高 16 位在高地址字，低 16 位在低地址字，并规定将低字节的地址作为该双字的地址。若存放的是内存地址，则段基址在高地址，段内偏移量在低地址。

8086 系统将存储空间分为两个地址块，分别是奇地址块和偶地址块，每个块 512 KB。奇地址块与数据总线 $D_{15} \sim D_8$ 相连，并将 $\overline{BHE} = 0$ 作为块选择信号；偶地址块与数据总线 $D_7 \sim D_0$ 相连，将 $AD_0 = 0$ 作为此块的选择信号。$\overline{BHE}$ 和 AD_0 配合指出当前传送的数据在总线上将以何种格式出现，应在存储器哪个块的存储单元进行字节或字的读/写操作。在读/写字节数据和规则字时，系统用一个总线周期，而对于非规则字，则需要两个总线周期。具体规定如表 2-4 所示。同时，$\overline{BHE}$ 信号还可作为 I/O 接口电路或中断响应时的片选条件信号。

表 2-4　$\overline{BHE}$ 和 AD_0 代码组合所对应的存取操作规则

$\overline{BHE}$	AD_0	操　　　作	所用的数据引脚
0	0	从偶地址单元开始读/写一个字	$AD_{15} \sim AD_0$
0	1	从奇地址单元或端口读/写一个字节	$AD_{15} \sim AD_8$
1	1	无效	
0	1	从奇地址开始读/写一个字	
1	0	在第一个总线周期，低 8 位数据 $D_7 \sim D_0$ 有效；在第二个总线周期，高 8 位数据 $D_{15} \sim D_8$ 有效	$AD_{15} \sim AD_0$

（2）控制总线（$\overline{RD}$、READY、$\overline{TEST}$、INTR、NMI、RESET、MN/$\overline{MX}$）

① $\overline{RD}$ 读引脚（输出、三态）。$\overline{RD}$ 为低电平有效信号，$\overline{RD} = 0$ 时，表明 CPU 要进行一次内存或 I/O 端口的读操作，具体是对内存还是对 I/O 端口进行读操作，取决于 M/$\overline{IO}$ 信号。

② READY 准备就绪引脚（输入）。READY 是所访问的存储器或 I/O 端口发来的响应信号，高电平有效。当 READY=1 时，表示内存或 I/O 端口准备就绪，立即进行一次数据传输。CPU 在每个总线周期的 T_3 时钟周期开始处对 READY 信号采样，若检测到 READY 信号为低电平，则在 T_3 后插入一个 T_w 等待周期。在 T_w 时钟周期，CPU 再对 READY 信号采样，若仍为低电平，就继续插入 T_w 等待周期，直到 READY 信号变为高电平，才进入 T_4 时钟周期，完成数据传送。

③ $\overline{TEST}$ 测试引脚（输入）。$\overline{TEST}$ 为低电平有效信号，和 WAIT 指令结合使用，是 WAIT 指令结束与否的条件，当 CPU 执行 WAIT 指令时，CPU 每隔 3 个时钟周期就对此引脚进行测试。等测试到该引脚为高电平时，CPU 处于空转状态进行等待；若测试为低电平，则 CPU 结束等待状态，继续执行下一条指令。此引脚用于多处理器系统中，实现 8086 CPU 与其他协处理器的同步协调功能。

④ INTR 可屏蔽中断请求信号引脚（输入）。INTR 为高电平有效信号。CPU 在每条指令的最后时刻监测 INTR 引脚，若为高电平，则表明有中断请求发生，若当前 CPU 允许中断（中断允许标志 IF=1），则 CPU 就会在结束当前执行的指令后，响应中断请求，进入中断处理子程序。

⑤ NMI 非屏蔽中断引脚（输入）。当 NMI 引脚产生一个由低到高的上升沿时，CPU 就会在结束当前执行的指令后，进入非屏蔽中断处理子程序。

⑥ RESET 复位信号引脚（输入）。RESET 为高电平有效信号。在 RESET 信号来到后，

CPU 结束当前操作，并将处理器中的寄存器 FLAGS、IP、DS、SS、ES 及指令队列清零，而将 CS 置 FFFFH。当复位信号变为低电平时，CPU 从 FFFF0H 开始执行程序，实现系统的再启动进程。

⑦ MN/$\overline{\text{MX}}$ 最小/最大模式控制信号引脚（输入）。最小模式及最大模式的选择控制端。此引脚固定接为+5 V 时，CPU 处于最小模式；接地时，CPU 处于最大模式。

（3）其他信号（CLK、V_{cc}、GND）

① CLK 时钟引脚（输入）。CLK 时钟引脚为处理器提供基本的定时脉冲和内部的工作频率。8086 CPU 要求时钟信号的占空比（正脉冲与整个周期的比值）为 33%，即 1/3 周期高电平，2/3 周期低电平。

② V_{cc}：电源（输入），要求接正电压（+5 V±0.5 V）。

③ GND：地线，8086 CPU 有两条接地线。

4. 两种模式下含义不同的引脚信号

8086 CPU 的第 24～31 根引脚为按模式复用引脚，当 CPU 工作在最小模式或最大模式时，这些引脚具有不同的功能含义。

（1）$\overline{\text{INTA}}$ 中断响应信号（输出）

$\overline{\text{INTA}}$ 中断响应信号低电平有效。对于 8086 系统来说，当 CPU 响应由 INTR 引脚送入的可屏蔽中断请求时，CPU 用两个连续的总线周期发出两个 $\overline{\text{INTA}}$ 低电平有效信号，第一个低电平用来通知 CPU，准备响应外设的中断请求；在第二个低电平期间，外设通过数据总线送入它的中断类型码，并由 CPU 读取，以便取得相应中断服务程序的入口地址。

（2）ALE 地址锁存器允许信号（输出）

ALE 是 8086 CPU 发给地址锁存器进行地址锁存的控制信号，高电平有效。8086 CPU 的地址、数据、状态引脚采用复用技术，在总线周期 T_1 状态传送地址信息，而在其他时钟周期传送数据、状态信息。为避免丢失地址信息，需要在地址撤销前使用地址锁存器将其锁存。通常使用的锁存器为 Intel 8282/8283，它利用 ALE 的下降沿锁存总线上的地址信息。ALE 不能悬空。

（3）$\overline{\text{DEN}}$ 数据允许信号（输出、三态）

$\overline{\text{DEN}}$ 是低电平有效信号。在 8086 处于最小模式时，通常设置总线收发器来增加数据总线的驱动能力。8086 系统通常使用 8286/8287 作为总线收发器。$\overline{\text{DEN}}$ 信号就是 8286/8287 的选通控制信号，总线收发器将 $\overline{\text{DEN}}$ 作为输出允许信号。

（4）DT/$\overline{\text{R}}$ 数据发送/接收信号（输出、三态）

DT/$\overline{\text{R}}$ 是控制总线收发器 8286/8287 数据传送方向的信号。当 CPU 输出（写）数据到存储器或 I/O 端口时，输出 DT/$\overline{\text{R}}$ 高电平信号；当 CPU 输入（读）数据时，输出 DT/$\overline{\text{R}}$ 低电平信号。

（5）M/$\overline{\text{IO}}$ 存储器/输入、输出控制信号（输出）

M/$\overline{\text{IO}}$ 用以区别访问存储器或 I/O 端口。当该引脚为高电平时，表明 CPU 是与存储器进行数据传送；若为低电平，则表明 CPU 是与 I/O 端口进行数据传送。

（6）$\overline{\text{WR}}$ 写信号（输出）

$\overline{\text{WR}}$ 是低电平有效信号。$\overline{\text{WR}}$ =0 时，表明 CPU 进行写操作，由 M/$\overline{\text{IO}}$ 引脚决定写的对象（存储器或 I/O 端口）。

（7）HOLD 总线保持请求信号（输入）

HOLD 是系统中其他模块向 CPU 提出总线保持请求的输入信号，高电平有效。

（8）HLDA 总线保持响应信号（输出）

HLDA 是 CPU 发给总线请求部件的响应信号，高电平有效。

5. 最大模式下的引脚信号

当 8086 CPU 的 MN/$\overline{\text{MX}}$ 引脚接地时，系统处于最大工作模式。由于最大模式是以 8086 CPU 为中心的多处理器控制系统，各处理器共用一组外部总线，因而需要增加总线控制器和总线仲裁控制器来完成多处理器对总线使用的分时控制。与 8086 CPU 配套使用的总线控制器和总线仲裁控制器通常是 Intel 公司的 8288 和 8289。8288 将 8086 CPU 的总线状态信号进行译码后，产生总线命令和控制信号，对存储器和 I/O 端口进行读/写控制。8289 和 8288 相配合确定总线使用权的分配。最大模式下 24 ~ 31 号引脚的功能含义如下：

（1）$\overline{S}_2$、$\overline{S}_1$、$\overline{S}_0$ 总线周期状态信号（三态、输出）

它们表示 8086 外部总线周期的操作类型。这 3 个引脚信号经总线控制器 8288 译码后，产生相应的存储器读/写命令、I/O 端口读/写命令以及中断响应信号。$\overline{S}_2$、$\overline{S}_1$、$\overline{S}_0$ 的代码组合对应的总线操作类型如表 2-5 所示。

表 2-5 $\overline{S}_2$、$\overline{S}_1$、$\overline{S}_0$ 译码表

总线状态信号			CPU 状态	8288 命令输出
$\overline{S}_2$	$\overline{S}_1$	$\overline{S}_0$		
0	0	0	中断状态	$\overline{\text{INTA}}$
0	0	1	读 I/O 端口	$\overline{\text{IORC}}$
0	1	0	写 I/O 端口，超前写 I/O 端口	$\overline{\text{IOWC}}$、$\overline{\text{AIOWC}}$
0	1	1	暂停	无
1	0	0	取指令	$\overline{\text{MRDC}}$
1	0	1	读存储器	$\overline{\text{MRDC}}$
1	1	0	写存取器，超前写存储器	$\overline{\text{NWTC}}$、$\overline{\text{AMWC}}$
1	1	1	无效	无

当 $\overline{S}_2$、$\overline{S}_1$、$\overline{S}_0$ 中任意一个为低电平时，都对应某一种总线操作，此时称为有源状态。而当一个总线周期即将结束（T_3 期间或 T_w 周期），另一个总线周期尚未开始，并且 READY 信号也为高电平时，$\overline{S}_2$、$\overline{S}_1$、$\overline{S}_0$ 都变为高电平，此时称为无源状态。在前一个总线周期的 T_4 时钟周期时，只要 $\overline{S}_2$、$\overline{S}_1$、$\overline{S}_0$ 中有一个变为低电平，就意味着即将开始一个新的总线周期。

在总线周期的 T_4 期间，$\overline{S}_2$、$\overline{S}_1$、$\overline{S}_0$ 的任何变化都指示一个总线周期的开始，而在 T_3（或 T_w 等待周期）期间返回无效状态，则表示一个总线周期的结束。在 DMA（直接存储器存取）方式下，$\overline{S}_2$、$\overline{S}_1$、$\overline{S}_0$ 处于高阻状态。

（2）QS_1、QS_0 指令队列状态信号（输出）

QS_1、QS_0 信号用于指示 8086 内部 BIU 中指令队列的状态，以便外部协处理器进行跟踪。QS_1 和 QS_0 的组合与指令队列的状态如表 2-6 所示。

表 2-6　QS$_1$、QS$_0$ 组合与指令队列的状态

QS$_1$	QS$_0$	队列状态信号的含义
0	0	无操作，未从队列中取指令
0	1	从队列中取出当前指令的第一个字节
1	0	队列空，由于执行转移指令，队列重新装填
1	1	从队列中取出指令的后继字节

（3）$\overline{RQ}/\overline{GT_0}$、$\overline{RQ}/\overline{GT_1}$ 总线请求信号/总线请求响应信号（双向）

这两个信号是为多处理机应用而设计的，用于对总线控制权的请求和应答，其特点是请求和允许功能用一根信号线来实现，每一个引脚都可代替最小模式下 HOLD/HLDA 两个引脚的功能。这两个引脚可同时接两个协处理器，$\overline{RQ}/\overline{GT_0}$ 的优先级高于 $\overline{RQ}/\overline{GT_1}$。

总线访问的请求/允许时序分为 3 个阶段——请求、允许和释放。首先是协处理器向 8086 输出 $\overline{RQ}$ 请求使用总线，然后在 8086 CPU 的 T$_4$ 或下一个总线周期的 T$_1$ 期间，CPU 输出一个宽度为一个时钟周期的脉冲信号 $\overline{GT}$ 给请求总线的协处理器，作为总线响应信号从下一个时钟周期开始，CPU 释放总线。当协处理器使用总线结束时，再给出一个宽度为一个时钟周期的脉冲信号 $\overline{RQ}$ 给 CPU，表示总线使用结束，从下一个时钟周期开始，CPU 又控制总线。

（4）$\overline{LOCK}$ 总线封锁信号（输出、三态）

$\overline{LOCK}$ 是低电平有效信号。当 $\overline{LOCK}$ =0 时，表明 CPU 不允许其他总线主控部件占用总线。$\overline{LOCK}$ 信号可通过软件设置。

2.6　8086 的操作时序

8086 微处理器是由功能相对独立的两个单元组成的，由于设置了 6 字节的指令预取队列，8086 执行指令和取指令就可以并行进行。取指令由总线接口单元完成，执行指令由执行单元完成。而在指令执行过程中，若需要从内存取操作数或存放结果，都需要由总线接口单元完成。通常把总线接口单元对内存或 I/O 端口的访问称为总线操作，把存/取一个字节所需要的时间称为总线周期。

计算机是在时钟脉冲 CLK 的统一控制下，一个节拍一个节拍地工作。8086 微处理器是怎样一步步工作的呢？先把程序放到存储器的某个区域，在命令机器运行后，CPU 就发出读指令的命令；存储器接到这个命令后，从指定的地址（由 CS 和 IP 给定）读出指令，把它送到指令寄存器中；再经过指令译码器分析指令，发出一系列控制信号，以执行指令规定的全部操作，控制各种信息在机器（或系统）各部件之间传送。

尽管 CPU 可实现各种复杂的功能，但归根到底，其工作过程就是反复地取指令、分析指令和执行指令的过程。

① 取指令：CPU 根据程序计数器（PC）所指示的地址，从内存中取出指令送往指令寄存器。

② 分析指令：CPU 将指令从指令寄存器送往指令译码器进行功能译码，确定应进行的操作。

③ 执行指令：CPU 通过控制单元向各功能部件发出相应的控制信号，以执行指令规定的操作。然后 PC 自动加 1，指向下一条指令的地址，经地址寄存器，到存储器中取出下一条指令，取出的新指令经数据寄存器，再送往指令寄存器，为执行下一条指令做好准备。

执行一条指令的一系列动作，都是在时钟脉冲 CLK 的统一控制下一步一步进行的，它们都需要一定的时间（当然有些操作在时间上是重叠的）。那么怎样确定执行一条指令所需要的时间呢？

执行一条指令所需要的时间称为指令周期。但是，8086 中不同指令的指令周期是不等长的。首先，因为指令是不等长的，最短的指令只有一个字节，大部分指令是两个字节，但由于各种不同寻址方式又可能要附加几个字节，其最长的指令要 6 个字节。指令的最短执行时间是两个时钟周期，一般的加、减、比较、逻辑操作需要占用几十个时钟周期，最长的为 16 位数乘除法约要 200 个时钟周期（具体指令可查阅附录 A 中的指令表 A.2）。

指令周期由多个总线周期组成。每当 CPU 要从存储器或输入/输出端口存/取一个字节，就是一个总线周期。所以，对于多字节指令，取指令就需要若干个总线周期（当然，在 8086 中，它们可能与执行前面的指令在时间上重叠）；在指令的执行阶段，不同的指令也会有不同的总线周期，有的只需要一个总线周期，而有的可能需要若干个总线周期。

在 8086 中，一个基本的总线周期由 4 个时钟周期组成。时钟周期是 CPU 的基本时间单位，它由计算机主频决定。8086 的主频为 5 MHz，因此，1 个时钟周期就是 200 ns。在一个基本的总线周期中，习惯上将 4 个时钟周期称为 4 个状态，即 T_1、T_2、T_3 和 T_4 状态，每个状态是 8086 处理动作的最小单位。

8086 微处理器为了完成与内存及 I/O 端口交换数据的目的，需要执行一个总线周期，也就是进行总线操作。根据数据传输的方向，总线操作分为总线读操作和总线写操作。总线读操作是指 CPU 从内存或 I/O 端口读取数据；总线写操作是指 CPU 将数据写入内存或 I/O 端口。一般情况下，一个基本的读周期包含 4 个状态，即 T_1、T_2、T_3、T_4。但在存储器和外设速度较慢时，要在 T_3 之后插入一个或几个等待状态 T_w。

视频 6　T_1、T_2、T_3、T_4 讲解

1. 写总线周期

写总线周期如图 2-9 所示，这里以 8086 最小模式下的信号时序为例来说明。在最大模式下，控制信号是由总线控制器（8288）产生的，但在概念上及基本时间关系上二者是一样的。只要理解了任何一种时序，就足以解决具体的工程问题。

首先，以 CPU 向内存写入一个字节的总线周期来简要说明。该总线周期从第一个时钟周期 T_1 开始，在 T_1 时刻，CPU 从 $A_{16} \sim A_{19}/S_3 \sim S_6$ 和 $\overline{BHE}/S_7$ 这 5 条引线上送出 $A_{16} \sim A_{19}$ 及 $\overline{BHE}$ 信号，并从 $AD_0 \sim AD_{15}$ 这 16 条引线上送出 $A_0 \sim A_{15}$。可见，在这个时钟周期中，CPU 从它的 21 条引线上送出了 21 位地址信号 $A_0 \sim A_{19}$ 和 $\overline{BHE}$（可以将 $\overline{BHE}$ 看成是一个地址信号），而且在时钟周期 T_1 之后，这 21 条引线上的信号将变为其他信号。因此，CPU 在 T_1 周期中送出 ALE 地址锁存信号，可以用这个信号将 $A_0 \sim A_{19}$ 及 $\overline{BHE}$ 正锁存在锁存器中，使地址信号在整个总线周期中保持不变。在此 T_1 周期中，CPU 由 $M/\overline{IO}$ 送出

视频 7　写总线周期讲解

高电平并在整个总线周期中一直维持高电平不变，表示该总线周期是一个寻址内存的总线周期。

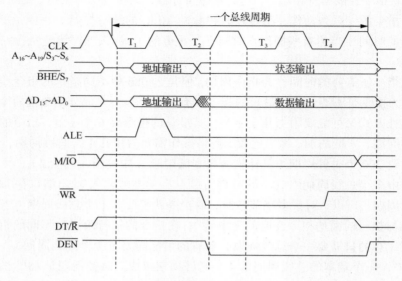

图 2-9　8086 的写总线周期

在时钟周期 T_2 中，CPU 将写入内存的数据从 $D_0 \sim D_7/D_{15}$ 上送出，加到数据总线 $D_0 \sim D_7/D_{15}$ 上。同时 CPU 还会送出 $\overline{WR}$ 控制信号，在地址信号 $A_0 \sim A_{19}$ 及信号 $M/\overline{IO}$ 和 $\overline{WR}$ 的共同作用下，将 $D_0 \sim D_7/D_{15}$ 上的数据写入相应的内存单元中。写入内存的操作通常是在 $\overline{WR}$ 的后沿（其上升沿）完成的，这时的地址、数据信号均已稳定，写操作的工作也就更加可靠。

以上就是在最小模式下正常的内存写入过程。在实际应用中，可能会遇到内存的写入时间要求较长而 CPU 提供的写入时间却较短（最长也只有 4 个时钟周期）的情况，在这样短的时间里数据无法可靠地写入。为了解决这个问题，可以利用 CPU 的 READY 信号。当 CPU 的总线周期中的时钟周期 T_3 开始时（下降沿），CPU 的内部硬件测试 READY 信号的输入电平。若此时 READY 为低电平，则 CPU 在 T_3 之后不执行 T_4，而是插入一个等待时钟周期 T_w。在 T_w 的下降沿，CPU 继续检测 READY 的输入电平，若它仍然为低电平，则继续插入等待时钟周期 T_w。就这样一直插入 T_w 直到 READY 为高电平时为止，此时再执行总线周期的 T_4。这样，一个写入内存的总线周期就可以由 4 个时钟周期延长为更多个 T_w 时钟周期，以满足低速内存的要求。

2. 读总线周期

8086 CPU 读内存或读接口的总线周期如图 2-10 所示。由图 2-10 可以看到，读内存的时序与图 2-9 的写总线周期十分相似。不同的是，此时的 $DT/\overline{R}$ 信号为低电平，用于表示此时是从总线上读数据。同时，在 $AD_0 \sim AD_{15}$ 上，数据要在晚些时候才能出现。这是因为在地址信号和控制信号加到内存（或接口）后，需要一段读出时间才能将数据读出并传送到 CPU 的 $AD_0 \sim AD_{15}$ 上。

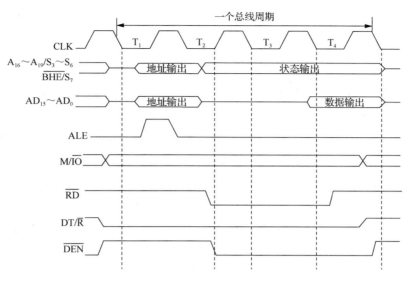

图 2-10 8086 的读总线周期

以上说明了 8086 CPU 的两种总线周期：内存的写周期和内存的读周期。接口的写周期和接口的读周期与上述情况十分相似，所不同的仅仅是：①寻址接口最多用 16 位地址，即 $\overline{BHE}$ 和 $A_0 \sim A_{15}$，当 CPU 在时钟周期 T_1 送出接口地址 $\overline{BHE}$、$A_0 \sim A_{15}$ 时，高 4 位地址 $A_{16} \sim A_{19}$ 全为低电平；②在读/写接口的总线周期里，$M/\overline{IO}$ 信号为低电平。

最大模式下的时序与最小模式下的时序非常类似，此处不再说明。

3．中断响应周期

当 8086 的 INTR 引脚上由有效的高电平向 CPU 提出中断请求且满足 IF=1（开中断）时，CPU 执行完一条指令后，就会对其做出响应。该中断响应需要两个总线周期，其时序如图 2-11 所示。

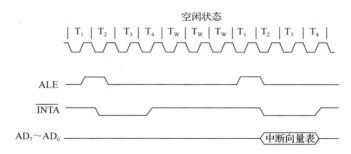

图 2-11 中断响应周期

中断响应周期由两个总线周期构成。每一个总线周期是从 T_2 的起始到 T_4 的起始之间，CPU 从 $\overline{INTA}$ 引脚输出一个负脉冲。第一个 $\overline{INTA}$ 负脉冲通知提出 INTR 请求的外设（通常是中断控制器），它的请求已得到响应；在第二个 $\overline{INTA}$ 负脉冲期间，提出 INTR 请求的外设输出它的中断向量码到数据总线 $D_0 \sim D_7$ 上，由 CPU 从数据总线上读取该向量码。

在图 2-9 中，8086 CPU 有 3 个空闲周期，而 8088 CPU 不存在这 3 个空闲周期。

2.7 总线系统

总线是各部件连接的纽带，是计算机通信接口的重要技术。它负责在 CPU 和系统中其他部件之间来回传送数据，它的性能好坏直接影响计算机系统的工作效率、可靠性、可扩展性、可维护性等多项性能。

2.7.1 总线的概念

总线（Bus）是计算机系统中连接各种功能部件的公共信息通道。物理意义上是一束导线的集合。从物理结构上讲，它由导线和相关的控制驱动电路组成。

总线的特点在于其公共性。即它可以同时挂接多个部件或设备。如果是某两个部件或设备之间的专用的信号连线，就不能称其为总线。总线的一个很重要的特质就是传输媒介可以被总线上的所有部件所共享。

某一时刻只能有一个部件向总线上发送数据。但是，总线上任何一个部件发送的信息，却可以被多个部件所接受。

总线一般由多条通信线路组成。每一路信号线能够传输一位二进制的 0 或 1。8 条信号线就能在同一时间传送一个字节的信息。

2.7.2 总线标准

总线标准是将各种不同的模块组成系统时所要遵循的总线规范。它为不同模块互连提供了透明的标准，而不必去考虑另一方的接口方式。为使计算机产品成为即插即用的工业化组装件，近几十年来计算机工业界制定了许多工业标准总线，确保外设能与任意新的计算机相连。总线标准化有如下好处：支持模块化设计、开放性、通用性和灵活性。

总线标准一般以两种方式推出：

① 先有产品后有标准。一般为某公司在开发自己的微机系统时所采用的一种总线，而其他兼容机厂商按其公布的总线规范开发相配套的产品并进入市场。这种总线被国际工业界广泛支持，有的还被国际标准化组织承认并授予标准代号。

② 先有标准后有产品。这种总线标准是由国际权威机构或多家大公司联合制定的总线标准。

目前世界上有近 300 个国际和区域性组织制定标准或技术规则。其中，最大的是国际标准化组织（ISO）、国际电工委员会（IEC）、国际电信联盟（ITU）。ISO、IEC、ITU 标准为国际标准。此外，被 ISO 认可的其他国际组织制定的标准也视为国际标准，如 IEEE。

通常一个总线标准应定义以下几方面特性：

1. 物理特性

物理特性又称机械特性，指总线上部件在物理连接时表现出的一些特性，如插头与插座的几何尺寸、形状、引脚个数及排列顺序等。

2. 功能规范

功能特性是指每一根信号线的功能。规定总线接口引脚的定义、传输速率的设置、定时信号格式和功能。对系统总线而言，地址线的条数决定了 CPU 能访问的存储器的最大物理空间的大小；数据线的条数决定了 CPU 与存储器及设备间能够并行传输的数据的位数；而控制信号则根据 CPU 功能的不同而有所不同。

3．电气规范

电气特性是指每一根信号线上的信号方向及表示信号有效的电平范围。规定信号逻辑电平、负载能力、最大/最小额定值以及动态转换时间等。

4．时间特性

规定信号线之间的时序关系。机器中所有部件的操作都是在 CPU 产生的各种控制信号的控制下完成的，这些控制信号必须遵循一定的时序关系。换句话说，一个系统的设计正确与否，一方面取决于逻辑关系设计的正确与否，另一方面还取决于时序关系设计的正确与否。

2.7.3 总线的分类

计算机系统中常常包含多种类型的总线，按照布局范围，总线分为如下几类：

1．片内总线

这是处于 CPU 内部、用来连接片内运算器和寄存器等各个功能部件的总线，也称内部总线（Internal Bus）。随着大规模集成电路技术的发展，这类总线更多地被芯片设计者所关注。所以，大多数计算机系统设计人员更加关注内部总线的对外引线。把片外总线称为外部总线或外总线（External Bus）。

2．系统总线

系统总线又称前端总线，一般是从 CPU 引脚上引出的连接线，用于系统中多个 CPU 之间的连接。这是多处理机系统即高性能计算机系统中连接各 CPU 插件板的信息通道，用来支持多个 CPU 的并行处理。它可以是多处理机系统中各 CPU 板之间的通信通道，也可以用来扩展某块 CPU 的局部资源，或为总线上的所有 CPU 板扩展共享资源。

前端总线是生产厂家针对具体的处理器设计的，与具体的处理器有直接的关系，如 ISA、MCA、EISA 等。

3．局部总线

局部总线是指在少数模块之间交换数据的总线，是微型机系统设计人员和应用人员最关心的一类总线。它是主板上的信息通道，例如，CPU 到桥接电路的总线、内存到桥接电路的总线。局部总线的类型很多，而且不断发展，如 VESA、PCI 和 AGP 等。

局部总线技术是 PC 体系结构发展中的重大变革，它使外设与 CPU 和内存之间的数据交换速度得到了质的飞跃，PC 与小型工作站之间的性能差异逐渐消失。

随着对微型计算机系统性能要求的不断提高，特别是在 Microsoft 公司推出图形用户界面的 Windows 操作系统后，要求提供分辨率更高、颜色更丰富、色彩更艳丽的显示。此时，显示卡对带宽的要求以及对访问显示存储器的速度要求就成为微机系统的瓶颈，限制了微型计算机的进一步发展。此外，当有大量设备连接到系统总线上时，总线性能就会下降。某些具有高数据传输速率的设备(如图形、视频控制器、网络接口等)，尽管 CPU 有足够的处理能力，但总线传输不能满足它们高速率的传输要求。为解决显示带宽的问题，满足一些要求高速传输的扩展卡的需要，于是就出现了一种专门提供给高速 I/O 设备的总线——局部总线。

实际上，局部总线是组成微型机系统的主框架，也因此备受重视。随着 CPU 的更新换代，局部总线也不断推陈出新。之所以用"局部"一词，是相对高性能超级计算机系统而言的，因为在高性能计算机系统中，还有更高层的总线作为系统总线。打开一台 PC，便可看到主板上有并排的多个扩展槽。一般情况下，一组扩展槽中的每一个都相同，对应一种局部总线。要添加某个外设来扩展系统功能，只要在其中的任何一个扩展槽内插上符合该总线标准的适配器，再连接外设即可。

4．通信总线

通信总线也叫外部总线，是微型机和外围设备之间通信、仪器仪表之间通信的信道。例如，微型机系统与键盘、鼠标、打印机、扫描仪的信息传输，就是通过外部总线实现，包括 USB 总线和 IEEE 1284（基于并口的外部总线）。这类总线不但用于微型机系统，也应用于其他系统中进行通信。总线结构如图 2-12 所示。

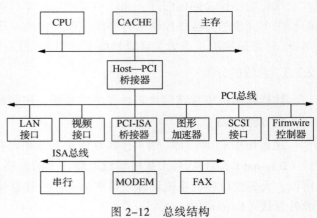

图 2-12　总线结构

2.7.4　总线的性能指标

总线的性能指标主要从以下三方面来衡量：

1．总线宽度

总线宽度是指一次可同时传输的数据位数，用位（bit）表示，是计算传输速率的第一要素。例如，ISA 为 16 位总线，一次可传输 16 位二进制数；EISA 为 32 位总线，一次可传输 32 位数总线频率；PCI 为 32/64 位总线，通常用 32 位传输，也可扩展为 64 位。一般来说，总线的宽度越宽，在一定时间内传输的信息量越大。一般情况下，在一个系统中，总线的宽度不会超过 CPU 的数据宽度。

2．总线频率

总线频率也称总线的时钟频率，是指用于协调总线上各种操作的时钟信号的频率，是计算传输速率的第二要素。总线频率越高，传输的速度越快。例如，总线频率为 f=66 MHz。

3．传输速率

传输速率是指总线工作时每秒能传输的字节数，用 MB/s 表示。总线宽度越宽，频率越高，则传输速率越高。

2.7.5　总线的定时

定时即事件出现在总线上的时序关系。总线上的主、从模块通常采用一定方式用握手信号的电压变化来指明数据传送的开始和结束。主控模块和从属模块之间的数据传送方式可分为同步传送、异步传送和半同步传送 3 种，它们各有优缺点。

1. 同步传送

同步传送利用系统提供的统一时钟作为各模块工作的时间标准，通信双方严格按时钟规定完成相应的操作。很多微机系统的基本传送方式都是同步传送方式。同步系统的主要优点是简单，数据传送由单一信号控制。然而，同步总线在处理接到总线上慢速的受控设备方面存在一系列问题。例如，对于接到总线上的快慢不同的受控设备，必须降低时钟信号的频率，以满足总线上响应最慢的受控设备的需要。这样，即使低速设备很少被访问，也会使整个系统的操作速度降低很多。

2. 异步传送

对于具有不同存取时间的各种设备，是不适宜采用同步总线协定的。因为这时总线要以最低速设备的速度运行。如果对高速设备能具有高速操作，而对低速设备能具有低速操作，从而对不同的设备具有不同的操作时间，就可采用异步总线。异步传送方式采取"应答式"传输技术，用请求（Request）和应答（Acknowledge）信号线协调传送过程，而不依赖于公共时钟信号。它可以根据不同设备的速度自动调整相应的时间，任何类型的设备都不需要考虑速度问题，从而避免同步传送方式的缺点。

3. 半同步传送

由于异步总线的传输延迟严重地限制了最高的频带宽度，而同步总线又不能满足不同速度设备的传送要求，因此，总线设计师结合同步和异步总线的优点设计出混合式的数据传送总线，即半同步传送。此种方式是前两种方式的折中。这种总线有两个控制信号，即来自主控的 CLOCK 信号和来自受控的 WAIT 信号，它们起着异步总线 MASTER 和 SLAVE 的作用。这样，半同步总线就具有同步总线的速度和异步总线的适应性。现在采用半同步传送方式的微机系统较多。

2.7.6　总线的操作过程

一般来说，总线上完成一次数据传输要经历以下 5 个阶段：

1. 申请占用总线阶段

需要使用总线的主控模块（如 CPU 或 DMAC）向总线仲裁机构提出占有总线控制权的申请。

2. 总线仲裁阶段

由总线仲裁机构进行总线判优、分配总线控制权。即把下一个总线传输周期的总线控制权授给申请者。

3. 寻址阶段

获得总线控制权的主模块，通过地址总线发出本次打算访问的从属模块。例如，存储器或 I/O 接口的地址，通过译码使被访问的从属模块被选中，而开始启动。

4. 传送阶段

主模块和从模块进行数据交换。数据由源模块发出经数据总线流入目的模块。对于读传送，源模块是存储器或 I/O 接口，而目的模块是总线主控者 CPU；对于写传送，则源模块是总线主控者（如 CPU），而目的模块是存储器或 I/O 接口。

5．结束阶段

主、从模块的有关信息均从总线上撤除，让出总线控制权，以便其他模块能继续使用。

对于只有一个总线主控设备的简单系统，对总线无须申请、分配和撤除。而对于多 CPU 或含有 DMA 的系统，就要有总线仲裁机构，来受理申请和分配总线控制权。

2.7.7　总线有关的芯片

1．时钟发生器 8284

Intel 8284 是一片用于 8086 微处理器的单片时钟发生器（见图 2-13）。为 8086（或 8088）CPU 提供系统时钟 CLK、系统复位 RESET 和准备好信号 READY。

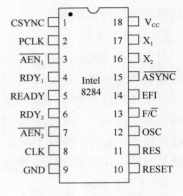

若晶体振荡器的频率为 14.318 18 MHz，则该振荡脉冲经 3 分频后得到 4.77 MHz 的微处理器工作时钟 CLK，其占空比为 1∶3。CLK 经 2 分频产生 PCLK，频率 2.385 MHz，占空比为 1∶2。

复位信号发生电路：产生系统复位信号 RESET。

图 2-13　8284 引脚图

当送来一个低电平的复位信号 $\overline{RES}$ 时，该信号经此复位电路延时和同步后产生系统复位信号 RESET，使系统初始化。此电路在每个 CLK 时钟的下跳沿将 RESET 信号加到 8086 的引脚上，而 8086 在时钟的上升沿采样 RESET 信号，因此刚好满足 8086 的定时要求。

准备好信号控制电路：用于对存储器或 I/O 接口产生的准备好信号 READY 进行同步，如图 2-14 所示。

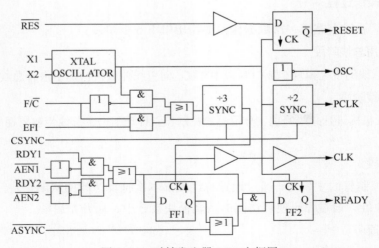

图 2-14　时钟发生器 8284 方框图

2．地址锁存器 74LS373

74LS373 是带有三态输出的 8D 锁存器（或 INTEL8282），如图 2-15 所示。

① 1D～8D：数据输入端。

② 1Q ~ 8Q：数据输出端。

③ $\overline{OC}$：输出控制端（或输出允许端 $\overline{OE}$），输入，低电平有效。

④ C：选通信（或 STB），输入，下降沿有效。为高电平时，锁存器输出端将随输入端变化；为低电平时，输出端将被锁存在已经建立起的数据电平上（即输出端不再随输入端变化）。

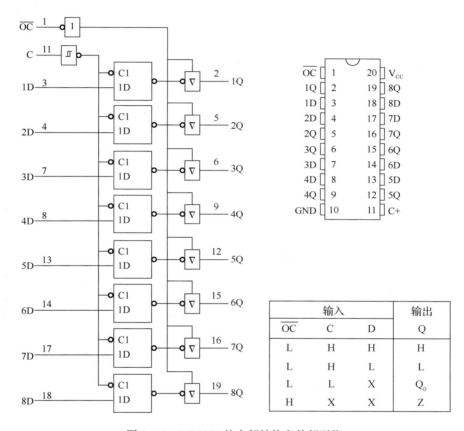

图 2-15　74LS373 的内部结构和外部引脚

3. 数据收发器 74LS245

74LS245 是一个带有三态输出的 8 位总线收发器（或 Intel 8286），如图 2-16 所示。

74LS245 有两组对称的数据引脚：$A_8 \sim A_1$ 和 $B_8 \sim B_1$。可以将数据由 A 端传递到 B 端，也可以反方向传送，将数据由 B 端传递到 A 端。

输出允许引脚 $\overline{OE}$ 决定是否允许数据通过 74LS245。

方向引脚 DIR 控制数据的传送方向。

4. 总线驱动器 74LS244

74LS244 是 8 位三态总线驱动器，如图 2-17 所示。它主要用于三态输出，作为地址驱动器、时钟驱动器、总线驱动器和定向发送器等，但是不带锁存。

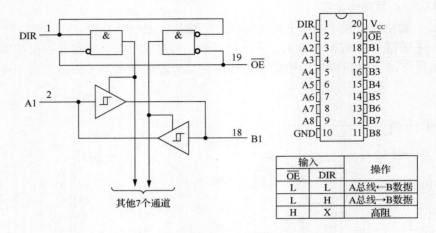

图 2-16　74LS245 的内部结构和外部引脚

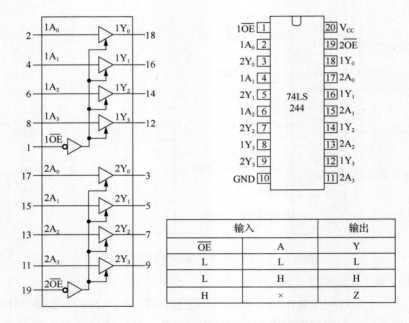

图 2-17　74LS244 的内部结构和外部引脚

可以看出 74LS244 由 2 组、每组四路输入、输出构成。每组有一个输出允许引脚 $\overline{OE}$，它的高或低电平决定该组数据被接通还是断开。

2.7.8　8086 在最小模式下的系统总线形成

8086 在最小模式下的系统总线形成如图 2-18 所示。

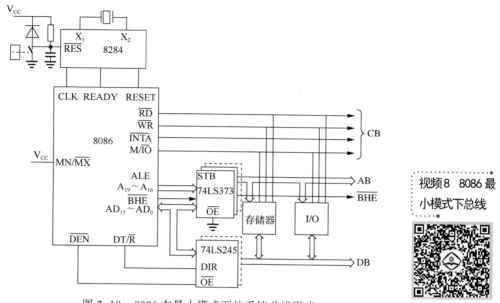

图 2-18　8086 在最小模式下的系统总线形成

1．地址总线的形成

由图 2-18 可以看到，在最小模式下，20 条地址线和一条 $\overline{BHE}$ 信号线用 3 片 74LS373（或 8282）锁存器形成。当一个总线周期的 T_1 开始时，CPU 送出这 21 个地址信号，同时还送出 ALE 脉冲，用此脉冲可将这 21 个地址信号锁存在 3 个 74LS373 芯片的输出端，从而形成地址总线信号。

2．数据总线的形成

双向数据总线用两片 8286（或两片 74LS245）形成。利用最小模式下由 8086 CPU 所提供的 $\overline{DEN}$ 和 $DT/\overline{R}$ 分别来控制两片 74LS245 的允许端 $\overline{OE}$ 和方向控制端 DIR，从而实现 16 位的双向数据总线 $D_0 \sim D_{15}$。

3．控制总线的形成

控制总线信号由 8086 CPU 提供，这样就实现了最小模式下的系统总线。这里需要说明两点：

① 系统总线的控制信号是由 8086 CPU 直接产生的。由于 8086 CPU 驱动能力不够，因此需要加上一片 74LS244 进行驱动。

② 在如此形成的系统总线上不能进行 DMA 传送，因为未对系统总线形成电路中的 6 个芯片（图 2-18 中的 74LS373、74LS245 及 8284）做进一步的控制。

2.7.9　8086 在最大模式下的系统总线形成

1．总线控制器 8288（见图 2-19）

在多处理器系统中，除了解决对存储器和 I/O 设备的控制、中断管理、DMA 传送时总线控制权外，还必须解决多处理器对系统总线的争用问题和处理器之间的通信问题。因为多个处理器通过公共系统总线共享存储器和 I/O 设备，所以必须增加相应的逻辑电路和总线控制器 8288。

在最大模式系统中，对存储器和 I/O 端口进行读/写的命令信号和对 8282、8286 的控制信号均由 8288 产生。

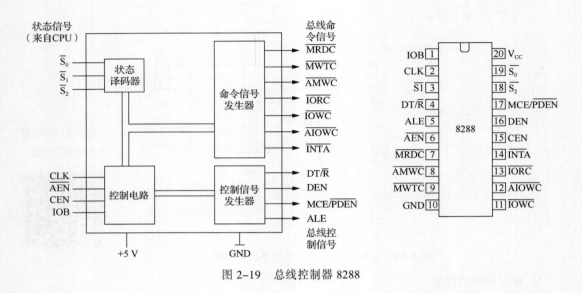

图 2-19　总线控制器 8288

① 状态译码器：接收 8086 CPU 发出的 $\overline{S_2}$、$\overline{S_1}$ 和 $\overline{S_0}$ 状态编码后，发出相应的总线命令信号。

② 控制电路：控制逻辑实现对下列输入控制信号的控制：CLK、$\overline{AEN}$、CEN 和 IOB。

③ 命令信号发生器：发出相应的命令信号，以实现对存储器和 I/O 接口的读/写操作。命令信号都是低电平有效。

④ 控制信号发生器：产生用于地址锁存器和数据收发器的控制信号 ALE、DT/$\overline{R}$、DEN 以及 MCE/ PDEN。

2. 8086 在最大模式下的系统总线形成

为了形成最大模式下的系统总线，要使用厂家提供的总线控制器 8288 形成系统总线的一些控制信号。最大模式下的系统总线形成如图 2-20 所示。

① 由图 2-20 可以看到，在形成最大模式下的系统总线时，地址线 $A_0 \sim A_{19}$ 和 $\overline{BHE}$ 同最小模式时一样，利用 3 片 74LS373 构成锁存器。所不同的是，此时的锁存脉冲 ALE 是由总线控制器 8288 产生的。利用 3 片 74LS373 的输出形成了最大模式下的地址总线 $A_0 \sim A_{19}$ 和 $\overline{BHE}$。

② 在形成最大模式下的双向数据总线时，同样使用了两片双向三态门 74LS245，而且 74LS245 的允许信号 $\overline{OE}$ 和方向控制信号 DIR 分别是由总线控制器 8288 的 DEN 和 DT/$\overline{R}$ 信号提供的。因为当 8086 CPU 工作在最大模式时，CPU 上已不再提供 DT/$\overline{R}$ 和 DEN 信号了。值得注意的是，8086 CPU 工作在最小模式时，CPU 上提供的 $\overline{DEN}$ 是低电平有效的，而当它工作在最大模式时，由总线控制器 8288 所产生的 DEN 是高电平有效的，故在图 2-20 中要在总线控制器 8288 输出的 DEN 后面接一个反相门，然后接到 74LS245 芯片上。

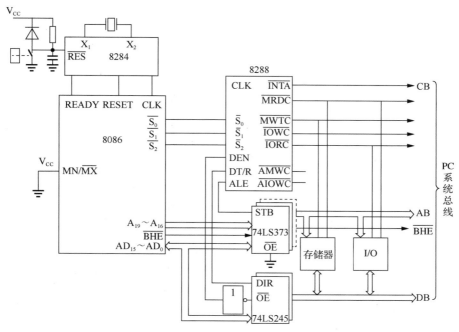

图 2-20　8086 最大模式下的系统总线形成

③ 最大模式下的控制信号主要由总线控制器 8288 产生，它所提供的控制信号主要有：中断响应 $\overline{INTA}$ 、内存读 $\overline{MRDC}$ 、内存写 $\overline{MWTC}$ 、接口读 $\overline{IORC}$ 和接口写 $\overline{IOWC}$ 。应当注意到，在总线控制器 8288 输出的控制信号中，对内存读/写的控制信号和对接口读/写的控制信号已经分开，而不像在最小模式下用于内存和用于接口的读/写控制信号是共用的那样。在最小模式下需要用 M $/\overline{IO}$ 信号来区别对内存操作还是对接口操作。

另外还需要说明的是，若所形成的系统总线中还需要其他一些控制信号，例如复位信号 RESET、CPU 时钟信号 CLK、振荡器信号 OSC 等所有系统工作所需要的信号，则都可以利用 74LS244 三态门驱动后加到系统总线上。

同时，在总线上还需要接上系统工作时所需要的电源（例如 ± 5 V 、± 12 V 等）和多条地线。

显然以上所描述的系统总线是一种自行设计的专用总线，在这样的系统总线上连接内存、接口及相应的外设，便可构成微型计算机。除上述专用总线外，后面还将介绍各种通用的总线标准。当系统总线形成之后，构成微型机的内存及各种接口就可以直接与系统总线相连接，从而构成所需的微型机系统。后面的章节中将直接采用这样的系统总线信号来叙述问题，而不再做出说明。

在图 2-20 中，74LS373 和 74LS245 可以用其他类似的器件来代替，例如可分别用 8282 和 8286 代替。

习　题

一、选择题

1. 微机地址总线的作用是（　　　）。

    A. 用于选择存储单元

    B. 用于选择进行信息传输的设备

    C. 用于指定存储单元和 I/O 设备接口电路的地址

    D. 用于选择数据总线的宽度

2. Intel 8088CPU 的地址线有（　　　）。

    A. 8 位　　　　　　　　B. 16 位　　　　　　　　C. 20 位　　　　　　　　D. 32 位

3. 对微处理器而言，它的每条指令都有一定的时序，其时序关系是（　　　）。

    A. 一个时钟周期包括几个机器周期，一个机器周期包括几个指令周期

    B. 一个机器周期包括几个指令周期，一个指令周期包括几个时钟周期

    C. 一个指令周期包括几个机器周期，一个机器周期包括几个时钟周期

    D. 一个指令周期包括几个时钟周期，一个时钟周期包括几个机器周期

4. 若将常数 3963 存储到 Y 表示的内存单元中，那么（　　　）。

    A. （Y）=27H，（Y+1）=2FH　　　　　　　　B. （Y）=7BH，（Y+1）=0FH

    C. （Y）=39，（Y+1）=63　　　　　　　　D. （Y）=63，（Y+1）=39

5. 属于数据寄存器组的寄存器是（　　　）。

    A. AX，BX，CX，DS　　　　　　　　B. SP，DX，BP，IP

    C. AX，BX，CX，DX　　　　　　　　D. AL，DI，SI，AH

6. 由 CS 和 IP 的内容表示的是（　　　）。

    A. 可执行代码的长度　　　　　　　　B. 当前正在执行的指令的地址

    C. 下一条待执行指令的地址　　　　　　　　D. 代码段的首地址

7. 微型计算机的 ALU 部件是包含在（　　　）之中。

    A. 存储器　　　　　　B. I/O 接口　　　　　　C. I/O 设备　　　　　　D. CPU

8. 对存储器进行读操作时 CPU 输出控制信号有效是（　　　）。

    A. RD＝0 和 M／IO＝1　　　　　　　　B. RD＝0 和 M／IO＝0

    C. RD＝1 和 M／IO＝1　　　　　　　　D. RD＝1 和 M／IO＝1

二、简答题

1. 根据用途微机总线可分为哪三类？

2. 8086 CPU 由哪两大部分构成？它们各自的功能是什么？如何协同工作？

3. 在 8088/8086 CPU 中，有哪些通用寄存器和专用寄存器？说明它们的作用。

4. 在 8088/8086 CPU 中，什么是物理地址 PA？什么是逻辑地址？什么是有效地址 EA？若已知逻辑地址为 1F00:38A0H，如何计算出其相应的物理地址？若已知物理地址，其逻辑地址唯一吗？

5. 标志寄存器 FLAGS 中有几个状态标志位？其中的 ZF=1 表示什么意思？CF=1 呢？01001000B+00111100B 之后，状态标志位分别为什么？

6. 若 CS=A000H，求当前代码段在存储器中的物理地址范围是什么？若数据段位于 52000H 到 61FFFH 的 64K 范围内，问 DS=？

7. 某程序数据段中存放了两个字 16E5H 和 2A8CH，已知（DS）=0200H，数据存放的偏移地址为 0100H 及 0120H。试画图说明它们在存储器中的存放情况。若要读取这两个字，需要对存储器进行几次操作？

8. 对于 8086 CPUC，Y 已知（DS）=0150H，（CS）=0640H，（SS）=1200H，问：

    （1）在数据段中可存放的数据最多为多少字节？首末地址各是什么？

    （2）堆栈段中可存放多少个 16 位的字？首末地址各是多少？

    （3）代码段最大可存放多少个字节的程序？首末地址各是多少？

9. 若 8088 CPU 工作在单 CPU 模式，在表 2-7 中填入不同操作时各控制信号的状态。

表 2-7 不同操作时各控制信号的状态

操　　作	IO/$\overline{\text{M}}$	DT/$\overline{\text{R}}$	$\overline{\text{DEN}}$	$\overline{\text{RD}}$	$\overline{\text{WR}}$
读存储器					
写存储器					
读 IO 接口					
写 IO 接口					

第 **3** 章

指 令 系 统

汇编指令系统与微处理器紧密相关，微处理器不同，其汇编指令系统也有所差异。8086 相比前期 8 位处理器的指令系统而言，具有指令丰富、功能强大的特点。8086 的指令系统主要有六大功能：数据传送、算术运算、逻辑运算、串操作、程序控制和处理器控制。80x86/Pentium 系列微处理器的指令系统均由 8086 指令系统发展而来。

本章主要介绍 8086 CPU 的汇编指令系统；按照寻址方式重点介绍了 8 种不同类型的指令；同时举例说明了各种不同指令的使用规则和使用方法。

学习目标：

- 能够列出 8086 指令系统中的指令类型。
- 能够明确指令中的寻址方式。
- 能够写出正确的常用指令。
- 能够分析各种基本指令的应用场合。
- 能够使用汇编指令完成简单功能。

3.1 汇编语言简介

我们都知道，CPU 能直接识别并执行的指令是机器指令，它是一组二进制编码，如89D8H、050500H。CPU 能够通过这组数，分析出该指令所要完成的操作、参与运算的对象以及运算结果所存放的位置等。这种指令由于没有多余的操作，执行效率很高，然而，这种指令对于程序员来说太难操作，即使经过严格训练，程序员在编程过程中的出错率也很高，而且难以维护。为了方便程序员的操作，在不降低执行效率的条件下，选用了一些能反映机器指令功能的单词或词组来代表该机器指令，同时，也把 CPU 内部的各种资源符号化，使用该符号名也等于引用了该具体的物理资源，这样程序员就可以较好地理解指令的功能，方便了使用和学习。这些选出来的代表指令功能的单词称为助记符，使用助记符组成的指令称为汇编指令。

汇编指令与 CPU 紧密相关，不同种类的 CPU 所对应的汇编指令也不同，但对于同一系列的 CPU 来说，为了满足兼容性，新一代 CPU 的指令系统包括先前同系列 CPU 的指令系统。

这样，新一代 CPU 就能正常运行以前 CPU 指令系统开发出来的程序。汇编语言的产生方便了程序员，但是 CPU 却需要多加一个翻译程序，用来将汇编指令翻译成机器指令，这个翻译程序就是汇编程序。

汇编语言是一种面向机器的语言，具有高效的执行效率，但是编写和调试汇编程序要比高级语言复杂和困难得多。对于操作系统内核设计、工业控制、实时系统等要求执行效率高的领域，是适合使用汇编语言的；与硬件相关的软件开发，如设备的驱动，有的地方也要使用汇编语言。而对于大型软件的整体开发，一般的应用系统的开发则基本不适用汇编语言。

那我们为什么还要学习汇编语言呢？作者认为，汇编语言指令会让使用者更清楚地理解机器资源的使用和变化。通过学习汇编语言指令，能够全面地了解计算机的基本功能和行为方式，提高计算机应用开发的思维深度。学习是一个系统的过程，很多人无法体会到知识结构是怎样一点一点构建起来的，我们学习汇编语言的目的是完善自己的知识结构，形成一个牢固的理论基础。

汇编语言的指令格式为：

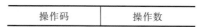

| 操作码 | 操作数 |

① 操作码：说明计算机要执行哪种操作，如传送、运算、移位、跳转等操作，它是指令中不可缺少的组成部分。

② 操作数：是指令执行的参与者，即各种操作的对象。有些指令不需要操作数，通常的指令都有一个或两个操作数。

3.2　8086 的数据寻址方式

在汇编语言程序中，大多数指令在执行的过程中需要对操作数进行处理。如何在指令中正确使用操作数是使用汇编指令的一个重要因素。在使用指令时需要清楚所使用的操作数究竟是从哪里来的，被处理后得到的数据又会去向哪里。所以，操作数存放的位置就变得至关重要，这也是学习汇编语言不同于高级语言的地方。

在汇编指令中，操作数存放位置的查找或计算方法称为寻址方式。在寻址过程中，会遇见 3 种地址，要清楚不同地址的不同含义。

① 物理地址（Physical Address）：在存储器里以字节为单位存储信息，每一个字节单元给予一个唯一的存储器地址，称为物理地址。物理地址是在 CPU 外部地址总线上的寻找内存单元所用的地址信号。

② 逻辑地址（Logical Address）：在有地址变换功能的计算机中,访问指令给出的地址（操作数）称为逻辑地址，也叫相对地址。要经过寻址方式的计算或变换才得到内存储器中的物理地址。逻辑地址由两个 16 位的地址分量构成，一个为段基值，另一个为偏移量。两个分量均为无符号数编码。以"段基值：偏移量"形式呈现，如 DS：[BX]。

③ 有效地址（Effective Address）：逻辑地址中的偏移量又称有效地址。有效地址 EA 是一个 16 位无符号数，表示操作数所在单元到段首的距离。

对于 I/O 端口的寻址方式将在输入/输出指令中讲解。

在后面介绍指令的章节中，用符号"（ ）"表示寄存器的内容，如(AX)表示寄存器 AX 中的内容，用"[ ]"表示存储单元的内容或偏移地址。

视频9　数据寻址方式

3.2.1　立即数寻址方式

操作数作为指令的一部分而直接写在指令中，这种操作数称为立即数，这种寻址方式称为立即数寻址方式。立即数可以是 8 位或 16 位。立即数寻址一般用来对通用寄存器或内存单元赋初值。

例如：

```
MOV  AH,34H        ;将 34H 放入寄存器 AH
MOV  B1,12H        ;将 12H 放入内存地址为 B1 的存储单元
MOV  CX,1234H      ;将 1234H 放入寄存器 CX 中
MOV  W1,3456H      ;将 3456H 放入内存地址从 W1 开始的连续两个内存单元
```

其中，MOV 为数据转移指令，这条指令的功能是将第二个操作数移动到第一个操作数；B1 和 W1 分别是定义的字节和字类型的存储器操作数。

注意：立即数在汇编指令中不能作为目标操作数。这和高级语言中"赋值语句的左边不能是常量"的规定相一致。

指令"MOV AX,86A4H"执行后把立即数 86A4H 放入了 AX 寄存器，立即数的存储形式和指令执行示意图如图 3-1 所示。

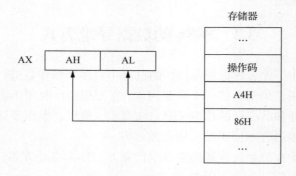

图 3-1　立即寻址方式示意图

3.2.2　寄存器寻址方式

寄存器寻址方式是指令中给出的寄存器存放着指令执行过程中需要的操作数。指令中可以使用的寄存器名称如下：

① 8 位寄存器有：AH、AL、BH、BL、CH、CL、DH 和 DL。

② 16 位寄存器有：AX、BX、CX、DX、SI、DI、SP、BP。

③ 段寄存器：CS、DS、ES、SS。

寄存器寻址方式是一种最常用的寻址方式，源和目的操作数都可以是寄存器。

例如：

```
MOV  VARB, BH        ;将寄存器 BH 的值放入地址为 VARB 的存储单元
MOV  VARW, AX        ;将寄存器 AX 的值放入内存从地址 VARW 开始的连续两个存储单元
MOV  BH, 78H         ;本条指令的目标操作数为寄存器寻址，源操作数为立即寻址
MOV  AX, 1234H
MOV  AX, BX          ;将寄存器 BX 的值放入寄存器 AX
MOV  DH, BL          ;将寄存器 BL 的值放入寄存器 DH
```

由于指令所需的操作数已存储在寄存器中，或操作的结果存入寄存器，这样，在指令执行过程中，会减少读/写存储器单元的次数，所以，使用寄存器寻址方式的指令具有较快的执行速度。通常情况下，在编写汇编语言程序时，应尽可能地使用寄存器寻址方式，但也不要把它绝对化。

3.2.3 直接寻址方式

指令所要的操作数存放在存储器中，在指令中直接给出该操作数的有效地址，这种寻址方式为直接寻址方式。对存储单元的数据进行操作时，常用直接寻址方式，该寻址方式可在 64 KB 的段内进行寻址。

例如：

```
MOV  AL, [1234H]     ;将数据段中 1234H 地址单元的一个字节放入 AL 中
MOV  AX, VARW        ;将数据段中以 VARW 代表的连续两个内存单元的值放入 AX 中
```

注意：如果是将存储器的内容放入寄存器，可根据所给寄存器的长度取数，存储单元的地址只给出低位的地址即可。上例中 VARW 只是低 8 位的地址，高 8 位的地址为 VARW+1。

指令 "MOV AX, [1234H]" 在执行时，(DS)=2100H，内存单元 22234H 的值为 31H，内存单元 22235H 的值为 55H，如图 3-2 所示。该指令执行后，AX 的内容为 5531H。

执行该指令要分三步：

① 取指令时地址 1234H 一起被取出来。

② 数 5531H 在数据段，所以，计算物理地址时要用 DS 的值 2100H 和偏移量 1234H 相加，得到存储单元的物理地址 22234H。

③ 找到存储器 22234H 和下一个单元的值 5531H，并按"高高低低"的原则存入寄存器 BX 中。

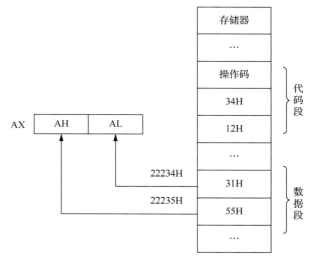

图 3-2 直接寻址方式的存储和执行示意图

指令 "MOV AX,VARW" 中的 VARW 是内存中一个地址，它用来代替一个具体的地址，在编写汇编程序时，经常这样操作，方便编程。

在通常情况下，操作数存放在数据段中，所以，其物理地址将由数据段寄存器 DS 和指

令中给出的有效地址直接形成，数据段可以省略不写，但如果使用段超越前缀，那么，操作数可存放在其他段。例如：

```
MOV ES:[1000H], AX    ;ES 为段前缀，在计算物理地址时段地址应从 ES 中获取
```

3.2.4　寄存器间接寻址方式

操作数在存储器中，操作数的有效地址用 SI、DI、BX 和 BP 等 4 个寄存器之一来指定，称这种寻址方式为寄存器间接寻址方式。该寻址方式物理地址的计算方法如下：

$$PA = \begin{Bmatrix} (DS) \\ (SS) \\ \vdots \end{Bmatrix} \times 16 + \begin{Bmatrix} (SI) \\ (DI) \\ (BX) \\ (BP) \end{Bmatrix}$$

例如：

```
MOV AL, [SI]    ;将数据段以 SI 中的值为偏移地址的单元内容取出放入 AL
MOV BX, [BP]    ;将堆栈段以 BP 中的值为偏移地址的连续两个单元的内容取出放入 BX
```

【例 3-1】设(DS)=3000H，(DI)=2345H，存储单元 32345H 的内容是 23H，存储单元 32346H 的内容是 54H，指令 MOV BX,[DI] 执行后 BX 的值为多少？

源操作数的物理地址为：PA=(DS) × 16+DI=3000H × 16+2345H=32345H。指令的执行情况如图 3-3 所示。执行指令后，(BX)=5423H。

源操作数是指指令中的第二个操作数，第一个操作数称为目标操作数。

在不使用段超越前缀的情况下，有下列规定：

① 段寄存器为 DS 时，有效地址用 SI、DI 和 BX 之一来指定。

② 段寄存器为 SS 时，有效地址用 BP 来指定。

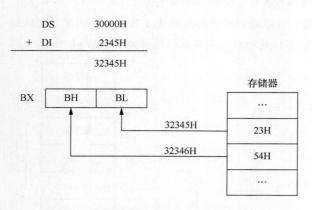

图 3-3　寄存器间接寻址方式示意图

3.2.5　寄存器相对寻址方式

操作数的有效地址是一个基址寄存器（BX、BP）或变址寄存器（SI、DI）的内容和指令中给出的 8 位/16 位偏移量之和。该寻址方式物理地址的计算方法如下：

$$PA = \begin{Bmatrix} (DS) \\ (SS) \\ \vdots \end{Bmatrix} \times 16 + \begin{Bmatrix} (SI) \\ (DI) \\ (BX) \\ (BP) \end{Bmatrix} + \{8\ 位/16\ 位偏移量\}$$

在不使用段超越前缀的情况下，段寄存器和通用寄存器的搭配和寄存器间接寻址方式一

样。指令中给出的 8 位/16 位偏移量用补码表示。在计算有效地址时，如果偏移量是 8 位，则进行符号扩展成 16 位。当所得的有效地址超过 0FFFFH，则取其 64K 的模。

例如：

```
MOV AX, [BP+103H]    ;以（BP）+103H 的值为偏移地址，将堆栈段中的一个字放入 AX
MOV CX, [SI]+56H     ;将数据段中以（SI）+56H 为地址开始的连续两个内存单元放入 CX 中
```

注意： 汇编语言中，相对寻址有多种不同的书写格式。例如：

```
MOV AL, DATA[DI]
MOV AL, DATA+[DI]
MOV AL, [DI]+DATA
MOV AL, [DI+DATA]
MOV AL, [DATA+DI]
```

【**例 3-2**】MOV CH, [SI+100H]，在执行它时，(DS)=1000H，(SI)=2345H，内存单元 12445H 的内容为 15H，问该指令执行后，CH 的值是什么？

根据寄存器相对寻址方式的规则，在执行本例指令时，源操作数的有效地址 EA 为

EA=(SI)+100H=2345H+100H=2445H

该操作数的物理地址应由 DS 和 EA 的值形成，即

PA=(DS)×16+EA=1000H×16+2445H=12445H。

所以，该指令的执行结果是：（CH）=15H。

【**例 3-3**】设(DS)=2000H，(SI)=2345H，内存单元 22345H 的内容为 75H，内存单元 22346H 的内容为 12H，指令 MOV BX, [SI+100H] 执行后 BX 的值为多少？

源操作数的物理地址为：PA=(DS)×16+SI+100H=2000H×16+2345H+100H=22345H。指令的执行情况如图 3-4 所示。执行指令后，(BX)=1275H。

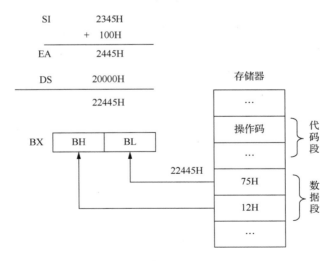

图 3-4   寄存器相对寻址方式示意图

3.2.6　基址变址寻址方式

这种寻址方式中，操作数的有效地址是一个基址寄存器（BX、BP）和一个变址寄存器（SI、DI）的内容之和。其有效地址的计算公式如下：

$$EA = \left.\begin{cases}(BX)\\(BP)\end{cases}\right\} + \left.\begin{cases}(SI)\\(DI)\end{cases}\right\}$$

例如：

```
MOV  AH, [BX][SI]          ;AH←DS: [BX+SI]
MOV  BX, [BP][DI]          ;BL←SS: [BP+DI];BH←SS: [BP+DI+1]
MOV  AX, DS:[BP+DI]        ;AL←DS: [BP+DI];AH←DS: [BP+DI+1]
```

【例 3-4】设(DS)=1000H，(BX)=2100H，(SI)=0011H，内存单元 12111H 的内容为 0A687H。指令 MOV BX, [BX+SI] 执行后 BX 的值为多少？

EA=(BX)+(SI)=2100H+0011H=2111H。该操作数的物理地址应由 DS 和 EA 的值形成，即 PA=(DS)×16+EA=1000H×16+2111H=12111H。

该指令的执行结果是：把从物理地址为 12111H 开始的一个字的值传送给 BX，执行指令后(BX)=0A678H。其执行过程如图 3-5 所示。

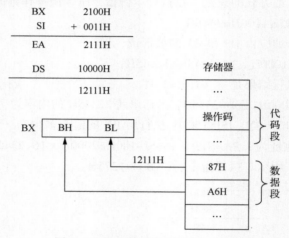

图 3-5　基址变址寻址方式示意图

注意：与该指令等价的指令为 MOV BX, [BX][SI]。

3.2.7　相对基址变址寻址方式

相对基址变址寻址的操作数在存储器中，其有效地址是一个基址寄存器（BX、BP）的值、一个变址寄存器（SI、DI）的值和指令中的 8 位/16 位偏移量之和。其有效地址的计算公式如下：

$$EA = \left.\begin{cases}(BX)\\(BP)\end{cases}\right\} + \left.\begin{cases}(SI)\\(DI)\end{cases}\right\} + \left.\begin{cases}(8位)\\(16位)\end{cases}\right\}偏移量$$

在不使用段超越前缀的情况下，如果有效地址中含有 BP，则其默认的段寄存器为 SS；否则，其默认的段寄存器为 DS。

例如：

```
MOV  AL, [BX+DI+45H]        ;在数据段中取出偏移地址为（BX+DI+45H）的一个字节给AL
MOV  CX, [BP+SI+2342H]      ;此处须在堆栈段中取出一个字
```

注意： 相对基址变址寻址方式有多种等价的书写方式，下面的书写格式都是正确的，并且其寻址含义也是一致的。

```
MOV  AX, [BX+SI+1000H]
MOV  AX, 1000H[BX+SI]
MOV  AX, 1000H[BX][SI]
MOV  AX, 1000H[SI][BX]
```

但书写格式 BX[1000+SI]和 SI[1000H+BX]等是错误的，即所用寄存器不能在"[ ]"之外，该限制对寄存器相对寻址方式的书写也同样起作用。

从相对基址变址寻址方式来看，由于它的可变因素较多，看起来显得复杂些，但正因为其可变因素多，它的灵活性也就很高。

【例 3-5】 设(DS)=1000H，(BX)=2100H，(SI)=0010H，内存单元 12310H 和 12311H 的内容为 51H 和 12H。指令 MOV AX, [BX+SI+200H] 执行后 AX 的值为多少？

根据相对基址变址寻址方式的规则，在执行本例指令时，源操作数的有效地址 EA 为：

EA=(BX)+(SI)+200H=2100H+0010H+200H=2310H

该操作数的物理地址应由 DS 和 EA 的值形成，即

PA=(DS)×16+EA=1000H×16+2310H=12310H

该指令的执行效果是：把从物理地址为 12310H 开始的一个字的值传送给 AX。其执行过程如图 3-6 所示。

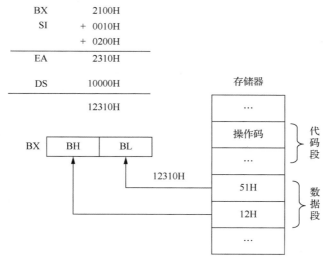

图 3-6 相对基址变址寻址方式示意图

为了方便记忆，将以上寻址方式之间的变形关系及相关段地址的默认和超越情况进行总结，如表 3-1、表 3-2 所示。

表 3-1 相对基址变址寻址方式与其他寻址方式之间的变形关系

源操作数	指令的变形	源操作数的寻址方式
只有偏移量	MOV AX, [100H]	直接寻址方式
只有一个寄存器	MOV AX, [BX] 或 MOV AX, [SI]	寄存器间接寻址方式
有一个寄存器和偏移量	MOV AX, [BX+100H]	寄存器相对寻址方式
有两个寄存器	MOV AX, [BX+SI]	基址变址寻址方式

表 3-2　段地址的默认和超越

存储器存取方式	默认段	可超越使用的段	偏 移 量
取指令	CS	无	IP
堆栈操作	SS	无	SP
源字符串	DS	CS、ES、SS	SI
目的字符串	ES	无	DI
用 BP 作基址	SS	CS、ES、DS	有效地址 EA
通用数据读写（BP 作基址除外）	DS	CS、ES、SS	有效地址 EA

3.2.8　隐含寻址

　　隐含寻址方式是指指令的某个操作数或操作的地址隐含在某个通用寄存器或指定的存储器单元中，这时，指令就不必直接给出这一操作数或操作数的地址，以缩短指令的长度。这种方式在字长比较短的微型机或小型机上普遍采用。例如：

```
MUL  BL    ;指令中另一个操作数在 AL 中，指令完成 AL×BL 的功能
```

　　单地址的指令格式，没有在地址字段中指明第二操作数地址，而是规定累加寄存器 AL 作为第二操作数地址，AL 对单地址指令格式来说是隐含地址。

3.3　与转移地址有关的寻址方式

　　前面介绍的与操作数有关的寻址方式最终确定的是一个操作数的地址，而与转移地址有关的寻址方式最终确定一条指令的地址。8086 采用了存储器分段的方法使得寻址范围扩大为 1 MB，程序的执行由代码段寄存器 CS 和指令指针 IP 的内容决定。一般情况下，每当 BIU 完成一条取指周期后，就自动改变指令指针 IP 的内容，使之指向下一条指令。这样，程序就按预先安排的顺序依次执行。而程序转移的地址必须由转移类指令和 CALL 指令指出，程序转移指令通过改变 IP 和 CS 的内容，就可以改变程序的正常执行顺序（程序转移类指令和 CALL 指令在后面的章节中有介绍，请先看看指令功能）。

视频10　地址寻址方式

　　这类指令表示转向地址的寻址方式包括：段内直接寻址、段内间接寻址、段间直接寻址、段间间接寻址。

3.3.1　段内直接寻址方式

　　在这种寻址方式中，指令指明一个 8 位或 16 位的相对地址位移量 DISP（它有正负符号，用补码表示）。此时，转移地址应该是代码段寄存器 CS 内容加上指令指针 IP 内容，再加上相对地址位移量 DISP。转向的有效地址如图 3-7 所示。

　　这种方式的转向有效地址用相对于当前 IP 值的位移量来表示，是一种相对寻址方式。这种寻址方式适用于条件转移及无条件转移指令（这两条指令的功能请参考 3.7 节相关内容），但是当它用于条

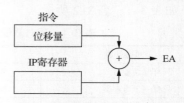

图 3-7　段内直接寻址有效地址

件转移指令时，位移量只允许 8 位。无条件转移指令在位移量为 8 位时称为短跳转。指令的汇编语言格式表示为：

```
JMP  NEAR PTR  PROGRA
JMP  SHORT  QUEST
```

其中，PROGRA 和 QUEST 均为转向的符号地址。在机器指令中，如果位移量为 16 位，则在符号地址前加操作符 NEAR PTR；如果位移量为 8 位，则在符号地址前加操作符 SHORT。

3.3.2 段内间接寻址方式

转移地址的段内偏移地址存放在一个 16 位的寄存器中或存储器的两个相邻单元中。存放偏移地址的寄存器和存储器的地址可以用数据寻址方式中除立即数以外的任何一种寻址方式取得，所得到的转向的有效地址用来取代 IP 寄存器的内容，如图 3-8 所示。

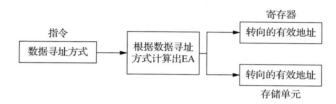

图 3-8　段内间接寻址

这种寻址方式以及以下两种段间寻址方式都不能用于条件转移指令。也就是说，条件转移指令只能使用段内直接寻址的 8 位位移量，而 JMP 和 CALL 指令则可用 4 种寻址方式中的任何一种。段内间接寻址转移指令的汇编格式可以表示为

```
JMP BX
JMP WORD PTR [BP+TABLE]
```

其中 WORD PTR 为操作符，用于指出其后的寻址方式所取得的地址是一个字的有效地址，也就是说它是一种段内转移。

以上两种寻址方式均为段内转移，所以直接把求得的转移的有效地址送到 IP 寄存器即可。如果需要计算转移的物理地址，则计算公式为

$$物理地址=16\times(CS)+EA$$

其中，EA 即为上述转移的有效地址。

3.3.3 段间直接寻址方式

在这种寻址方式中，指令中将直接给出 16 位的段地址和 16 位的段内偏移地址。在执行段间直接寻址指令时，指令操作码后的第二个字将赋予代码段寄存器 CS，第一个字将赋予指令指针寄存器 IP，就完成了从一个段到另一个段的转移操作，如图 3-9 所示。

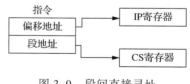

图 3-9　段间直接寻址

指令的汇编语言格式可表示为：

```
JMP FAR PTR NEXT
```

其中，NEXT 为转向的符号地址，FAR PTR 则是表示段间转移的操作符。

3.3.4 段间间接寻址方式

这种寻址方式和段内间接寻址相似。由于确定转移地址需要 32 位信息，因此只适用于存储器寻址方式。用这种寻址方式可计算出存放转移地址的存储单元的首地址，与此相邻的 4 个单元中，低地址的两个单元存放 16 位的段内偏移地址；高地址的两单元存放的是 16 位的段地址，如图 3-10 所示。

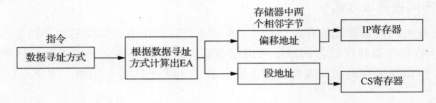

图 3-10　段间间接寻址

指令的汇编语言格式可表示为：

```
JMP DWORD PTR [BX]
```

其中，DWORD PTR 为双字操作符，说明后面紧跟的存储器操作数所取得的转移地址是一个双字的有效地址。

以上两种寻址方式均为段间寻址，跳转指令和转移地址分别在两个不同的代码段，所以既需要修改 IP 的内容，又需要修改 CS 的内容，这样才能实现段间转移。

3.4　数据传送类指令

数据传送指令又分为：传送指令、交换指令、地址传送指令、堆栈操作指令、转换指令和 I/O 指令等。除了标志位操作指令 SAHF 和 POPF 指令外，本类的其他指令都不影响标志位。

3.4.1 基本传送指令

基本传送指令是使用最频繁的指令，它相对于高级语言里的赋值语句。

（1）指令格式

```
MOV OPD, OPS    ;OPD 是目标操作数，OPS 是源操作数
```

其中，OPD 可以是 Reg—Register（寄存器），Mem—Memory（存储器），OPS 可以是 Reg、Mem、Imm—Immediate（8 位或 16 位立即数）。

（2）指令功能

把源操作数的值传给目的操作数。指令执行后，目的操作数的值被改变，而源操作数的值不变。当指令中的一个操作数是存储器操作数时，该操作数的寻址方式可以是前面讲过的任意一种存储单元寻址方式。例如：

（1）源操作数是寄存器操作数

```
MOV CH, AL      MOV BP, SP
MOV DS, AX      MOV [BX],CH
```

（2）源操作数是存储器操作数

```
MOV  AL, [100H]        MOV  BX, ES:[DI]
MOV  BX, VARW          MOV  AX, [BX+SI]
```

（3）源操作数是立即数

```
MOV  AL, 89H           MOV  BX, -100H
MOV  VARW, 200H        MOV  [BX], 2345H
```

MOV 指令可以进行多种数据间的传送，如图 3-11 所示。

① MOV Reg,imm   ;立即数送通用寄存器

② MOV Reg,Reg   ;通用寄存器之间传送

③ MOV Reg,Mem   ;存储器送通用寄存器

④ MOV Mem,Reg   ;通用寄存器送存储器

⑤ MOV Mem,imm   ;立即数送存储器

⑥ MOV Reg,Seg   ;段寄存器送通用寄存器（含CS）

⑦ MOV Mem,Seg   ;段寄存器送存储器（含CS）

⑧ MOV Seg,Reg   ;通用寄存器送段寄存器（CS 除外）

⑨ MOV Seg,Mem   ;存储器送段寄存器（CS 除外）

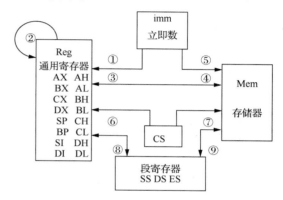

图 3-11   MOV 指令数据传送方向示意图

对于 MOV 指令有以下具体规定，其中有些规定对其他指令也同样有效。

- 两个操作数不能同时为存储单元，如 MOV VARA, VARB 等，其中 VARA 和 VARB 是同数据类型的内存变量。
- 两个操作数的数据类型要相同，要同为 8 位、16 位或 32 位；如 MOV BL, AX 等是不正确的。
- 立即数不能作为目的操作数，如 MOV   100H, AX 等。
- 立即数不能直接传给段寄存器，如 MOV   DS, 100H 等。
- 两个操作数不能同时为段寄存器，如 MOV   ES, DS 等。
- 指令指针 IP，不能作为 MOV 指令的操作数。
- 代码段寄存器 CS 不能为目的操作数，但可作为源操作数，如指令 MOV   CS, AX 等不正确，但指令 MOV   AX, CS 等是正确的。

对于规定中不允许的操作，可以利用通用寄存器作为中转来达到最终目的。表 3-3 列举了一个可行的解决方案，也可考虑用其他办法来完成同样的功能。

表 3-3   MOV 指令的变通方法

功 能 描 述	不正确的指令	可选的解决方案
把 DS 的值传送给 ES	MOV ES,DS	MOV AX,DS MOV ES,AX
把 100H 传送给 DS	MOV DS,100H	MOV AX,100H MOV DS,AX
把字变量 VARB 的值传送给字变量 VARA	MOV VARA,VARB	MOV AX,VARB MOV VARA,AX

3.4.2 堆栈操作指令

堆栈是内存中的一个特定区域，通常用来保存程序的返回地址。在子程序调用和处理中断过程时，需要保存返回地址和断点地址，在进入子程序和中断处理后，还需要保留通用寄存器的值；子程序返回和中断处理返回时，则要恢复通用寄存器的值，并分别将返回地址或断点地址恢复到指令指针寄存器中。这些功能都要通过堆栈来实现，其中寄存器值的保存和恢复需要由堆栈指令来完成。

堆栈位于堆栈段中，因而其段地址存放于 SS 寄存器中，堆栈的结构如图 3-12 所示，只有一个出入口（堆栈的最高地址处是栈底，固定不变），因此堆栈操作具有"后进先出"的特点。堆栈指针寄存器 SP 始终指向堆栈的顶部，SP 的初值规定了所用堆栈区的大小。

8086 堆栈的使用规则如下：

① 堆栈的使用要遵循先进后出的准则。

② 堆栈中操作数的类型必须是**字**操作数，不允许以字节为操作数。

③ PUSH 指令可以使用 CS 寄存器，但 POP 指令不允许使用 CS 寄存器。

④ 8086/8088 堆栈操作可以使用除立即寻址以外的任何寻址方式。

⑤ 编程中 PUSH、POP 指令应成对使用，以保持堆栈的平衡。

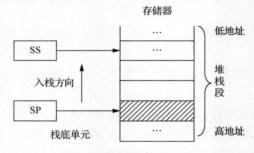

图 3-12　堆栈结构示意图

堆栈主要有两大类操作：进栈操作和出栈操作。

1．进栈操作

（1）指令格式

```
PUSH   OPRD        ;OPRD 是 16 位操作数
```

（2）指令功能

将 16 位寄存器或内存单元的内容压入堆栈，同时(SP) ← (SP)-2，标志位不受影响。

例如：(SP)=2200H,(AX)=6CA8H，执行 PUSH AX 的操作为：

① SP←(SP)-1。

② SP 所指栈顶←(AH)。

③ SP←(SP)-1。

④ SP 所指栈顶←(AL)。

执行指令后(SP)=21FEH，(21FFH)=6CH，(21FEH)=A8H，堆栈内容及堆栈指针的变化如图 3-13 所示。

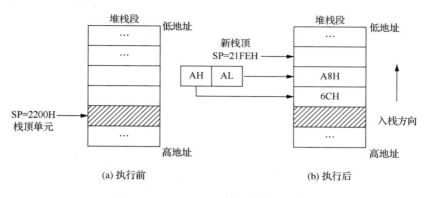

图 3-13   PUSH   AX   指令执行示意图

2．出栈操作

（1）指令格式

POP   OPRD

（2）指令功能

将栈顶的一个字送到寄存器或内存单元中，同时(SP) ← (SP)+2，标志位不受影响。

例如：(SP)=2300H，(AX)=3758H，执行 POP AX 指令的操作为

① AL←[SP]。

② SP←(SP)+1。

③ AH←[SP]。

④ SP←(SP)+1。

指令执行后(SP)=2302H，(2302H)=67H，(2301H)=89H，(AX)=6789H。堆栈内容及堆栈指针的变化如图 3-14 所示。

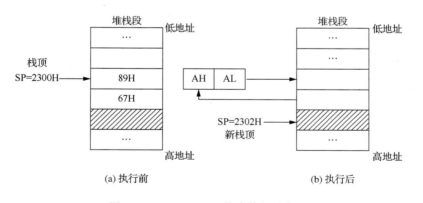

图 3-14   POP   AX   指令执行示意图

例如：执行下列指令序列

```
MOV      AX,8000H
MOV      SS,AX
MOV      SP,2000H
MOV      DX,3E4AH
```

```
PUSH    DX
PUSH    AX
```

当执行完两条压入堆栈的指令时，堆栈中的内容如图 3-15 所示。压入堆栈指令 PUSH　DX
的执行过程为：

① SP ←(SP) − 1。

② 栈顶←(DH)。

③ SP ←(SP) − 1。

④ 栈顶←(DL)。

压入堆栈指令 PUSH　AX 的执行过程为：

① SP ←(SP) − 1。

② 栈顶←(AH)。

③ SP ←(SP) − 1。

④ 栈顶←(AL)。

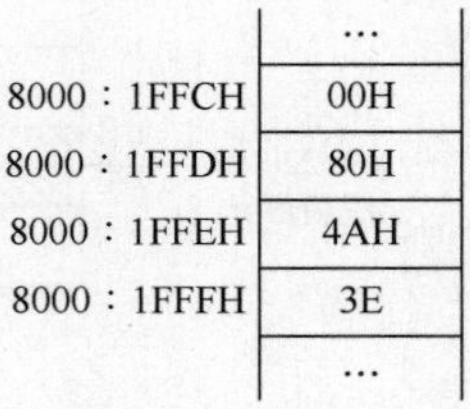

	...
8000 : 1FFCH	00H
8000 : 1FFDH	80H
8000 : 1FFEH	4AH
8000 : 1FFFH	3E
	...

图 3-15　执行完指令序列后堆栈示意图

3.4.3　地址传送指令

这类指令用来传递存储器操作数的 16 位地址，而不是存储器单元的内容。

1. 取有效地址指令 LEA

（1）指令格式

`LEA OPD, OPS`

（2）指令功能

把存储单元的 16 位有效偏移地址 EA 送指定的寄存器。OPS 必须是一个存储器操作数，目的操作数必须是一个 16 位的通用寄存器，标志位不受影响。

例如：设（SI）=1000H

```
LEA BX,[SI+10H]      ;执行该指令后，（BX）=1010H
LEA BX,[SI]          ;执行该指令后，（BX）=1000H
LEA BX,[10H]         ;执行该指令后，（BX）=10H
LEA SI,[SI+1200H]    ;执行该指令后，（SI）=2200H
```

【例 3-6】区别 MOV SI、4A1BH 和 LEA　SI,[4A1BH]。

设[4A1BH]=55H，[4A1CH]=77H。

执行 LEA　SI，[4A1BH] 后，SI = 4A1BH，该指令把偏移地址 4A1BH 送到 SI。

执行 MOV　SI，[4A1BH] 后，SI = 7755H，为把内存数据段中以 4A1BH 开始的连续 2 个内存单元的数据送 SI。

注意：MOV 指令传送的是操作数的内容，而 LEA 指令传送的是操作数的地址。但是，MOV DI, OFFSET　TABLE 指令与 LEA DI, TABLE 是等价的。指令中的 OFFSET 称为取偏移地址操作符，用来说明所取的是地址。

2. 取数据段寄存器指令

（1）指令格式

`LDS OPD,OPS`

（2）指令功能

把内存 4 个单元的 32 位数送到段寄存器 DS 和由 OPD 指出的偏移量寄存器（OPD 可以是 BX、SI 或 DI）。低 16 位→OPD，高 16 位→DS，且低字节→低位，高字节→高位。

【例 3-7】设 DS = 2000H，SI = A024H，DI = 0006H，则指令 LDS　SI，［DI + 100AH］执行的结果是什么？

SI←(DS×10H + DI + 100AH，DS×10H + DI + 100BH)

DS←(DS×10H + DI + 100CH，DS×10H + DI + 100DH)

则指令指出的存储单元地址为：20000H + 0006H + 100AH = 21010H，21011H，21012H，21013H。设 4 个单元的内容分别为：21010H=80H，21011H=01H，21012H=30H，21013H=22H，则指令执行后，DS = 2230H，SI = 0180H，DI = 0006H。

3．取附加段寄存器指令

（1）指令格式

LES　OPD,OPS

（2）指令功能

把内存 4 个单元的 32 位数送到段寄存器 ES 和由 OPD 指出的偏移量寄存器，方法同 LDS 一样。

与指令 LEA 不同，指令 LDS、LES 可以用一条指令实现从地址指针存储单元中同时取出段基址和偏移量，并分别送入段寄存器和指定的 16 位通用寄存器中。地址传送类指令 LEA、LDS、LES 常用于串操作时，建立初始的串地址指针。

3.4.4　其他数据传送类指令

1．交换指令

（1）指令格式

XCHG OPD, OPS

（2）指令功能

把源操作数与目标操作数的内容进行互换。

注意：两操作数中必须有一个在寄存器中；操作数不能为段寄存器和立即数；源和目地操作数类型要一致。

例如：

```
XCHG  AL,BL
XCHG  BX,SI
XCHG  AX,BUFFER            ;此处交换 AX 和 BUFFER 开始的连续两个内存单元的内容
XCHG  BH,DATA[SI]         ;源操作数是寄存器相对寻址
XCHG  BYTE PTR[2000H],CH  ;BYTE PTR 为指明后面要取得内存为一个字节
```

【例 3-8】用 XCHG 指令将两个存储单元中的数据交换。

```
MOV AL , ADD1             ;AL← [ADD1]
XCHG AL , ADD2            ;(AL) ←→ [ADD2]
XCHG AL , ADD1            ;(AL) ←→ [ADD1]
```

2．查表指令

XLAT 指令可以方便地实现不同数制或编码之间的转换，因此又称为代码转换指令。查

表指令为我们提供了一个将函数计算转换为数据读取的方法。对于 CPU 速度慢的环境，这是一个非常好的快速实现方法。

（1）指令格式

```
XLAT  [表首址]      ;表首址可以省略
```

（2）指令功能

把待查表格的一个字节内容送到 AL 累加器中。在执行该指令前，应首先在数据段中建立一个长度小于 256 B 的表格，将表的首地址先送至 BX 寄存器中，然后将欲查找对象与其在表格中距表首地址的位偏移量送 AL，该指令执行后，(AL) ← ((BX)+(AL))，即将所查找的对象放入 AL 中，BX 的内容不变。

【例 3-9】查表求 n 的平方（$n \in [0 \sim 9]$）。

① 先将 $0 \sim 9$ 的平方表建立在偏移地址为 2000H 的内存中，如图 3-16 所示。

② 设 n=5，则所需指令序列为

地址	平方值
2000H	00
2001H	01
...	...
2009H	81

图 3-16　$0 \sim 9$ 的平方表

```
MOV BX , 2000H      ;指向平方表的首地址
MOV AL , 5          ;5的平方值所在内存单元据表首地址偏移量为5
XLAT                ;查表，（BX）+5，找出平方值放入AL中
```

【例 3-10】将数字 $0 \sim 9$ 的 BCD 码转换为 7 段 LED 显示器的显示代码。

分析：数字 $0 \sim 9$ 的 BCD 码对应的 7 段 LED 显示代码为：40H、79H、24H、30H、19H、12H、02H、78H、00H、18H。将它们依次存放在内存数据段中的一张十六进制的数据表中，表的首地址为 TABLE。

若欲查出的待转换的 BCD 码为 0100B，则实现该代码转换的程序段为：

```
MOV BX, TABLE      ;BX←表首地址的偏移地址
MOV AL, 4          ;AL←序号4
XLAT               ;AL中为0100B对应的7段代码为19H
```

3.4.5　输入/输出指令

输入/输出指令有两条：IN 和 OUT。

（1）指令格式

```
IN  ACC, PORT      ;ACC为累加器，PORT为外设的端口地址
OUT PORT, ACC
```

（2）指令功能

输入指令 IN 用于从外设端口 PORT 接收 8 位或 16 位数据，送往累加器 ACC（ AX 或 AL）中，输出指令 OUT 用于将累加器 ACC 的内容发送到外设端口 PORT。

PORT 的寻址方式有两种：

1. 直接寻址

输入/输出指令中直接给出一个 8 位的接口地址。例如：

```
IN   AL,35H
OUT  63H,AX
```

2. 寄存器间接寻址

输入/输出指令中接口地址放在 DX 中。例如：

```
MOV  DX,03F8H
IN   AL,DX          ;表示由接口地址 03F8H 输入一个字节到 AL。
```

所以输入/输出指令格式共有 8 种：

```
IN AL , n           IN AX , n
IN AL , DX          IN AX , DX
OUT n , AL          OUT n , AX
OUT DX , AL         OUT DX , AX
```

3.5　算术运算类指令

算术运算指令是反映 CPU 计算能力的一组指令，也是编程时经常使用的一组指令。8086 指令系统提供的算术运算类指令包括：加、减、乘、除及其十进制数运算的各种调整指令。所有算术运算指令一般都影响标志位。

该组指令的操作数可以是 8 位或 16 位。当存储单元是该类指令的操作数时，该操作数的寻址方式可以是任意一种存储单元寻址方式。

> 视频 12　算术运算指令

3.5.1　加法指令

1. 加法指令

（1）指令格式

```
ADD  OPD, OPS          ;(OPD)←(OPD)+(OPS)
```

（2）指令功能

将两操作数相加，结果放在目的操作数当中。影响全部的状态标志 AF、CF、OF、PF、SF 和 ZF。

目的操作数可以是任意通用寄存器或存储器中已用伪指令定义的字变量或字节变量，而源操作数还可以是立即数。但两操作数不可以都是存储器，这同 MOV 指令是一样的。例如：

```
ADD      AL,30
ADD      AX,[3000H]
ADD      AL,DATA[BX]
ADD      SI,AX
ADD      DX,DATA
ADD      BETA[SI],100
ADD      BETA[SI],AX
```

【例 3-11】计算 50H+49H。

```
MOV      AL,49H
ADD      AL,50H
```

2. 带进位加法指令

（1）指令格式

```
ADC  OPD, OPS          ;(OPD)←(OPD)+(OPS)+CF
```

（2）指令功能

这条指令与 ADD 指令基本相同，只是在对两个操作数进行相加运算时还应加上进位标志 CF 的当前值，然后将结果送至目的操作数，影响 AF、CF、OF、PF、SF 和 ZF。例如：

```
ADC   AL,68H       ;AL←(AL)+68H+(CF)
ADC   AX,CX        ;AX←(AX)+(CX)+(CF)
ADC   BX,[DI]      ;BX←(BX)+[DI+1][DI]+(CF)
```

【例 3-12】设内存中首地址是 FIRST 和 SECOND 的区域各存放着一个 4 B 的数据，现要编写程序段将两数相加后放在首地址为 THIRD 处。

```
MOV   AX,FIRST
ADD   AX,SECOND
MOV   THIRD,AX
MOV   AX,FIRST+2
ADC   AX,SECOND+2
MOV   THIRD+2,AX
```

3. 加 1 指令

（1）指令格式

```
INC  OPD
```

（2）指令功能

将操作数的内容加 1 后，再送回该操作数。影响 AF、OF、PF、SF 和 ZF，不影响 CF。
INC 指令常用于在循环程序中修改地址指针和循环次数等。例如：

```
INC      AL
INC      [SI]
INC      DI
INC      WORD PTR [BX]
```

3.5.2 减法指令

1. 减法指令

（1）指令格式

```
SUB  OPD,OPS                 ;(OPD)←(OPD)-(OPS)
```

（2）指令功能

目的操作数同源操作数相减，结果存放在目的操作数中，影响 AF、CF、OF、PF、SF 和 ZF。例如：

```
SUB      AL,60H
SUB      [BX+20H],DX
SUB      AX,CX
```

2. 带借位减法指令

（1）指令格式

```
SBB  OPD, OPS                ;(OPD)←(OPD)-(OPS)-CF
```

（2）指令功能

该指令与 SUB 相类似，只不过在两个操作数相减时，还应减去借位标志 CF 的当前值，影响 AF、CF、OF、PF、SF 和 ZF。

与 ADC 一样，这条指令主要用于多字节的减法运算，在前面的四字节加法运算的例子中，若用 SUB 代替 ADD，用 SBB 代替 ADC，就可以实现两个四字节的减法运算。

【例 3-13】x、y、z 均为 32 位数，分别存放在地址为 X 与 X+2、Y 与 Y+2、Z 与 Z+2 的存储单元中，用指令序列实现 w←x+y+24-z，结果放在 W 与 W+2 单元中。

```
MOV  AX, X
MOV  DX, X+2
ADD  AX, Y
ADC  DX, Y+2                ;x+y
ADD  AX, 24
ADC  DX, 0                  ;x+y+24
SUB  AX, Z
SBB  DX, Z+2               ;x+y+24-z
MOV  W, AX
MOV  W+2, DX              ;结果存入 W 与 W+2 单元
```

3. 减 1 指令

（1）指令格式

```
DEC    OPD                 ;(OPD)←(OPD)-1
```

（2）指令功能

将操作数的内容减 1 后，再送回该操作数中，影响 AF、OF、PF、SF 和 ZF，不影响 CF。例如：

```
DEC  CL
DEC  BYTE PTR[ DI+2 ]
DEC  SI
```

4. 比较指令

（1）指令格式

```
CMP OPD, OPS               ;(OPD)-(OPS)，结果不送回 OPD
```

（2）指令功能

完成 OPD-OPS 的操作，这一点与减法指令相同，而且相减结果也同样反映在标志位上。但是，与减法指令 SUB 的主要不同点是相减后不回送结果，即执行比较指令后，两个操作数的内容是不变化的，影响 AF、CF、OF、PF、SF 和 ZF。例如：

```
CMP  AL,0AH
CMP  CX,SI
CMP  DI,[BX+03]
```

根据标志位来判断比较的结果：

```
CMP  A, B
```

① 若 ZF=1，则 A=B。

② 若 ZF=0，则 A≠B，此时分两种情况考虑：

● A、B 是两个无符号数：

若 CF=0，则 A > B；

若 CF=1，则 A < B。

● A、B 是两个有符号数：

若 OF⊕SF=0，则 A > B；

若 OF⊕SF=1，则 A < B。

【例 3-14】若自 BLOCK 开始的内存缓冲区中，有 100 个带符号数，希望找到其中最大的一个值，并将它放到 MAX 单元中。

```
MOV  BX,OFFSET  BLOCK
MOV  AX,[BX]
INC  BX
INC  BX
MOV  CX,99
AGAIN: CMP  AX,[BX]
JG  NEXT                 ;条件跳转，有符号数大于跳转到 NEXT 处
MOV  AX,[BX]
NEXT: INC  BX
INC  BX
DEC  CX
JNE  AGAIN               ;不等于跳转到 AGAIN 处
MOV  MAX,AX
HLT                      ;暂停指令
```

5. 求补指令

（1）指令格式

```
NEG  OPD                 ;(OPD)←0-(OPD)
```

（2）指令功能

OPD←0−OPD，即改变操作数的正负号，结果送回目的操作数，影响 AF、CF、OF、PF、SF 和 ZF。当对字节操作时，对−128 求补；对字操作时，对−32768 求补，此时溢出标志位将置位。例如：

```
MOV  AX,0FF64H
NEG  AL                  ;AX=FF9CH,OF=0,SF=1,ZF=0,PF=1,CF=1
SUB  AL,9DH              ;AX=FFFFH,OF=0,SF=1,ZF=0,PF=1,CF=1
NEG  AX                  ;AX=0001H,OF=0,SF=0,ZF=0,PF=0,CF=1
DEC  AL                  ;AX=0000H,OF=0,SF=0,ZF=1,PF=1,CF=1
NEG  AX                  ;AX=0000H,OF=0,SF=0,ZF=1,PF=1,CF=0
```

3.5.3　乘法指令

计算机的乘法/除法指令分为无符号乘法/除法指令和有符号乘法/除法指令，它们的唯一区别就在于：数据的最高位是作为"数值"参与运算，还是作为"符号位"参与运算。

乘法指令的被乘数都是隐含操作数，在指令中只写出乘数，CPU 会根据乘数是 8 位还是 16 位自动选用被乘数：AL 或 AX。

1. 无符号数乘法指令

（1）指令格式

```
MUL  OPS                 ;(AX)←(AL)×(OPS) （字节相乘）
                         ;(DX)(AX)←(AX)×(OPS) （字相乘）
```

（2）指令功能

将源操作数和累加器中的数都作为无符号数相乘，乘积存放在 AX 或 DX、AX 中。源操作数可以是寄存器，也可以是存储器（是存储器时，需指明类型），但不能是立即数。影响 CF 和 OF（AF、PF、SF 和 ZF 无定义）。例如：

```
MUL BL
MUL CX
MUL BYTE PTR [SI]
MUL WORD PTR [DI]
```

例如：两个 8 位数相乘。

```
MOV        AL,3CH
MOV        BL,59H
MUL        BL
```

例如：两个 16 位数相乘。

```
MOV        AX,1234H
MOV        BX,3C09H
MUL        BX
```

2．有符号数乘法指令

（1）指令格式

```
IMUL  OPS        ;(AX)←(AL)×(OPS)  （字节相乘）
                 ;(DX)(AX)←(AX)×(OPS)  （字相乘）
```

（2）指令功能

将源操作数和累加器中的数都作为符号数相乘，乘积存放在 AX 或 DX、AX 中。它和 MUL 一样可以进行字节和字节、字和字的乘法运算。当结果的高半部分不是结果的低半部分的符号扩展时，标志位 CF 和 OF 将置位，影响 CF 和 OF（AF、PF、SF 和 ZF 无定义）。例如：

```
IMUL        BX
IMUL        BYTE PTR [SI+6]
```

【例 3-15】设 AL=FEH，CL=11H，求 AL 与 CL 的乘积。

若两操作数为无符号数，则

```
MUL  CL
```

结果：AX=10DEH。

若将两操作数看作有符号数，则

```
IMUL  CL
```

结果：AX=FFDEH=-34。

3.5.4　除法指令

1．无符号数除法指令

除法指令的被除数是隐含操作数，除数在指令中显式写出来。CPU 会根据除数是 8 位还是 16 位，自动选用被除数是 AX 还是 DX、AX。当除数为 0 或商超出数据类型所能表示的范围时，系统会自动产生 0 号中断。

（1）指令格式

```
DIV OPS
```

（2）指令功能

① 字节除法：(AL 商) (AH 余数)← (AX) / (OPS)。

将 AX 中的 16 位无符号数除以 OPS，得到的 8 位商存放在 AL 中，8 位余数存放在 AH 中。

② 字除法：(AX 商)(DX 余数)← (DX、AX) / (OPS)。

将 DX、AX 中的 32 位无符号数除以 OPS，得到的 16 位商存放在 AX 中，16 位余数存放在 DX 中，不影响任何标志位。

例如：字除以字节。

```
MOV          AX, 1234H
MOV          BL, 58H
DIV          BL
```

例如：双字除以字。

```
MOV          DX, 1234H
MOV          AX, 5678H
MOV          CX, 16A8H
DIV          CX
```

例如：字节除以字节。

```
MOV          AL,38H        ;被除数送 AL
CBW                        ;AL 中的字节扩展成 AX 中的字
DIV          BL
```

例如：字除以字。

```
MOV          AX,5678H
CWD                        ;把字转换成双字 DX、AX
DIV          BX            ;商在 AX 中，余数在 DX 中
```

2．有符号数除法指令

（1）指令格式

```
IDIV  OPS
```

（2）指令功能

操作与 DIV 指令类似。商及余数均为有符号数，且余数符号总是与被除数符号相同，不影响任何标志位。

例如：双倍字长除以字。

```
MOV DX, HI_WORD        ;被除数高位字送 DX
MOV AX, LO_WORD        ;被除数低位字送 AX
IDIV    DIVISO[SI]
```

3.5.5 符号扩展指令

8086 要求乘法指令在进行字运算时，被乘数必须为 16 位，除法指令要求被除数的位数为除数的两倍，如果不满足此要求，需要对被除数进行扩展，否则会产生错误。而对无符号数和有符号数进行扩展的方法是不一样的。

无符号数进行扩展时，只需将 AH 或 DX 清零即可；有符号数可使用扩展指令 CBW 和 CWD 进行扩展。CBW 和 CWD 指令可以解决有符号数除法存在的隐含操作数数据类型转换的问题。

1．CBW 字节转换为字指令

（1）指令格式

```
CBW
```

（2）指令功能

将 AL 的符号位（bit7）扩展到整个 AH 中，即当 AL 为正数时，则 AH=0，否则，AH=0FFH，不影响任何标志位。

假设(AH)=1H，(AL)=90H=−112D，(BL)=10H。现计算 AL/BL 的值。若不处理 AH 中的值，这时(AH、AL)/BL 的商是 19H，而 AL/BL 的商应是−7，这就导致计算结果出错，所以，在做除法运算前，必须要处理 AH 中的值。

例如：
```
MOV     AL,01011111B
CBW
```
执行后，（AX）= 005FH。

例如：
```
MOV     AL,10011111B
CBW
```
执行后，（AX）= FF9FH。

2．字转换成双字指令

（1）指令格式
```
CWD
```
（2）指令功能

将 AX 中的符号位（bit15）扩展到 DX 中，不影响任何标志位。

例如：
```
MOV     AX,1234H
CWD
```
执行后，（DX）（AX）= 00001234H。

例如：
```
MOV     AX,835EH
CWD
```
执行后，（DX）（AX）= FFFF835EH。

3.6　位操作类指令

8086 的位操作指令分为两类：逻辑运算指令和移位指令。逻辑运算指令按逻辑门电路的运算规则进行运算。移位指令有左移和右移，移出的位都进入 CF 标志，因移空位的补充方式不同有多种指令形式。8086 的移位指令中，移动超过 1 次则用 CL 寄存器做计数器。

3.6.1　逻辑运算指令

逻辑运算指令可对 8 位或 16 位二进制数进行逐位逻辑运算。指令系统中逻辑运算指令有 AND（与）、OR（或）、NOT（非）、XOR（异或）和 TEST（测试）指令。逻辑运算指令对标志位的影响（除 NOT 指令外）是 CF=0，OF=0，SF、ZF、PF 根据运算结果设置，AF 无意义。

视频13　逻辑运算指令

1．逻辑与指令

（1）指令格式

```
AND   OPD, OPS
```

（2）指令功能

把源操作数与目的操作数逐位进行逻辑"与"运算，结果存入目标操作数中。AND 指令主要用在将目的操作数的某些位清零，其他位保持不变的情况下。例如：

```
AND      AX,BX
AND      SI,BP
AND      AX,DATA_
AND      DX,BUFFER[SI+BX]
AND      DATA,00FFH
AND      BLOCK[BP+DI],DX
```

【例 3-16】已知(BH)=67H，要求把 BH 的第 0、1 和 5 位清 0。

```
AND  BH,0DCH
```

【例 3-17】已知（AL）=35H，执行 AND AL, 0FH 后（AL）=?

（AL）= 05H

相当于分离 AL 内容的高 4 位。

2．逻辑或指令

（1）指令格式

```
OR  OPD, OPS
```

（2）指令功能

把源操作数与目的操作数逐位进行逻辑"或"运算，结果存入目标操作数中。OR 指令主要用在将目的操作数的某些位置 1，其他位保持不变的情况下。例如：

```
OR   AL,30H
OR   AX,00FFH
OR   BX,SI
OR   BX,DATAWORD
OR   BUFFER[BX],SI
OR   BUFFER[BX+SI],8000H
```

【例 3-18】把 AL 的第 5 位置为 1。

```
OR   AL, 00100000B
```

【例 3-19】已知(BL)=46H，要把其第 1、3、4 和 6 位置 1。

```
OR BL,5AH
```

3．逻辑异或指令

（1）指令格式

```
XOR   OPD, OPS
```

（2）指令功能

把源操作数与目的操作数逐位进行逻辑"异或"运算，即进行"异或"操作的两位值不同时，其结果为"1"；否则就为 0，结果存入目标操作数中。XOR 指令常用来将操作数中的某些位取反。例如：

```
XOR  AL,0FH
XOR  AX,BX
```

```
XOR   DX,SI
XOR   CX,CONNTWORD
XOR   BUFFER[BX],DI
XOR   BUFFER[BX+SI],AX
```

【例 3-20】已知(AH)=46H，要求把其的第 0、2、5 和 7 位的值取反。

【解】用指令"XOR　AH,0A5H"来实现此功能。

例如：把 AX 寄存器清零。

可以有 4 种不同的方法，比较其不同之处：

① MOV　　AX,0

② XOR　　AX,AX

③ AND　　AX,0

④ SUB　　AX,AX

4．逻辑非指令

（1）指令格式

```
NOT  OPD
```

（2）指令功能

把操作数中的每位取反，即 1←0，0←1。操作数可以是寄存器或存储器。

【例 3-21】已知(AL)=46H，执行指令"NOT　AL"后，(AL)= ？

对 AL 逐位取反，得到(AL)= 0B9H。

5．测试指令

（1）指令格式

```
TEST  OPD, OPS
```

（2）指令功能

把源操作数与目的操作数逐位进行逻辑"与"运算，并按结果影响标志位，但结果不存入目标操作数中。TEST 指令可在不改变操作数的前提下检测操作数的某些位是"0"还是"1"，常和条件转移指令配合使用。

例如：若要检测 AL 中的最低位是否为 1，且若为 1 则转移。在这种情况下可以用如下指令：

```
      TEST    AL,01H
      JNZ     THERE        ;条件转移指令，ZF=0 时跳转到 THERE
              …
THERE: MOV  BL,05H
              …
```

3.6.2　移位指令

移位指令分为算术移位和逻辑移位，每种移位指令又分为左移和右移。4 条移位指令的格式完全相同。

（1）指令格式

```
SAL/SAR/SHL/SHR OPD, count
```

其中，count 为移位的次数，该次数可以是立即数或 CL 的值。在 8086 中，该立即数只能为 1。

（2）指令功能

将 OPD 的各位左移或者右移若干位，移位的次数由 count 决定。各条指令操作如图 3-17 所示。

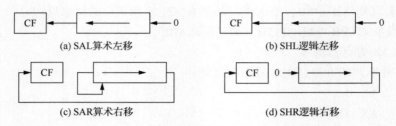

(a) SAL算术左移　　　　　　　　　　(b) SHL逻辑左移

(c) SAR算术右移　　　　　　　　　　(d) SHR逻辑右移

图 3-17　移位指令操作示意图

算术左移 SAL 和逻辑左移 SHL 都是把目的操作数的低位向高位移动 1 位或 count 位，空出的低位补 0，最高位移入 CF。移位后结果未溢出时，每左移 1 位相当于将目的操作数乘以 2，右移 1 位相当于除以 2。

注意：在左移 1 位的情况下，移位后如果最高位与 CF 不同，则 OF 置 1，否则 OF 为 0。由此可判断移位前后符号位是否一致。

算术左移 SAL 和逻辑左移 SHL 指令的区别：算术左移 SAL 将操作数当作有符号数，而逻辑左移 SHL 将操作数当作无符号数。对于 SHL，没有溢出；而对于 SAL 若 OF=1，则表示左移后溢出。

例如：

```
SAL AL, 1
SAL BX, 1
SAR BL, CL
SAR AX, CL
SAL BYTE PTR [SI],1
```

例如：

```
MOV CL, 4
MOV AX, 5678H
SAR AX, CL
```

例如：将两个非压缩 BCD 码（高位在 BL，低位在 AL）合并成压缩 BCD 码，结果送 AL。

```
MOV   CL,4             ;将计数值送 CL
SHL   BL,CL            ;将高位移到 BL 的高 4 位
AND   AL,0FH           ;清零 AL 高 4 位
OR    AL,BL            ;合并 AL 和 BL 形成压缩 BCD 码。
```

例如：把 AL 中的数 x 乘 10。

方法一：

采用乘法指令：

```
MOV BL,10
MUL BL
```

方法二：

因为 $10=8+2=2^3+2^1$，所以可用移位实现乘 10 操作。

```
SAL   AL,1             ;2x
```

```
MOV  AH,AL
SAL  AL,1      ;4x
SAL  AL,1      ;8x
ADD  AL,AH     ;8x+2x = 10x
```

第一种方法共需 70~77 个 T 周期，而第二种方法只需 11 个 T 周期，仅相当于乘法的 1/7。所以，可以灵活使用移位操作代替乘除法以提高运算速度。

例如：试分析下面的程序段完成什么功能？

```
MOV CL,04H    ;04H→ CL
SHL DX,CL     ;DX 逻辑左移 4 位，相当于 DX 低 4 位清零，DX=×××0H
MOV BL,AH     ;AH→BL
SHL AX,CL     ;AX 逻辑左移 4 位，相当于 AX 低 4 位清零，AX=×××0H
SHR BL,CL     ;BL 逻辑右移 4 位，相当于 AH=0×H
OR  DL,BL     ;
```

程序执行完后，现 DL 的高 4 位是原来 DL 的低 4 位，现 DL 的低 4 位是原 AH 的高 4 位，程序功能是将 DX、AX 组成的双字逻辑左移 4 位。

【例 3-22】编制一个程序段，实现 CX 中的数除以 4，结果仍放回 CX 中。

假设 CX 内是无符号数，程序段如下：

```
MOV AX,CX
MOV CL,02H
SHR AX,CL
MOV CX,AX
HLT
```

3.6.3 循环移位指令

8086 指令系统提供了 4 条循环移位指令：不带进位的循环左移 ROL 和循环右移 ROR 及带进位的循环左移 RCL 和循环右移 RCR。

指令格式：

```
ROL/ROR/RCL/RCR  OPD, count
```

这 4 条指令的操作如图 3-18 所示。

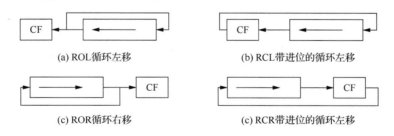

图 3-18　循环移位指令操作示意图

循环移位指令将操作数本身或操作数与 CF 一起构成一个环形移位，移位的次数由 count 确定。与移位指令一样，若移位若干次，CF 中只保留最后一次移出的内容。

循环指令影响的标志位与移位指令不同，循环指令只影响 CF 和 OF。不论是移位指令还是循环指令，只有当 count 为 1 时，OF 才有意义。

循环移位指令一般用于测试某些位的状态，操作数高位部分和低位部分交换，或者与非循环移位指令一起组成 32 位或更长字长数的移位。

【例 3-23】将 AL 的高 4 位与低 4 位互换。

```
MOV  CL,4
ROL  AL,CL
```

【例 3-24】将 32 位数值左移一位。设其高 16 位在 DX 中存放，低 16 位在 AX 中存放。

```
SHL  AX,1
RCL  DX,1
```

【例 3-25】把(BX)=84F0H 中的 16 位数分成 4 部分（每 4 位一部分）压入堆栈。

```
      MOV  CH, 4           ;循环次数
      MOV  CL, 4           ;移位次数
NEXT: ROL  BX, CL
      MOV  AX, BX
      AND  AX, 000FH
      PUSH AX
      DEC  CH
      JNZ  NEXT            ;条件转移指令，结果不为零跳转到 NEXT
```

3.7　控制转移类指令

控制转移类指令也称程序控制指令，这类指令可以改变 CS 与 IP 的值或仅改变 IP 的值，是用来控制程序运行的顺序。当设计程序时需要实现分支、循环、过程等程序结构时，这类指令就变得必不可少，因此控制转移类指令也是仅次于传送指令的最常用指令。

3.7.1　无条件转移指令

根据转移范围的不同，无条件转移指令又分为：短（short）转移（偏移量在[-128,127]范围内）、近（near）转移（偏移量在[-32K,32K]范围内）或远（far）转移（在不同的代码段之间转移）。

短转移和近转移属于段内转移，JMP 指令只把目标指令位置的偏移量赋值给指令指针寄存器 IP，从而实现转移功能。而远转移是段间转移，JMP 指令不仅会改变指令指针寄存器 IP 的值，还会改变代码段寄存器 CS 的值。

1．段内直接转移

（1）指令格式

```
JMP  标号
```

（2）指令功能

将程序从当前执行的地方无条件转移到标号表示的目标处执行。例如：

```
LP: MOV  AX,1233H
    …
    JMP  LP    ;转到 LP 处执行
    …
    JMP  NP    ;转到 NP 处执行
    …
NP: …
```

汇编程序在汇编时，将指令中出现的标号换算成程序中该无条件转移指令的下一条指令

的开始地址到转移的目标地址的差值，执行无条件转移指令时，实际是将当前的 IP 值与算出的地址差之和决定。

2. 段内间接转移

指令格式：

```
JMP  WORD  PTR  MEM16          ;IP←(MEM16)
JMP  REG16                     ;IP←(REG16)
```

该指令将转移的目标地址预先存放在某寄存器或存储器的两个连续单元中，指令中只需给出该寄存器号或存储单元地址。例如：

```
JMP CX
JMP WORD PTR [DI]
```

以上 2 种转移方式均为段内转移，指令执行时，用指令提供的信息修改指令指针 IP 的内容，CS 的值不变。

3. 段间直接转移

指令格式：

```
JMP  FAR PTR  标号     ;IP←目标标号的偏移地址，CS←目标标号所在段的段基址
```

FAR PTR 为属性运算符，表示转移是在段间进行。目标标号在其他代码段中，指令中直接给出目标标号的段基址和偏移地址，分别取代当前 IP 及 CS 的值，从而转移到另一代码段中相应的位置去执行。

4. 段间间接转移

指令格式：

```
JMP  DWORD PTR  OPD               ;IP←(EA)，CS←(EA+2)
```

该转移指令的执行不影响任何标志位。

指令中由操作数 OPD 的寻址方式确定一个有效地址 EA，指向存放转移地址的偏移地址和段基址的单元，根据寻址方式求出 EA 后，访问相邻的 4 B 单元，低位字单元的 16 位数据送到 IP 寄存器，高位字单元中的 16 位数据送到 CS 寄存器，得到要转移去的目标地址，实现段间间接转移的目的。其中，OPR 只能是存储器操作数。

例如：（BX）=1000H，（SI）=2000H，（DS）=3000H，（CS）=8000H，(IP)=2000，则下面指令执行过程如图 3-19 所示。

```
JMP  DWORD PTR  [BX][SI]
```

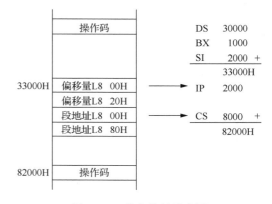

图 3-19 指令执行示意图

3.7.2 条件转移指令

条件转移指令根据标志寄存器中的一个（或多个）标志位来决定是否需要转移，这就为实现多功能程序提供了必要的手段。8086 的指令系统提供了丰富的条件转移指令来满足各种不同的转移需要，在编程序时，要对它们灵活运用。

条件转移指令不影响标志。

条件转移指令又分三大类：无符号数的条件转移指令、有符号数的条件转移指令和特殊算术标志位的条件转移指令。

1. 无符号数的条件转移指令（见表3-4）

表 3-4　无符号数的条件转移指令

助　记　符	转　移　条　件	功　能　描　述
JE/JZ	ZF=1	相等/结果为零跳转
JNE/JNZ	ZF=0	不相等/结果不为零跳转
JA/JNBE	CF=0 and ZF=0	高于/不低于也不等于跳转
JAE/JNB	CF=0	高于或等于/不低于
JB/JNAE	CF=1	低于/不高于也不等于
JBE/JNA	CF=1 or AF=1	低于或等于/不高于

2. 有符号数的条件转移指令（见表3-5）

表 3-5　有符号数的条件转移指令

助　记　符	转　移　条　件	功　能　描　述
JE/JZ	ZF=1	相等/结果为零跳转
JNE/JNZ	ZF=0	不相等/结果不为零跳转
JG/JNLE	ZF=0 and SF=OF	大于/不小于也不等于跳转
JGE/JNL	SF=OF	大于或等于/不小于跳转
JL/JNGE	SF≠OF	小于/不大于也不等于跳转
JLE/JNG	ZF=1 or SF≠OF	小于或等于/不大于跳转

3. 特殊算术标志位的条件转移指令（见表3-6）

表 3-6　特殊算术标志位条件转移指令

助　记　符	转　移　条　件	功　能　描　述
JC	CF=1	有进位/有借位跳转
JNC	CF=0	无进位/无借位跳转
JO	OF=1	溢出跳转
JNO	OF=0	不溢出跳转
JP/JPE	PF=1	PF 为 1/偶状态跳转
JNP/JPO	PF=0	PF 为 0/奇状态跳转
JS	SF=1	SF 为 1 跳转
JNS	SF=0	SF 为 0 跳转

条件转移指令前通常需要有用于条件判断的有关指令。

注意：CF 的状态反映的是两个无符号数比较后的大小关系，有符号数比较后的大小关系由 SF 和 OF 一起来反映。

【例 3-26】求 AL 和 BL 寄存器中的两数之和，若有进位，则 AH 置 1，否则 AH 清 0。

```
ADD          AL,BL
```

```
        JC      NEXT
        XOR     AH,AH
        JMP     DONE
NEXT:   MOV     AH,01H
DONE:   NOP
```

【例 3-27】 判断 AL 的最高位是否为 1，是 1 转向 NEXT1 处执行，否则顺序执行。

```
        TEST    AL,80H      ;测试 AL 的最高位
        JZ      NEXT1       ;D7＝0（ZF＝1），转移
        MOV     AH,0ffH     ;D7＝1，顺序执行
        JMP     DONE        ;无条件转向
NEXT1:  MOV     AH,0
DONE:   ...
```

【例 3-28】 确定 AL 中"1"的个数。

```
        XOR     AH,AH       ;累加器清零
        MOV     CX,08H      ;设置循环次数
Stat:   ROL     AL,1        ;AL 循环左移 1 位，即 AL 的最高位送 CF
        JNC     Lp          ;CF＝0，转移到 Lp
        INC     AH          ;CF＝1，AH+1→AH
Lp:     LOOP    Stat        ;CX-1→CX，CX≠0，返回到 Stat 执行
        HLT                 ;程序段结束
```

【例 3-29】 比较两个无符号数的大小，将大的那个放到 AX 中，将小的放到 BX 中。设两个数已存放在 AX 和 BX 中。

```
        CMP     AX,BX
        JAE     NEXT
        XCHG    AX,BX
NEXT:   ...
```

3.7.3　循环指令

循环结构是程序的三大结构之一。为了构成循环结构，汇编语言提供了 3 种循环指令，这些循环指令的循环次数都是保存在计数器 CX 中。除了 CX 可以决定循环是否结束外，有的循环指令还可由标志位 ZF 来决定是否结束循环。

在高级语言中，循环计数器可以递增，也可递减，但汇编语言中，CX 只能递减，所以，循环计数器只能从大到小。在程序中，必须先把循环次数赋给循环计数器。

汇编语言的循环指令都是放在循环体的下面，在循环时，首先执行一次循环体，然后把循环计数器 CX 减 1。当满足循环终止条件时，该循环指令下面的指令将是下一条被执行的指令，否则，程序将向上转到循环体的第一条指令。

在循环未终止，而向上转移时，规定：该转移只能是一个短转移，即偏移量不能超过 128，也就是说，循环体中所有指令码的字节数之和不能超过 128。如果循环体过大，可以用后面介绍的"转移指令"来构造循环结构。

循环指令本身的执行不影响任何标志位。

1．循环指令

（1）指令格式

LOOP　标号

（2）指令功能

如果(CX)≠0，则转向"标号"所指向的指令，否则，终止循环，执行该指令下面的指令。

该指令可以等价于下面两条指令：

```
DEC  CX        ;CX←(CX)-1
JNZ  标号       ;ZF=0，转向标号执行
```

【例 3-30】　编写一段程序，求 1+2+…+100 之和，并把结果存入 AX 中。

方法 1：因为计数器 CX 只能递减，所以，可把求和式子改为 100+99+…+2+1。

```
        …
        XOR  AX, AX
        MOV  CX, 100D
again:  ADD  AX, CX        ;计算过程:100+99+…+2+1
        LOOP again
        …
```

方法 2：不用循环计数器进行累加，求和式子仍为：1+2+…+99+100。

```
        …
        XOR  AX, AX
        MOV  CX, 100D
        MOV  BX, 1
again:  ADD  AX, BX        ;计算过程:1+2+…+99+100
        INC  BX
        LOOP again
        …
```

从程序段的效果来看：方法 1 要比方法 2 好。

2. 相等或为零循环指令

指令格式：

```
LOOPE/LOOPZ  标号
```

这是一组有条件循环指令，它们除了要受 CX 的影响外，还要受标志位 ZF 的影响。具体规定如下：

① (CX) = (CX)-1（不改变任何标志位）。

② 如果循环计数器≠0 且 ZF=1，则程序转到循环体的第一条指令，否则，程序将执行该循环指令下面的指令。

【例 3-31】　在字符串中查找第一个非 'S' 字符，字符串长度为 10，首地址由 DS：DI 指出。如果找到，让 BX 指向该非 'S' 字符，如果找不到，让 BX=0FFFFH。

```
        MOV  CX,10
        MOV  AL,'S'
        DEC  DI
NEXT:   INC  DI
        CMP  AL,[DI]
        LOOPE   NEXT
        MOV  BX,DI
        JNE  NP
        MOV  BX,0FFFFH
NP:  …
```

3. 不等或不为零循环指令

指令格式：

```
LOOPNE/LOOPNZ  标号
```

这也是一组有条件循环指令，它们与 LOOP 指令在循环结束条件上有些不同。其具体规定如下：

① (CX) = (CX)−1（不改变任何标志位）。

② 如果循环计数器≠0 且 ZF=0，则程序转到循环体的第一条指令，否则，程序将执行该循环指令下面的指令。

在 LOOPE 和 LOOPNE 两条指令中，只要两个条件中任一个不满足，循环就结束。

3.7.4 子程序指令

编写程序时，如果有一些程序段需要在不同的地方多次反复地出现，就可以将其设计为子程序（也成为过程）。每次需要时进行调用，过程结束后，再返回原来调用的地方。采用这种方法不仅可以使源程序的总长度大大缩短，而且有利于实现模块化的程序设计，使程序的编制、阅读和修改都比较方便。

1. 子程序调用指令

子程序可以在本段内（近过程）；也可在其他段（远过程）。调用的过程地址可以用直接的方式给出，也可用间接的方式给出。过程调用指令和返回指令对状态标志位都没有影响。

（1）段内直接调用

指令格式及操作：

```
CALL nearproc      ;SP←(SP)−2,(SP)+1: (SP)←(IP)
                   ;IP=(IP)+disp
```

指令的操作数是一个近过程，该过程在本段内。指令汇编以后，得到 CALL 的下一条指令与被调用的过程入口地址的 16 位相对位移量 disp。指令操作是将指令指针 IP 的内容压入堆栈，然后将相对位移量 disp 加到 IP 上，使控制转到调用的过程。16 位相对位移量 disp 占 2 个字节，段内直接调用指令共有 3 个字节。

（2）段内间接调用

指令格式及操作：

```
CALL reg16/mem16   ;SP ←(SP)−2,(SP)+1: (SP)←(IP)
                   ;IP←reg16/mem16
```

指令的操作数是 16 位的寄存器或存储器，其内容是一个近过程入口地址，指令操作是将指令指针 IP 的内容压入堆栈，然后将寄存器或存储器的内容送到 IP 中。

（3）段间直接调用

指令格式及操作：

```
CALL farproc ;SP←(SP)−2,(SP)+1: (SP)←(CS)
             ;CS←SEG far-proc
             ;SP←(SP)−2,(SP)+1: (SP)←(IP)
             ;IP← OFFSET far-proc
```

指令的操作数是一个远过程，该过程在另外的代码段内。段间直接调用指令先将 CS 中的段基值压入堆栈，并将远过程所在的段基值送 CS，再将 IP 中的偏移地址压入堆栈，然后将远过程的偏移地址 OFFSET farproc 送 IP。

（4）段间间接调用

指令格式及操作：

```
CALL mem32          ;SP←(SP)-2,(SP)+1: (SP)←(CS)
                    ;CS←mem32+2
                    ;SP←(SP)-2,(SP)+1: (SP)←(IP)
                    ;IP←mem32
```

指令的操作数是 32 位的存储器地址，指令的操作是先将 CS 寄存器压入堆栈，并将存储器的后两个字节送 CS，再将 IP 中的偏移地址压入堆栈，然后将存储器的前两个字节送 IP，控制转到另一个代码段的远过程。

2．子程序返回指令

指令格式及操作：

（1）从近过程返回

```
RET                 ;IP←((SP)+1: (SP)),SP←(SP)+2
RET popvalue        ;IP←((SP)+1: (SP)),SP←(SP)+2
                    ;SP←(SP)+popvalue
```

（2）从远过程返回

```
RET                 ;IP←((SP)+1: (SP)),SP←(SP)+2
                    ;CS←((SP)+1: (SP)),SP←(SP)+2
RET popvalue        ;IP←((SP)+1: (SP)),SP←(SP)+2
                    ;CS←((SP)+1: (SP)),SP←(SP)+2
                    ;SP←(SP)+popvalue
```

子程序中总包含返回指令 RET，它将堆栈中的断点弹出，控制程序返回到原来调用过程的地方。通常，RET 指令的类型是隐含的，它自动与过程定义时的类型相匹配。但采用间接调用时，必须保证 CALL 指令类型与 RET 指令的类型相匹配，以免发生错误。

此外，RET 指令可以带一个弹出值，这是一个 16 位的立即数，通常是偶数。弹出值表示返回时从堆栈舍弃的字节数。例如 RET 4，返回时从堆栈舍弃 4 个字节数。这些字节一般是调用前通过堆栈向过程传递的参数。

3.7.5　中断指令

中断指令共有以下 3 条：

1．INT n

这条中断指令为双字节指令，n 为中断类型号，占一个字节，可为 0～255 级中断。CPU 根据类型号 n，从内存实际地址 00000H～003FFH 区域的中断向量表中找到中断服务程序的首地址。每个类型号含一个 4 字节的中断向量，中断向量就是中断服务程序的入口地址。将中断类型 n×4 就得到中断向量的存放地址，由此地址开始，前 2 个单元中存放着中断服务程序入口地址偏移量，即(IP)，后 2 个单元中存放着中断服务程序入口地址的段首址，即(CS)。

下面以 INT 21H 为例说明该中断指令操作。

该指令执行时，先将标志寄存器(F)入栈，然后清标志 TF、IF，阻止 CPU 进入单步中断，再保护断点，将断点处下一条指令的地址入栈，即(CS)、(IP)入栈，最后计算向量地址：21H×4=84H，若设 84H～87H 这 4 个单元中存放的内容依次为 AEH、01H、C8H、09H，则接着执行(IP)←01AEH，(CS)←09C8H。最后，CPU 将转到 09C8H：01AEH 单元去执行中断服务程序。

INT 指令可以用来建立一系列管理程序，供系统或用户程序使用。

2．INTO

该指令用于对溢出标志 OF 进行测试。当 INTO 指令检测到算术运算产生溢出时，即标志 OF=1，则启动一个中断，否则，不进行任何操作，顺序执行下一条指令。INTO 的操作类似于 INT n，但其规定型号 n=4，故向量地址为：4H×4=10H。

3．IRET

IRET 用在任何一种中断服务程序的末尾，以退出中断。这条指令可以从堆栈中弹出程序断点送回 CS 和 IP 中，并回复标志寄存器 F 的内容，返回到中断断点处的下一条指令。

3.8　串操作指令

所谓"字符串"是指一个数据块或多个字符的集合，简称"串"。我们经常要对字符串执行一些诸如串传送、判断两个串是否相同、查找关键字、计算串长度、修改字符参数等操作，这些操作统称为"串操作"。

串操作指令采用隐含寻址方式，指令执行过程中源操作数地址由 DS:SI 提供，目的操作数地址由 ES:DI 提供，CX 存放字符串长度。每次串操作后，存放操作数偏移地址的 SI 和 DI 内容将自动修改。方向标志 DF 影响串操作的方向，DF = 0，则 SI 和 DI 按增量修改，DF = 1，SI 和 DI 按减量修改。操作数是字节 DI 和 SI 加 1，操作数是字 DI 和 SI 加 2。

串操作指令能加快处理速度，缩短程序长度。被处理的串长度最长为 64 KB。

1．字符串传送指令

（1）指令格式

MOVS OPD，OPS

MOVSB（每次传送一个字节）/MOVSW（每次传送一个字）后面相同。

（2）指令功能

该指令是把指针 DS:SI 所指向的字节或字传送给指针 ES:DI 所指向的内存单元，并根据标志位 DF 对寄存器 DI 和 SI 做相应增减。该指令的执行不影响任何标志位。

【例 3-32】将 3000H:1000H 地址开始的 100 个字节数传送到 3000H:2000H 开始的单元中。

```
        MOV     AX,3000H
        MOV     DS,AX           ;设立 DS 段首址
        MOV     ES,AX           ;设立 ES 段首址
        MOV     SI,1000H        ;送源串首址偏移量
        MOV     DI,2000H        ;送目的首址偏移量
        MOV     CX,064H         ;送串长度
        CLD                     ;置 DF←0,使 SI、DI 按增量方向修改
NEXT:   MOVSB
        DEC CX                  ;CX 减 1
        JNZ  NEXT               ;64H 个字节未传送完,转 NEXT 继续传送,直至传送完,退出
```

2. 写字符串数据指令

（1）指令格式

```
STOSB  OPD
STOSB/STOSW
```

（2）指令功能

在以指针 ES:DI 所指向内存单元为起始的存储区中写入寄存器 AL 或 AX 中的值，并根据标志位 DF 对寄存器 DI 做相应增减。该指令不影响任何标志位。

3. 取字符串数据指令

（1）指令格式

```
LODS  OPD
LODSB/LODSW
```

（2）指令功能

从由指针 DS:SI 所指向的内存单元开始，取一个字节或字进入 AL 或 AX 中，并根据标志位 DF 对寄存器 SI 做相应增减。该指令的执行不影响任何标志位。

指令 LODS 会根据其地址表达式的属性来决定读取一个字节或字，同时将 SI 增 1 减 1 或 2。

4. 输入字符串指令

（1）指令格式

```
INSB/INSW
```

（2）指令功能

该指令是从某一指定的端口接收一个字符串，并存入存储单元。输入端口由 DX 指定，存储单元的首地址和读入数据的个数分别由 ES:DI 和 CX 来确定。在指令的执行过程中，可根据标志位 DF 对寄存器 DI 作相应增减。该指令不影响任何标志位。

与该指令有关的操作数 ES、DI、DX 和 CX 等都是隐含操作数。

5. 输出字符串指令

（1）指令格式

```
OUTSB/OUTSW
```

（2）指令功能

该指令是把一个字符串输入到指定的输出端口中。输出端口由 DX 指定，其输出数据的首地址和个数分别由 DS:SI 和 CX 来确定。在指令的执行过程中，可根据标志位 DF 对寄存器 SI 做相应增减。该指令的执行不影响任何标志位。

与该指令有关的操作数 DS、SI、DX 和 CX 等都是隐含操作数。

6. 字符串比较指令

（1）指令格式

```
CMPS  OPD, OPS
CMPSB/CMPSW
```

（2）指令功能

该指令是把指针 DS:SI 和 ES:DI 所指向字节或字的值相减，并用所得到的差来设置有关的标志位。与此同时，变址寄存器 SI 和 DI 也将根据标志位 DF 的值做相应增减。受影响的标志位：AF、CF、OF、PF、SF 和 ZF。

该指令常和重复前缀 REPE/REPZ 共同使用。

【例 3-33】   比较两个数据块是否相同，相同则清零 AX，不同则清零 BX。每个数据块有 300 个字节数据，起址分别为(1000H:2000H)和(3000H:4000H)。

```
MOV    AX,1000H
MOV    DS,AX              ;设立 DS 段首址
MOV    AX,3000H
MOV    ES,AX              ;设立 ES 段首址
MOV    SI,2000H           ;送源串首址偏移量
MOV    DI,4000H           ;送目的首址偏移量
MOV    CX,300             ;送串长度
CLD                       ;置 DF←0，使 SI、DI 按增量方向修改
REPE   CMPSB              ;串比较重复，可代替 CAMPSB、DEC CX、JNE 等 3 条指令
JZ     EQ                 ;如果上条指令结果为 0(两串相同)，则转 EQ，否则执行下一条
XOR    BX,BX
JMP    STOP               ;BX 清 0 后转 STOP
EQ:    XOR    AX,AX
STOP:  ...
```

7. 字符串扫描指令

（1）指令格式

```
SCAS  OPD
SCASB/SCASW
```

（2）指令功能

该指令是用 AL 或 AX 的值减指针 ES:DI 所指向字节、字或双字的值，用所得到的差来设置有关标志位。与此同时，变址寄存器 DI 还将根据标志位 DF 的值进行增减。受影响的标志位：AF、CF、OF、PF、SF 和 ZF。

【例 3-34】   在长度为 100H 的字符串中寻找"@"字符，若有，将"@"字符送至 DL，否则将 DL 清零。设字符串首址 ES:STR1。

```
CLD                       ;DI 增量修改
   MOV  CX,0100H
   MOV  DI,OFFSET STR1
   MOV  AL, '@'           ;送关键字"@"
   REPNE SCASB            ;未找到时重复找
   JNZ  CLEARDX           ;若 ZF = 0，转 CLEARDX
   MOV  DL,AL             ;若 ZF = 1，将"@"字符送至 DL
   JMP  STOP
CLEARDX:   XOR    DL,DL
STOP:      ...
```

8. 重复字符串操作指令

前面介绍了 7 种不同的字符串操作指令：取字符串数据、写字符串数据、字符串传送、输入字符串、输出字符串、字符串比较和字符串扫描等指令，所叙述的是这些指令执行一次所具有的功能。但是，每个字符串通常会有多个字符，所以，就需要重复执行这些字符串操作指令。为了满足这种需求，指令系统提供了一组重复前缀指令。

虽然在这些字符串指令的前面都可以添加一个重复前缀指令，但由于指令执行结果的差异，对某个具体的字符串指令又不用重复前缀指令而改用其他循环来满足重复的需要。

重复字符串操作指令对标志位的影响由被重复的字符串操作指令来决定。重复前缀指令是重复其后的字符串操作指令，重复的次数由 CX 来决定。

（1）指令格式

```
REP                        ;无条件重复
REPE/REPZ                  ;相等/结果为 0，则重复
REPNE/REPNZ                ;不相等/结果不为 0，则重复
```

（2）指令功能

重复前缀不能单独使用，必须和基本串操作指令配合使用。其中，无条件重复前缀 REP 指令的执行步骤如下：

① 判断：CX=0。

② 如果 CX=0，则结束重复操作，执行程序中的下一条指令。

③ 否则，CX=CX-1（不影响有关标志位），并执行其后的字符串操作指令，在该指令执行完后，再转到步骤①。

从上面的重复前缀指令格式来看，虽然可以使用重复取字符串数据指令（第一组指令），但可能会因为指令的执行结果而在程序中几乎不被使用。

3.9 处理器控制类指令

处理器控制指令完成对 CPU 的简单控制功能。表 3-7 所示为处理器控制指令的种类及功能。其中，CLC、STC、CMC 用来对进位标志 CF 清 "0"、置 "1" 和取反；CLD、STD 用来对方向标志 DF 清 "0"、置 "1"，常用于串操作之前；CLI、STI 用来对中断标志 IF 清 "0"、置 "1"。

此外，暂停指令 HLT 在等待中断信号时，该指令使 CPU 处于暂停工作状态，CS:IP 指向下一条待执行的指令。当产生中断信号后，CPU 把 CS 和 IP 入栈，并转入中断处理程序。在中断处理程序执行完毕后，中断返回指令 IRET 弹出 IP 和 CS，并唤醒 CPU 执行下条等待指令。WAIT 使 CPU 处于等待状态，直到协处理器完成运算，并用一个重启信号唤醒 CPU 为止。交权指令 ESC 是 8086/8088 处于最大模式时使用的要求协处理器完成某种操作的指令。封锁数据指令 LOCK 是一个前缀指令形式，在其后面跟一个具体的操作指令。LOCK 指令可以保证在其后指令执行过程中，禁止协处理器修改数据总线上的数据，起到独占总线的作用。空操作指令 NOP 主要用于延迟下一条指令的执行。

表 3-7　处理器控制指令

种　类	助　记　符	功　能　说　明
标志操作指令	CLC	CF←0，进位标志清零
	STC	CF←1，进位标志置位
	CMC	CF←CF，进位标志取反
	CLD	DF←0，方向标志清零，串操作从低地址到高地址
	STD	DF←1，方向标志置位，串操作从高地址到低地址
	CLI	IF←0，清中断标志位，即关中断
	STI	IF←1，中断标志置位，即开中断

续表

种　类	助 记 符	功 能 说 明
外部同步指令	HLT	暂停
	WAIT	等待
	ESC	交权
	LOCK	总线封锁
空操作	NOP	空操作（3 个时钟周期）

习　　题

一、选择题

1. 在汇编语句 MOV AX，[BX+SI]中，源操作数的寻址方式是（　　　）。

    A．直接寻址　　　　　　　　　　　　B．基址寻址

    C．间址寻址　　　　　　　　　　　　D．基址加变址寻址

2. 以下各指令中正确的是（　　　）。

    A．IN　63H，AX　　　　　　　　　　B．IN　　AL，63H

    C．MOV　ES，2D00H　　　　　　　　D．MOV　[DI]，[SI]

3. 设字长 n=8 位，$[X]_{补码}=0CAH$，$[Y]_{补码}=0BCH$，则求$[X+Y]_{补码}$时得到的结果、溢出标志 OF 和辅助进位标志 AF 分别为（　　　）。

    A．86H，OF=0 和 AF=0　　　　　　　B．86H，OF=0 和 AF=1

    C．186H，OF=1 和 AF=0　　　　　　D．186H，OF=1 和 AF=1

4. 若现将 AL 寄存器除最高位外，其余各位求反，然后末位加 1；下列各组指令中可以完成上述功能的是（　　　）。

    A．NEG AL　　　　　　　　　　　　B．NOT AL

    　　　　　　　　　　　　　　　　　　INC AL

    C．NEG AL　　　　　　　　　　　　D．XOR AL，7FH

    　　INC AL　　　　　　　　　　　　　　INC AL

5. 已知 SP = 8000H，执行 PUSH SI 指令后，SP 中的内容是（　　　）。

    A．8002H　　　　B．7FFEH　　　　C．7998H　　　　D．7FFFH

二、简答题

1. 设 DS=1000H, ES=2000H, SS=3500H, SI=00A0H, DI=0024H, BX=0100H, BP=0200H,数据段中变量名为 VAL 的偏移地址值为 0030H，试说明下列指令的源操作数和目的操作数的寻址方式分别是什么？物理地址值是多少？

    （1）MOV　AX，[1234H]　　　　　　（2）MOV　AX，[BX]

    （3）MOV　AX，VAL[BX]　　　　　　（4）MOV　AX，[BP]

    （5）MOV　AX，[BP][SI]　　　　　　（6）MOV　AX，VAL

    （7）MOV　AX，ES:[BX]　　　　　　（8）MOV　AX，VAL[BP][SI]

2. 下列指令中是错误的，错在何处？

    （1）MOV　　　　　　　　　　DL,AX　　　　（2）MOV　　　　　　　　　　DS,0200H

（3）MOV　　　　　IP,0FFH　　　　　　　（4）MOV　　　　　　AX,[BX][BP]

（5）MOV　　　　　DL,[SI][DI]　　　　　　（6）MOV　　　　　　AL,OFFSET TABLE

（7）IN　　　　　　BL,05H

3. 已知：DS=1000H,BX=0200H,SI=02H,内存 10200H～10205H 单元的内容分别为 10H、2AH、3CH、46H、59H、6BH。下列每条指令执行完后 AX 的内容各是什么？

（1）MOV　　AX,0200H

（2）MOV　　AX,2[BX]

（3）MOV　　AX,2[BX+SI]

4. 根据以下要求选用相应的指令或指令序列：

（1）把 4629H 传送给 AX 寄存器。

（2）把 DATA 的段地址和偏移地址装入 DS 和 BX 中。

（3）BX 寄存器和 DX 寄存器内容相加，结果存入 DX 寄存器中。

（4）AX 寄存器中的内容减去 0360H，结果存入 AX 中。

（5）把附加段偏移量为 0500H 字节存储单元的内容送 BX 寄存器。

（6）AL 寄存器的内容乘以 2。

（7）AL 的带符号数乘以 BL 的带符号数，结果存入 AX 中。

（8）CX 寄存器清零。

（9）置 DX 寄存器的高 3 位为 1，其余位不变。

（10）BL 寄存器的低 4 位为 0，其余位不变。

（11）CL 寄存器的高 4 位变反，其余位不变。

（12）使 AX 中的有符号数除以 2。

（13）寄存器 AL 中的高、低 4 位交换。

（14）寄存器 DX 和 AX 组成 32 位数左移 1 位。

（15）将 AX 寄存器的最低 4 位置 1，最高 3 位清 0，其 D7、D8、D9 位取反，其余位不变的操作。

（16）将 BL 中的数据除以 CL 中的数据，再将其结果乘以 2，并将最后为 16 位数的结果存入 DX 寄存器中。

5. 试写出执行下列指令序列后 AX 寄存器的内容，执行前(AX)=1234H。

（1）MOV CL，7

　　　SHL AX，CL

（2）MOV BX，5678H

　　　ADD AX，BX

（3）SAL　AX，　　1

　　　RCL DX，　　1

　　　ADC AX，　　0

（4）SHR　DX，　　1

　　　RCR AX，　　1

第 **4** 章

汇编语言程序设计

汇编语言是一种基于汇编指令的低级程序设计语言。应用汇编语言编写的程序可以直接控制硬件，具有代码短小、节省内存、高效率、实时性强等优点。汇编语言程序执行前需要经翻译产生机器代码，但这种翻译要简单得多。在许多计算机系统程序、实时通信程序、实时控制程序中，常常会嵌入汇编语言的程序段。

本章主要介绍使用汇编语言编写程序的基本方法；重点介绍和举例阐述顺序程序设计、分支程序设计、循环程序设计以及子程序设计的基本方法；讲解了汇编语言程序上机编辑、连接、调试和运行的基本方法。

学习目标：

- 能够写出完整的汇编语言程序结构。
- 能够运用汇编语言编写顺序、分支、循环程序。
- 能够编写子程序，并进行调用。
- 能够上机编辑、调试汇编语言程序。

4.1　汇编语言概述

用汇编语言编写的程序称为源程序，源程序在计算机中不能直接被识别和执行，所以需要经过翻译，产生机器代码，这种翻译过程称为汇编。完成汇编的计算机程序就是汇编程序（Assembler）。也就是说，汇编程序是执行把汇编语言源程序翻译成机器能够识别和执行的目标程序（即二进制的机器代码程序）任务的一种系统程序，它与汇编语言程序（即用汇编语言编写的源程序）是两个不同的概念。

汇编语言中的语句类型有两种：①指令性语句，即第 3 章中提到的指令系统中的指令，这些指令被 CPU 执行，生成目标代码；②指示性语句，主要是伪指令，这类语句 CPU 不执行，而由汇编程序执行，不生成目标代码，本章 4.3 节介绍了部分伪指令。在编写源程序时，这两种语句都要严格遵守汇编语言的规范，否则将会出错。

汇编程序主要分为两种：宏汇编程序（Macro Assembler）和小汇编程序（Mini-Assembler）。宏汇编程序功能较为强大，它不仅能将助记符指令翻译成机器指令，也能处理大量的"伪指令"，包括宏指令。一般计算机上配备的都是宏汇编程序。小汇编程序的汇编能力有限，只能将助记符指令翻译成机器指令，基本上不支持伪指令。

【例 4-1】从一个简单的 8086 汇编语言程序示例来了解汇编语言程序的格式、结构及规范。这是一个完成将 100 个字的数据块从输入缓冲区搬到输出缓冲区的实例。

源程序如下：

```
①  DATA   SEGMENT                              ;定义代码段
②  INBUFF  DW 100 DUP (?)                      ;输入缓冲区
③  OUTBUFF DW 100 DUP (?)                      ;输出缓冲区
④  DATA    ENDS                                ;定义数据段结束
;.........................................................................
⑤  STACK   SEGMENT STACK                       ;定义堆栈段
⑥  DB 200 DUP(0)                               ;定义堆栈段为 200 个字节的连续存储区
                                                ;每个字节的值为 0
⑦  STACK   ENDS                                ;定义堆栈段结束
;.........................................................................
⑧  CODE SEGMENT                                ;定义代码段
⑨      ASSUME CS:CODE,DS:DATA,ES:DATA,SS:STACK  ;定义各段寄存器的内容
⑩  STAR:   MOV AX,DATA
⑪          MOV DS,AX                           ;设置 DS
⑫          MOV ES,AX                           ;设置 ES
⑬  INIT:   MOV SI,OFFSET INBUFF                ;设置输入缓冲区指针
⑭          LEA DI,OUTBUFF                      ;设置输出缓冲区指针
⑮          MOV CX,100                          ;块长度送 CX
⑯          REP MOVS OUTBUFF,INBUFF             ;块搬移
⑰          MOV AH,4CH                          ;DOS 功能调用语句
⑱          INT 21H
⑲   CODE ENDS
;.........................................................................
⑳   END STAR                                   ;汇编结束
```

1. 汇编指令

例 4-1 中第⑩ ~ ⑱条语句为指令，仔细观察可以归纳出汇编指令的格式为：

[标号:]　　指令助记符　[操作数[,操作数]]　　　[;注释]

汇编语言中，名字后是没有冒号的，而标号后一定带冒号。通常一条指令写一行，不区分大小写。语句的各个组成部分间要有分隔符，常用空格或制表符，多个分隔符与一个分隔符作用一样。

注意：标号或名字一般由字母、数字及规定的特殊字符（?、$、@等）组成，但不能由数字开头，字符数最长不超过 31 个，也不能作为指令的助记符、伪指令定义符和寄存器名。

2. 伪指令

例 4-1 中第① ~ ⑨、⑲ ~ ⑳条为伪指令，伪指令语句的格式也可概括为：

[名字]　伪指令助记符　操作数 [,操作数,...] [;注释]

伪指令也有很多条，不能一一介绍，后面的章节中只介绍常用的伪指令。

3．分段结构

例 4-1 中的程序由虚线分成 3 个逻辑段，一般而言，一个完整的汇编语言程序需要有数据段、堆栈段和代码段。数据段包含程序需要使用到的数据，堆栈段定义堆栈，代码段包含程序的代码。每个段有一个段名，以伪指令 SEGMENT 开始，以 ENDS 结束。各段在源程序中的顺序可以任意安排，段的数目原则上也不受限制（8086/8088 系统要求不超过 16 个逻辑段）。

DOS 系统会在装载没有定义堆栈段的程序时指定一个堆栈段，指定的堆栈段位置固定。由于本书所涉及的程序都比较短小，完全可以利用 DOS 安排的堆栈，所以书中的源程序都略去了堆栈段的定义。

源程序的每一段由若干汇编语句组成，每一行只有一句，长度不能超过 128 个字符。整个源程序用 END 结束，END 后的 STAR 表示该程序执行时的起始地址。

4．返回 DOS

汇编中的源程序在代码段中都含有返回到 DOS 操作系统的指令语句，例 4-1 中的第 ⑰ ~ ⑱ 条就是用 INT 21H 指令自动返回 DOS。INT 21H 是 DOS 功能调用，只要将这两条指令写在程序的最后，程序执行完后就能自动返回 DOS。

4.2　汇编语言数据

汇编指令中，数据是操作数的基本组成部分。第 3 章讲到的操作数有寄存器操作数、存储器操作数和立即数，汇编程序能识别的数据项有常数、变量、标号名字、表达式。

4.2.1　常数

常数的值是固定的，没有任何属性。常数一般有 3 种类型：数值型常数、字符串型常数和符号常数。

1．数值型常数

① 二进制数：以字母 B 结尾，如 01011010B。

② 十进制数：以字母 D 结尾（或省略），如 1948D、3528。

③ 十六进制数：以字母 H 结尾，如 3A40H、0E50H。

视频14　常量的表示

注意：当十六进制常数的第一位（即最高位）是字母 A ~ F 时，必须在第一个字母前加写一个数字 0，以便和标号名或变量名相区别。

2．字符串型常数

字符串型常数是指用单引号括起来的若干字符。汇编语言把字符串中的每一个字符表示成它的 ASCII 码值存放在内存中，例如，'AB' 的值是 41H、42H，'345' 为 33H、34H、35H。

3．符号常数

用符号名来代替常数，例如，BUF EQU 34，定义后，BUF 就是符号常数，其值是 34。

4.2.2　变量

变量在除代码段以外的其他段中被定义，用来定义存放在存储器单元中的数据，在汇编程序中可以修改变量的值。变量由变量名表示，变量名按照标识符的命名规则定义。定义变量可用变量定义伪指令。变量表示定义数据项中第一个字节在现行段中的地址偏移量。

变量有 3 个属性：

1. 段属性

变量所在段的起始地址（即段基址），一般在 DS 段寄存器中，也可以用段前缀来指明是 ES 或 SS 段寄存器。

视频15　变量的表示

2. 偏移地址属性

表示变量所在的段内偏移地址。它代表从段的起始地址到定义变量的位置之间的字节数。

3. 类型属性

表示变量占用存储单元的字节数，这一属性是由数据定义伪指令来规定的。例如：

```
BUF   DB   4, 5, 6
```

此变量名为 BUF，类型为字节，这个变量包括了 4、5、6 三个数，在这里注意理解 BUF 是一个存储单元地址，从这个地址下连续的三个存储单元分别放了 4、5、6 三个数，请思考如何将这三个数取出使用。

4.2.3　标号和名字

标号和符号名统称为标识符。标号是指令的符号地址，标号是可有可无的。标号常作为转移指令的操作数，确定程序转移的目标地址。与变量类似，标号也有 3 个属性。

1. 段属性

标号所在段的起始地址（即段基址），该值总是在 CS 段寄存器中。

2. 偏移属性

标号所在的段内偏移地址，它代表从段的起始地址到定义标号的位置之间的字节数。

3. 类型属性

表示标号可转移的距离，分为段内或段间转移。NEAR 只允许在本段内转移；FAR 允许在段间转移。没有特别说明默认为 NEAR 属性。

符号名简称名字，与标号不同，其后面没有冒号，且一般在指示性语句前。标识符定义时的规定如下：英文字母、数字及专用字符组成,最大长度不能超过 31 个，且不能由数字打头，不能用保留字（如寄存器名、指令助记符、伪指令）。

在例 4-1 中的第⑩行的 STAR 和第⑬行的 INIT 就是这两行指令的标号。

4.2.4　表达式

表达式是常数、寄存器、标号、变量与一些运算符和操作码相组合的序列。表达式由汇编程序按规则进行计算，并将结果作为操作数参与指令所规定的操作。表达式分为数字表达式和地址表达式两类。

① 数字表达式的结果是数字。例如，指令 MOV DX, (6*X−Y)/2 的源操作数就是一个表达式。若设变量 X 的值为 2，变量 Y 的值为 4，则此表达式的值为(6*2−4)/2 = 4。

② 地址表达式的结果是一个存储单元的地址。当这个地址中存放的是数据时，称为变

量；当这个地址中存放的是指令时，则称为标号。经常使用的是地址加减数字量，例如，SUM+1 是指向 SUM 字节单元的下一个单元的地址。

表达式中的运算符分为六大类：算术运算符、逻辑运算符、关系运算符、分析运算符、合成运算符、其他运算符。

1．算术运算符

算术运算符包括 +（加）、–（减）、*（乘）、/（除）和 MOD（取余）5 种运算，算术运算符通常用于数字表达式或地址表达式中。例如：

```
A1 EQU 1020H+3300H          ;可等效为: A1 EQU 4320H
MOV BX, A1-1000H            ;可等效为: MOV BX, 3320H
MOV AX, 35*5                ;可等效为: MOV AX, 175
MOV DX, A1/100H             ;可等效为: MOV DX, 0043H
MOV CX, A1 MOD 100H         ;可等效为: MOV CX, 0020H
```

2．逻辑运算符

逻辑运算符包括 NOT（非）、AND（与）、OR（或）和 XOR（异或）4 种。这些逻辑运算符完成的运算是按位操作的，只能用于数字表达式中。例如：

```
NOT 0FFH                    ;结果为 00H
11001100B AND 11110000B     ;结果为 11000000B
11001100B OR 11110000B      ;结果为 11111100B
11001100B XOR 11110000B     ;结果为 00111100B
```

注意：逻辑运算符与指令系统中的逻辑运算指令助记符在形式上是相同的，但两者有显著的区别，即表达式中的逻辑运算符由汇编程序来完成运算，而逻辑运算指令要在 CPU 执行该指令时才完成相应的操作。

3．关系运算符

关系运算符包括 EQ（相等）、NE（不等）、LT（小于）、LE（不大于/小于或等于）、GT（大于）、GE（不小于/大于或等于）6 种运算。

关系运算符连接的两个操作数必须都是数字或者同一段内的两个存储器地址。关系运算符的结果是逻辑值真（TRUE），输出结果全为 1（FFFFH）；关系不成立，结果是假（FALSE），输出结果为 0。例如：

```
MOV AX, 5 EQ 101B           ;结果为真，汇编后可等效于 MOV AX,0FFFFH
```

4．分析运算符

分析运算符又称数值返回运算符，包括 SEG、OFFSET、LENGTH、TYPE 和 SIZE 五种。它们总是加在运算对象之前，返回的结果是段基址、偏移地址和类型等。

① SEG 运算符：返回的数值是该变量或标号的段基址。例如：

```
MOV SI, SEG LOP
```

若 LOP 是 DATAE 段中的一个变量，DATE 的段地址为 2000H，则该指令把 LOP 所在数据段的段基址 2000H 作为立即数传送到寄存器 SI 中。

② OFFSET 运算符：返回的数值是该变量或标号的偏移地址。例如：

```
MOV DI, OFFSET BUF
```

汇编程序汇编时将 BUF 的偏移地址回送给指令，而在指令执行时将该偏移地址值送入 DI 寄存器中。

③ LENGTH 运算符：返回的数值是该变量所包含的单元数，分配单元可以以字节、字、双字为单位计算。对于变量中使用 DUP 的情况，汇编程序将外层重复次数返回分配给变量的单元数，而对于其他情况则返回 "1" 值。例如：

对于定义 K1 DB 4 DUP(0)，指令 MOV AL, LENGTH K1 等效于 MOV AL, 4。

④ TYPE 运算符：如果是变量，返回该变量的类型属性所表示的字节数；如果是标号，则返回代表该标号类型属性（又称距离属性）的数值。

⑤ SIZE 运算符，返回的数值是该变量所包含的总字节数，此值是该变量 LENGTH 值和 TYPE 值的乘积，即

```
SIZE = LENGTH × TYPE
```

根据 LENGTH 运算符的规则可知，只有当定义语句中使用 DUP 的情况下，SIZE 运算符返回的数值才真正代表该变量所占据的总字节单元数。

【例 4-2】　对于定义

```
X   DB  'ABCDEF'
Y   DB  20 DUP (0)
```

有指令

```
MOV AX, LENGTH X      ;AX=1
MOV BX, LENGTH X      ;BX=20
```

则

```
SIZE X=1 × 1Byte=1
SIZE Y=20 × 1 Byte=20
```

5. 合成运算符

合成运算符又称修改属性运算符，一般用于修改变量或标号的属性（段属性、偏移地址属性和类型属性）。

① PTR 运算符。PTR 运算符可用来修改变量或标号的类型属性，其功能是将 PTR 左边的类型属性赋给其右边的表达式。类型可以是 BYTE、WORD、DWORD、NEAR 和 FAR，表达式可以是变量、标号或存储器操作数。

如原来定义 F1 DB 15H，指令 MOV AX, WORD PTR F1 用 PTR 运算符又将变量 F1 的类型属性由原定义的字节改为字。

② THIS 运算符。THIS 可用来定义变量或标号的类型属性。THIS 运算符的对象是类型（BYTE、WORD、DWORD）或距离（NEAR、FAR），用于规定所指变量或标号的类型属性或距离属性，常和 EQU 伪指令连用。例如：

```
GAMA EQU THIS BYTE    ;将变量 GAMA 的类型属性定义为字节,不管原来 GAMA 的类型是什么,从
                      ;本条语句开始,GAMA 就成为字节变量,直到遇到新的类型语句为止
START EQU THIS FAR    ;将标号 START 的属性定义为 FAR
```

③ 段操作码。段操作码也称为段超越前缀，用来表示一个标号、变量或地址表达式的段属性，例如，指令 MOV DX, ES: [BX][DI] 中源操作数指明为 ES 段的数据。

④ 分离运算符。分离运算符有 HIGH 和 LOW 两种。HIGH 运算符用来从运算对象中分离出高字节，而 LOW 运算符用来从运算对象中分离出低字节。

【例 4-3】　对于定义

```
K1   EQU   1234H
K2   EQU   5678H
```

有指令

```
MOV  AL,  LOW K1     ;K1 的低字节 34H 送入 AL 寄存器中
MOV  BL,  HIGH K2    ;K2 的高字节 56H 送入 BL 寄存器中
```

6. SHORT 运算符

SHORT 说明转移指令的目标地址与本指令之间的字节距离在 − 128 ~ + 127 范围内，例如：

```
LOOP1: JMP SHORT LOOP2
          ...
LOOP2: MOV AX, BX
```

表示标号 LOOP1 与目标标号 LOOP2 之间的距离小于 127 B。

当各种运算符同时出现在同一表达式中时，具有不同的优先级，运算符的优先级规定如表 4-1 所示。优先级相同的运算符操作顺序为先左后右。优先级 1 为最高，10 为最低。

表 4-1　运算符的优先级规定

优　先　级	运　算　符
1	LENGTH、WIDTH、SIZE、MASK ()、<>、[].
2	PTR、OFFSET、SEG、TYPE、THIS、CS:、DS:、ES:、SS:
3	HIGH、LOW
4	*、/、MOD
5	+、−
6	EQ、NE、LT、LE、GT、GE
7	NOT
8	AND
9	OR、XOR
10	SHORT

4.3　汇编语言伪指令

伪指令语句是为汇编程序和连接程序提供一些必要控制的管理性语句。汇编时，它不产生目标代码，只是完成给符号赋值、定义变量属性及分配存储单元、指示程序结束等工作，将源程序汇编成目标程序后，伪指令就不存在了。

视频16
伪指令

伪指令语句也可由标号、伪指令和注释 3 部分组成，伪指令格式：

[名字] 操作符 操作数[;注释]

但伪指令语句的标号后面不能有冒号，这是它和指令语句的一大差别。

4.3.1　数据定义伪指令

这类指令有 DB、DW、DD、DQ 和 DT。格式如下：

[变量名] DB/DW/DD/DQ/DT <表达式>，<表达式>，...

其中，变量名是任选项，它代表所定义的第一单元的地址。表达式可以是常数、表达式、地址表达式、字符率和数据表格。

该组伪指令将所需要的数据放入指定的存储单元中，或者为程序分配指定数目的存储单元，并根据情况对它们进行初始化。

① DB：定义字节变量，其后的每一个表达式占 1 B。

② DW：定义字变量，其后的每一个表达式的值占两个字节，低字节在低地址，高字节在高地址。

③ DD：定义双字变量。

④ DQ：定义四字变量。

⑤ DT：定义 10 B，一般用于存放压缩的 BCD 码。

例如：

```
KH  DB  10,10H
WRD DW  100,100H
DYS DB  4 DUP (?)
```

上面的数据定义语句被汇编后所对应的存储区域分配情况如图 4-1 所示，最后一条语句中的 DUP 为重复操作符，用来定义重复数据，汇编中多用于定义数组或数据缓冲区。

DUP 左边的表达式表示要重复的次数，右边圆括号中的表达式表示要重复的内容，它可以是下列内容之一：

① 一个问号 "?"，表示该单元不初始化，由汇编程序预置。

② 一个数据项表格。

③ 一个数值表达式或地址表达式。

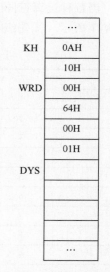

图 4-1　数据定义示意图

4.3.2　符号定义伪指令

符号定义伪指令可以将常数、表达式等用符号来表示，合理地使用符号可以让程序更好阅读，对程序的修改和调试也很有好处。常见的符号定义伪指令有 EQU 和等号。

1. 等价伪指令 EQU

格式：符号名 EQU 表达式

该伪指令用符号名来表示常数或表达式。程序中凡是需要用到该常数或表达式的地方，都可以用这个符号名代替。表达式可以是任何有效的数据，或者是能够算出值的表达式，也可以是有效的助记符等。例如：

```
COUNT EQU 256            ;表示赋予数 256 一个名字，叫作 COUNT
VAR1 EQU  COUNT-2        ;表示赋予表达式 COUNT-2 一个名字，叫作 VAR1
PH  EQU  PUSH            ;表示赋予 PUSH 一个名字 PH。在程序中书写 PH AX，
                        ;就相当于 PUSH AX
HELLO EQU "How are you !"  ;表示用 HELLO 代替字符串"How are you!"
```

2. 等号伪指令

等号用来定义常数或可以计算出数值的数值表达式。

格式：符号名=数值表达式

例如：

```
X=29
Y=45-76*5
```

等号定义的符号可以被重新定义，例如：

```
X=4
X=89
X=5+X
```

4.3.3 段定义伪指令

汇编语言程序由若干程序段组成（为了方便存储器的分段结构），段定义伪指令用来定义不同的程序段。格式如下：

```
段名 SEGMENT［定位类型］［组合类型］［'类别'］
...
段名 ENDS
```

任何一个逻辑段都从 SEGMENT 语句开始，以 ENDS 语句结束。伪指令名 SEGMENT 和 ENDS 必须成对出现。语句中段名是必选项，定位类型、组合类型、类别为可选项。段名由用户自己选定，不能省略，其规定同变量或标号，一个段开始与结尾用的段名应一致。例如：

```
DATA SEGMENT
MESS DB 'HELLO',0DH,0AH,'$'
DATA ENDS
```

定义了一个数据段，该段中包含了一个字符串。

除了定义段的开始和结束，还要了解程序段与段寄存器之间的对应关系，这个对应关系用段分配伪指令说明。格式如下：

```
ASSUME 段寄存器:段名［, 段寄存器:段名,...］
```

功能：说明源程序中定义的段由哪个段寄存器去寻址。段寄存器可以是 CS、SS、DS 或 ES。

段分配伪指令用来完成段的分配，说明当前哪些逻辑段被分别定义为代码段、数据段、堆栈段和附加段。

代码段用来存放被执行的程序；数据段用来存放程序执行中需要的数据和运算结果；当用户程序中使用的数据量很大或使用了串操作指令时，可设置附加段来增加数据段的容量；堆栈段用来设置堆栈。

段寄存器名后面必须有冒号，如果分配的段名不止一个，则应用逗号分开。每条 ASSUME 语句可设置 1～6 个段寄存器。段名是指用 SEGMENT...ENDS 伪指令语句定义过的段名。

在一个代码段中，如果没有另外的 ASSUME 语句重新设置，则原有的 ASSUME 语句的设置一直有效。

对于存储单元的访问需要得到其物理地址，要得到段基地址，也就是段寄存器的值才能形成真正的物理地址，因此必须先设置这些段寄存器的值，即段基址。ASSUME 语句只建立当前段和段寄存器之间的联系，并不能将各段的段基址装入各个段寄存器。段基址的装入是用程序指令来完成的，4 个段寄存器的装入也不相同。因为代码段寄存器 CS 的值是在系统初始化时自动设置的，即在模块被装入时由 DOS 设置，所以除代码段 CS 和堆栈段 SS（在组合类型中选择了 STACK 参数）外，其他段寄存器（DS 和 ES）应由用户在代码段起始处用指令进行段基址的装入。对于堆栈段而言，还必须将堆栈栈顶的偏移地址置入堆栈指针 SP 中。

由于在段定义格式中，每个段的段名即为该段的段基址，它表示一个 16 位的立即数，而段寄存器不能用立即数寻址方式直接装入，所以段基址需要先送入通用寄存器，然后再传送给段寄存器，即必须用两条 MOV 指令才能完成其传送过程。例如：

```
MOV AX, DATA
MOV DS, AX
```

4.3.4　过程定义伪指令

与高级语言的子程序类似，汇编语言也可以把程序段定义为具有近类型或远类型的过程。格式如下：

```
过程名 PROC 属性
      …
       RET
过程名 ENDP
```

过程名可理解为过程入口的符号地址，调用过程时只要在 CALL 指令后写上该过程名即可。属性字段用来指明过程的类型属性是 NEAR 还是 FAR。RET 指令总是设置在过程体的末尾，使过程结束后可以返回主程序。PROC 和 ENDP 前面的过程名应保持一致，PROC 和 ENDP 要成对出现。

例如，过程和主程序在同一代码段时，过程定义和调用格式如下：

```
CODE    SEGMENT
…
SUBT    PROC NEAR
    …
RET
SUBT    ENDP
    …
CALL    SUBT
    …
CODE    ENDS
```

由于主程序和过程在同一代码段中，所以过程 SUBT 被定义为 NEAR 属性，主程序中执行到 CALL 指令时，是将一个字的返回地址（下一条指令的偏移地址，即 IP 的内容）压入堆栈，然后转到 SUBT 为首地址的过程去执行，过程执行到 RET 指令时，由堆栈弹出一个字的地址（即 IP 的内容），返回到 CALL 的下一条指令继续执行主程序。

当过程和主程序不在同一代码段时，过程定义和调用格式如下：

```
CODE1   SEGMENT
    …
SUBT    PROC FAR
    …
RET
SUBT    ENDP
    …
CALL    SUBT
    …
CODE1   ENDS
CODE2   SEGMENT
```

```
        ...
CALL    SUBT
        ...
CODE2   ENDS
```

过程 SUBT 在代码段 CODE1 中被定义，在程序中两次被调用。一次是在 CODE1 代码段内被调用，属于段内调用，具有 NEAR 属性。而另一次是在 CODE2 代码段内被调用，属于段间调用，具有 FAR 属性。在这种情况下，过程 SUBT 只能被定义为 FAR 属性，不论是在 CODE1 段中调用还是在 CODE2 段中调用，压入和弹出的地址信息都包括 16 位的段基址（CS 的内容）和 16 位的偏移地址（IP 的内容）。相反，若将 SUBT 定义为 NEAR 属性，则在 CODE2 段中调用时便会出错。

为了能返回调用程序，在过程中至少要有一条返回指令，返回指令是过程的出口，但返回指令不一定非要安排在过程最后。例如：

```
HTOASC PROC
        AND     AL,0FH
        CMP     AL,9
        JBE     HTOASC1
        ADD     AL,37H
        RET
HTOASC1:ADD     AL,30H
        RET
HTOASC ENDP
```

4.4　汇编语言程序设计基础

计算机都必须在程序的控制下进行工作，为了方便使用者与计算机之间的信息交换，产生了各种各样的程序设计语言。不同的语言都有自己的特点、优势、运行环境和应用领域。计算机程序设计语言可分为机器语言、汇编语言和高级语言。汇编语言能够直接利用硬件系统（如寄存器、标志、中断系统等）对寄存器、存储器、I/O 端口进行处理。汇编程序占用内存空间小，执行速度快。但是，汇编语言要求使用者熟悉微处理器指令系统，编程的难度及工作量都较大。

汇编程序设计与高级语言程序设计类似，分以下 5 步进行：

① 分析问题，建立数学模型。
② 确定算法。
③ 编制程序流程图。
④ 编写程序。
⑤ 上机调试。

4.4.1　程序返回 DOS 的方法

汇编语言源程序是在 PC–DOS 环境下运行。当用连接程序对其进行连接和定位时，操作系统用户程序建立了一个长度为 256 个字节的程序段前缀区 PSP，主要用于存放所要执行程序的有关信息，同时也提供了程序和操作系统的接口。

操作系统在程序段前缀的开始处（偏移地址 0000H）安排了一条 INT 20H 软中断指令。INT 20H 中断服务程序由 PC-DOS 提供，执行该服务程序后，控制就转移到 DOS，即返回到 DOS 管理的状态。因此，用户在组织程序时，必须使程序执行完后，能去执行存放于 PSP 开始处的 INT 20H 指令，这样便返回到 DOS，否则就无法继续输入命令和程序。

PC-DOS 在建立了程序段前缀区 PSP 之后，就将要执行的程序从磁盘装入内存。在定位程序时，DOS 将代码段置于 PSP 下方，代码段之后是数据段，最后放置堆栈段。内存分配好之后，DOS 就设置段寄存器 DS 和 ES 的值，以使它们指向 PSP 的开始处，即 INT 20H 的存放地址，同时将 CS 设置为 PSP 后面代码段的段基值，IP 设置为指向代码段中第一条要执行的指令位置，把 SS 设置为指向堆栈的段基值，让 SP 指向堆栈段的栈底（取决于堆栈的长度），然后系统开始执行用户程序。

为了保证用户程序执行完后，能回到 DOS，可使用如下两种方法：

1. 标准方法

首先将用户程序的主程序定义成一个 FAR 过程，其最后一条指令为 RET，然后在代码段的主程序（即 FAR 过程）的开始部分，用如下三条指令将 PSP 中 INT 20H 指令的段基值及偏移地址压入堆栈：

```
PUSH DS      ;保护 PSP 段地址
MOV  AX,0    ;保护偏移地址
PUSH AX
```

这样，当程序执行到主程序的最后一条指令 RET 时，由于该过程具有 FAR 属性，故存在堆栈内的两个字就分别弹出到 CS 和 IP，便执行 INT 20H 指令，使控制返回到 DOS 状态。

此外，由于开始执行用户程序时，DS 并不设置在用户的数据段的起始处，ES 也同样不设置在用户的附加段起始处，因而在主程序开始处，继上述三条指令之后，应该重新装填 DS 和 ES 的值。

2. 非标准方法

也可在用户的程序中不定义过程段，只在代码段结束之前（即 CODE ENDS 之前），增加两条语句：

```
MOV AH, 4CH
INT 21H
```

则程序执行完后，也会自动返回 DOS 状态。

4.4.2 顺序程序设计

汇编语言程序是由若干个段组成，一般格式如下：

```
NAME1    SEGMENT
   ...
NAME1    ENDS

NAME2    SEGMENT
   ...
NAME2    ENDS
   ...
```

```
NAMEn    SEGMENT
   ...
NAMEn    ENDS
END      标号
```

END 是源程序结束伪指令，该语句告诉汇编程序，源程序到此为止。汇编程序执行到该语句后就不再对后面的语句进行汇编，所以这条语句一般是源程序的最后一条语句。

顺序程序是直线结构，CPU 按照指令的先后顺序依次执行。在顺序程序设计时，主要考虑如何选择指令，内存空间如何分配，选择怎样的算法，如何选择存储单元和寄存器等。

【例 4-4】内存从 BUFF 开始的单元中存放着两个字数据 X、Y，完成 16X+Y，并将相加的和（假设仍为一个字数据）存放于内存从 RESULT 开始的存储单元中。

分析：X、Y 均为 16 位数，进行简单的加法运算，指令选择加法指令即可，但是考虑 X*16 后的结果可能超过 16 位，设计程序时需要考虑进位的保存。用户可以在数据段定义 3 个变量，2 个字变量用于保存 X 和 Y，一个双字变量用来保存结果。

数据段可如下定义：

```
DATA SEGMENT
    X DW    9664H
    Y DW    3658H              ;X、Y值在执行程序时可根据需要修改
    RESULT  DD  ?
DATA ENDS
```

在设计程序时应尽量考虑使用寄存器，因为 CPU 对寄存器操作数读取的速度比存储器操作数快得多。

因为 8086 CPU 只有 16 位寄存器可以使用，所以，32 位的结果 RESULT 需要使用两个寄存器来进行保存，通常用 DX 保存高 16 位，AX 保持低 16 位。DX 的值取决于低位有没有进位。综上所述，程序代码如下：

```
CODE SEGMENT
    ASSUME CS: CODE, DS: DATA
START:  MOV AX, DATA
        MOV DS,  AX
        XOR DX,  DX            ;DX 清零
        MOV AX,  X             ;X→AX
        ADD AX,  AX            ;X*2→AX
        ADC DX,  0
        ADD AX,  AX            ;X*4→AX
        ADC DX,  0
        ADD AX,  AX            ;X*8→AX
        ADC DX,  0
        ADD AX,  AX            ;X*16→AX
        ADC DX,  0
        ADD AX,  Y             ;X*16+Y 低16位→AX
        ADC DX,  0
        MOV RESULT, AX         ;保存结果
```

```
        MOV   RESULT+2,DX
        MOV   AH, 4CH              ;返回 DOS
        INT   21H
CODE    ENDS
        END   START
```

上面的程序中，计算 X*16 时，采用了四次自身相加的方法，也可以采用移位指令来进行这项计算，方法如下：

```
MOV AX,X
MOV DX,AX
MOV CL,4
SHL AX,CL                 ;将 X 左移 4 次，相当于 X*16
MOV CL,12
SHR DX,CL                 ;考虑 X 可能移出的高 4 位，在 DX 中保留
```

当然，还可以通过乘法指令直接完成 X*16 的运算，方法如下：

```
MOV AX,X
MOV DX,16
MUL DX                    ;乘法指令直接将结果保存在 DX AX 中
```

以上 3 种方法都可以达到题目要求，但并不是程序越短执行速度越快。一条乘法指令所花费的时间往往是加法指令的几十倍。当乘数是 2 的倍数时，可以采用移位指令代替乘法指令，乘数较小时可以用加法代替乘法，在对执行速度没有过多要求时，也可以直接使用乘法指令实现乘法操作。

【例 4-5】内存中自 TAB 开始的 11 个单元中，连续存放着 $0 \sim 10$ 的平方值（称为平方表）。任给一个数 x（$0 \leqslant x \leqslant 10$）存放在 VAR 单元中，查表求 x 的平方值，并将结果存放于 RUL 单元中。

分析：此类查表程序先要建立相关的表，我们在数据段中定义 TAB。

```
DATA    SEGMENT
        TAB DB  0, 1, 4, 9, 16, 25, 36, 49,64, 81, 100    ;设置平方表
        VAR DB  5
        RUL DB  ?
DATA    ENDS
```

在设计程序时，关键是要找到表的起始地址和要查的结果所在地址的关系，即找到表的存放规律。$0 \sim 10$ 平方表首址为 0，地址为 TAB，1 的平方存放在 TAB+1 单元，2 的平方存放在 TAB+2 单元，…，可知表的起始地址与数 x 的和，就是 x 的平方值在表中存放的单元地址。综上所述，程序如下：

```
CODE    SEGMENT
        ASSUME CS: CODE, DS: DATA
START:  MOV AX,  DATA
        MOV DS,  AX
        MOV BX,  OFFSET TAB  ;取 TAB 的偏移地址
        MOV AH,  0           ;AH←0
        MOV AL,  VAR          ;AL←X
        ADD BX,  AX           ;BX←AX+X
```

```
MOV AL, [BX]          ;取出 X 的平方值送入 AL 中
MOV RUL, AL           ;X 的平方值存入 RUL 单元
MOV AH, 4CH
INT 21H
CODE   ENDS
END    START
```

利用查表法可以完成多项功能，如进行代码转换、求函数值。利用查表法编写程序可使程序相对简单，但是必须事先将表建好，适用于转换集合较小的场合。

4.4.3 分支程序设计

根据需求的不同，程序在设计时很少有从头到尾顺序编写的，大部分程序都需要进行条件判断，然后根据判断结果转向不同的程序段，这样就出现了分支结构。

分支程序结构有 3 种形式：单分支结构、双分支结构和多分支结构。

① 单分支结构如图 4-2 所示。当条件满足时执行程序段 1，条件不满足时不执行任何程序段。这种结构又称为 IF…THEN 结构。

② 双分支结构如图 4-3 所示。条件满足时执行程序段 1，条件不满足时则执行程序段 2。这种结构也称为 IF…THEN…ELSE 结构。

③ 多分支结构如图 4-4 所示。多分支结构适用于有多种条件的情况下，根据不同的条件进行不同的处理，也称为 CASE 结构。

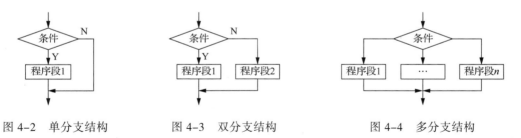

图 4-2　单分支结构　　　　图 4-3　双分支结构　　　　图 4-4　多分支结构

注意：

- 无论是双分支结构还是多分支结构，在某种确定的条件下，只能执行一个分支程序。
- 程序的分支要靠条件转移指令（包括 JMP）来实现。

分支程序设计需考虑如下问题：

① 根据处理问题的不同，选用比较、测试、算术运算、逻辑运算等方式，使标志寄存器产生相应的标志位。例如，比较两个单元地址的高低、两个数的大小，测试某个数据是正还是负，测试数据的某位是 "0" 还是 "1" 等，将处理的结果反映在标志寄存器的 CF、ZF、SF、DF 和 OF 位上。

② 根据转移条件选择适当的转移指令。通常一条条件转移指令只能产生两路分支，因此要产生 n 路分支需 $n-1$ 条条件转移指令。

③ 各分支要相对独立，不能产生干扰，如果产生干扰，可用无条件转移语句进行隔离。

【例 4-6】 根据内存中的数 X，求函数 Y 值。

$$Y = \begin{cases} 1 & (X > 0) \\ 0 & (X = 0) \\ -1 & (X < 0) \end{cases}$$

分析：所求的是一个分段函数，可以根据 X 的取值来判断 Y 的值。首先要在数据段中将 X 取出来，并跟 0 进行比较，确定 X 的不同取值范围后就可以给 Y 赋以不同的值。该程序的流程图如图 4-5 所示。

编写这个程序时要在数据段定义出需要的 X、Y 的空间，可根据题意自定类型。菱形框的判断采用 CMP 指令完成，后面搭配条件转移指令来完成程序的分支处理。

参考程序代码如下：

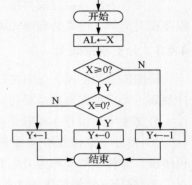

图 4-5　程序流程图

```
DATA      SEGMENT                ;定义数据段
X         DB      35H
Y         DB      ?
DATA      ENDS
CODE      SEGMENT
          ASSUME  CS:CODE,DS:DATA
START:    MOV     AX, DATA
          MOV     DS, AX
          MOV     AL, X
          CMP     AL, 0          ;比较X与0
          JGE     BIG
          MOV     AL, 0FFH       ;X<0
          JMP     DOWN           ;跳过下面分支
BIG:      JE      EQUL
          MOV     AL, 01H        ;X>0
          JMP     DOWN
EQUL:     MOV     AL, 0          ;X=0
DOWN:     MOV     Y,  AL
          MOV     AX, 4C00H
          INT     21H
CODE      ENDS
END       START
```

程序中采用 CMP 指令完成 X 范围的判断，因为判断点只有 0，所以可以根据这一个 CMP 完成状态标志位的改变，后面再使用相关的条件转移指令来完成分支处理。一个条件转移指令可以完成 2 个分支，n 个条件语句为 $n+1$ 个分支。

注意：每个分支末尾必须用 JMP 跳转到出口，最后一个分支可以省略 JMP。

这是一个简单的三分支程序，可以仿照这个程序完成其他稍复杂一些的程序。例如：

$$Y = \begin{cases} 2X-1 & (X>0) \\ X+10 & (X=0) \\ 1-3X & (X<0) \end{cases}$$

【例 4-7】在以 BUF 为首地址的内存中存放着一个长度为 N(N<256)的字符串,编程统计其中数字、大写字母和其他字符的个数,统计数存放在串后 3 个单元中。

分析:首先要注意,这是一个字符串,我们要做的是区别出表示数字的字符,表示大写字母的字符,不属于这两者的都是其他字符。

表示数字 0~9 的字符 ASCII 码的范围是 30H~39H,表示大写字母 A~Z 的字符 ASCII 码的范围是 41H~5AH。这样问题就变成要拿一个字符的 ASCII 码的值(设其为 X)同 30H、39H、41H、5AH 相比较:当 30H≤X≤39H 时,X 是数字;当 41H ≤X≤5AH 时,是大写字母;当不属于这两个范围时,就认为是其他字符。

注意:其他字符的范围区间很多,包括 X<30H、39H<X<41H、5AH<X。对于这样一个看似复杂的问题,只要从两个确定分支进行处理即可,凡是不满足数字跟大写字母的值,都放入最后一个分支。本题中的 30H、39H、41H、5AH 就是关键分支点。

程序流程图如图 4-6 所示。

初始化时需要将 N 值放入 CX,并设置好地址指针。

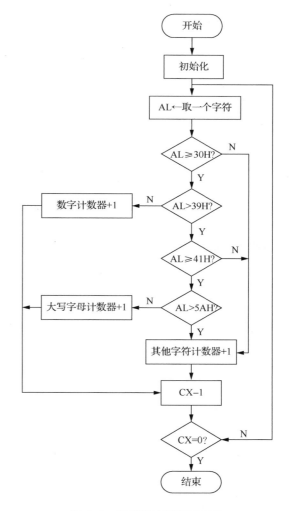

图 4-6　字符统计程序流程图

参考程序如下:

```
DATA    SEGMENT
BUF     DB   N
        DB   01H,38H,…76H
NUM     DB   ?
UPLetter DB  ?
Other   DB   ?
DATA    ENDS
CODE    SEGMENT
        ASSUME CS:CODE,DS:DATA
START:MOV    AX,DATA
      MOV    DS,AX
```

```
        MOV     CX,BUF              ;N->CX
        MOV     BX,1                ;地址指针
LP:     MOV     AH,BUF[BX]
        CMP     AH,30H
        JL   NEXT                   ;小于'0'转其他字符处理
        CMP     AH,39H
        JG      LETTER              ;大于'9'转其他字符处理
        INC     BYTE PTR NUM
        JMP     NEXT
LETTER: CMP     AH,41H
        JL      NEXT                ;小于'A'转其他字符处理
        CMP     AH,5AH
        JG NEXT                     ;大于'Z'转其他字符处理
        INC  BYTE PTR UPLetter
NEXT:INC  BYTE PTR Other
        INC   BX
        DEC   CX
        JNZ   LP                    ;也可以用 LOOP
        MOV   AX, 4C00H
        INT   21H
    CODE ENDS
    END  START
```

【例 4-8】有 8 个子程序，入口地址分别为 P1,P2,…,P8。编程实现检测键盘输入命令，若输入为 1，则转向 P1，依此类推，根据输入分别转向 8 个子程序。

分析：该题目是一个多分支结构。对于多分支，可依次测试条件是否满足，若满足条件则转入相应分支入口，若不满足继续向下测试，直到全部测试完。

程序核心部分相关代码如下：

```
    MOV     AH, 1
    INT     21H                 ;1 号功能调用，键盘输入
    CMP     AL, '1'
    JE      P1                  ;键值为 1，转 P1
    CMP     AL, '2'
    JE      P2                  ;键值为 2，转 P2
        ...
    CMP     AL, '8'
    JE      P8                  ;键值为 8，转 P8
    JMP     ST                  ;非法键，转停机
P1: ...                         ;1 号键加工子程序
P2: ...                         ;2 号键加工子程序
        ...
P8: ...                         ;8 号键加工子程序
ST:  HLT
```

对于这种多分支结构，可以借助跳转表来实现。利用该法需建立一个跳转表，跳转表中存放每个分支程序的入口地址，只要找到表地址，再将其内容取出，即可得到每个分支程序的入口地址。

4.4.4　循环程序设计

编程过程中常常遇到重复操作，为了简化和方便编程，一般采用循环结构处理这类问题。常见的循环程序结构有两种形式：DO…WHILE 结构和 DO…UNTIL 结构。程序流程如图 4-7和图 4-8 所示。

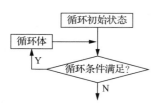

图 4-7　DO...WHILE 结构

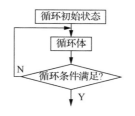

图 4-8　DO...UNTIL 结构

视频 17
循环程序

① DO...WHILE 结构是当循环条件满足时，执行循环体，否则退出循环。

② DO...UNTIL 结构是先执行一次循环体，再判断循环条件是否满足。若不满足，再次执行循环体程序，直到满足循环条件时，才退出循环。

这两种循环结构的基本结构相同，通常由 4 部分组成。

① 初始化：这部分主要为循环做准备工作，包括建立指针、设置循环次数的计数初始值、设置其他变量的初始值等。

② 循环体：循环体是每次循环都要重复执行的程序段，用于完成各种具体操作。

③ 修改参数：为执行循环而修改某些参数，如地址指针、计数器或某些变量，为下次循环做准备。

④ 控制循环：判断循环是否结束。每个循环程序必须选择一个控制循环程序运行和结束的条件。通常有计数器控制循环和条件控制循环两种方法判断循环是否结束。

【例 4-9】从 X 单元开始的 30 个连续单元中存放有 30 个无符号数，从中找出最大数送入 Y 单元。

分析：最大数的寻找方法就是两两比较，可以先把第一个数先送入 AL，将 AL 中的数与后面的 29 个数逐个比较：如果 AL 中的数较小，则两数交换位置；如果 AL 中的数大于或等于相比较的数，则两数位置不变。在比较过程中，AL 中始终保持较大的数，比较 29 次，则最大者必在 AL 中，最后把 AL 中的数送入 Y 单元。

程序参考如下，流程图如图 4-9 所示。

```
DATA SEGMENT
X  DB  7,59,6,5,18,10,37,25,14,64,3,17,9,23,155,97,
       115,78,121
   DB 67,215,13,99,24,36,58,87,100,74,62
Y DB ?
DATA ENDS
CODE SEGMENT
    ASSUME CS: CODE,DS: DATA,ES:DATA
START:
       MOV AX,DATA
       MOV DS,AX
       MOV AL,X
       MOV BX,OFFSET X
       MOV CX,29
LOOP1: INC BX
       CMP AL,[BX]
       JAE LOOP2
```

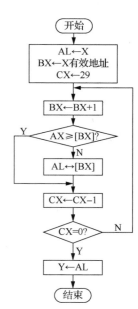

图 4-9　求最大数流程图

```
        XCHG AL,[BX]
LOOP2:  DEC CX
        JNZ LOOP1
        MOV Y,AL
        MOV AH,4CH
        INT 21H
CODE ENDS
    END START
```

【例 4-10】Y=1+2+3+4+……统计 Y 大于 1 000 时，被累加的自然数的个数，并把统计的
个数送入 NUM 单元，把累加和送入 SUM 单元。

　　该题目中，被累加的自然数的个数是未知的，也就是说，
循环的次数是未知的，因此不能用计数器方法控制循环。但
可以根据另一个重要条件，即累加和大于 1000 则停止累
加，来控制循环。我们用 BX 寄存器统计自然数的个数，
用 AX 寄存器存放累加和，用 BX 寄存器存放每次取得的
自然数。程序的流程图如图 4-10 所示。

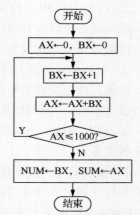

图 4-10　统计加数个数流程图

　　程序参考如下：

```
DATA SEGMENT
NUM  DB ?
SUM  DW ?
DATA ENDS
STACK SEGMENT PARA STACK 'stack'
    DW 200  DUP(? )
STACK ENDS
CODE SEGMENT
    ASSUME CS: CODE, DS: DATA, SS: STACK
START: MOV   AX,   DATA
       MOV   DS,   AX
       MOV   AX,   0
       MOV   BX,   0
LP:    INC   BX
       ADD   AX,   BX
       CMP   AX,   1000
       JBE   LP
       MOV   NUM,  BX
       MOV   SUM,  AX
       MOV   AH,   4CH
       INT   21H
CODE ENDS
END START
```

【例 4-11】设有 4 个学生参加 5 门课程的考试，试计算每个学生的平均成绩和每门课的
平均成绩。

　　这道题需要循环嵌套。在使用循环嵌套时，必须注意以下几点：

　　① 内循环必须完整地包含在外循环内，内外循环不能相互交叉。

　　② 内循环在外循环中的位置可根据需要任意设置，在分析程序流程时，要避免出现
混乱。

③ 内循环可以嵌套在外循环中，也可以几个内循环并列存在。可以从内循环直接跳到外循环；但不能从外循环直接跳到内循环。

④ 防止出现"死循环"。无论是外循环，还是内循环，千万不要使循环返回到初始部分，否则会出现"死循环"，这一点应当特别注意。

⑤ 每次通过外循环再次进入内循环时，初始条件必须重新设置。

分析：把 4 个学生的成绩放在一个字形数组中，首地址设为 SCORE。每个学生的平均成绩保存在首地址为 AV 的字数组中，每门课的平均成绩保存在首地址为 ME 的字数组中。流程图如图 4-11 所示。程序参考如下：

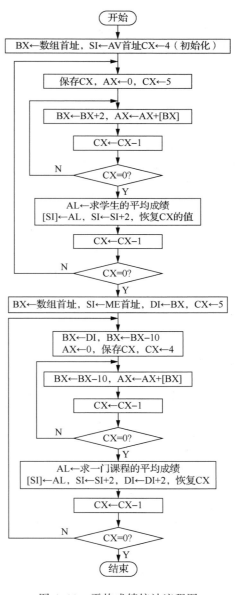

图 4-11 平均成绩统计流程图

```
DATA SEGMENT
SCORE  DW 85,92,76,88,90,
       DW 72,81,68,84,78
       DW 90,86,94,100,80
       DW 75,62,80,79,58
AV DW 4 DUP(?)
ME DW 5 DUP(?)
DATA ENDS
CODE SEGMENT
ASSUME CS: CODE, DS: DATA
START:
       MOV AX,DATA
       MOV DS,AX
       MOV CX,4
       LEA BX,SCORE
       LEA SI,AV
L11: PUSH CX
       MOV AX,0
       MOV CX,5
       L22: ADD BX,2
       ADD AX,[BX]
       LOOP L22
       MOV DL,5
       DIV DL
       MOV [SI],AL
       ADD SI,2
       POP CX
       LOOP L11
       LEA BX,SCORE
       LEA SI,ME
       MOV DI,BX
       MOV CX,5
L33: MOV BX,DI
       SUB BX,10
       PUSH CX
       MOV AX,0
       MOV CX,4
L44: ADD BX,10
       ADD AX,[BX]
       LOOP L44
       MOV DL,4
```

```
        DIV  DL
        MOV  [SI],AL
        ADD  SI,2
        ADD  DI,2
        POP  CX
        LOOP L33
        MOV  AH,4CH
        INT  21H
CODE ENDS
    END START
```

4.4.5　子程序设计

如果在一个程序的多个地方需要用到同一段程序。或者说在一个程序中，需要多次执行某一连串的指令，那么通常把这一连串指令抽取出来，写成一个相对独立的程序段。每当想要执行这一段程序或这一连串指令时，就调用这一段程序。执行完这一段程序，再返回原来调用它的程序。

这个具有独立功能的程序称为子程序（Subroutine）或过程（Procedure），而把调用子程序的程序通常称为"主程序"或"调用程序"。

通常在程序设计过程中，将反复出现的程序段或具有通用性的程序段设计成子程序。这样可以有效地缩短程序的长度，节约存储空间，减少程序设计的工作量，便于程序的阅读、修改。

1．子程序的基本概念

（1）子程序的定义

子程序用过程定义语句（PROC/ENDP）定义，其语法格式如下：

```
子程序名   PROC  [NEAR/FAR]
            …
            RET
子程序名   ENDP
```

子程序从 PROC 语句开始，以 ENDP 语句结束，程序中至少应当包含一条 RET 语句用于返回主程序。

① 子程序名：子程序名为标识符，它又是子程序入口的符号地址。子程序的命名与普通标号命名方法相同。子程序名有 3 种属性：段地址、偏移地址和类型。

② NEAR 类型：当子程序和调用程序处于同一代码段时，使用 NEAR 属性，即段内调用。

③ FAR 类型：当子程序及其调用程序不在同一个代码段时，应当定义为 FAR 属性，即段间调用。主程序应当定义为 FAR 类型。

（2）子程序的调用和返回

用 CALL 和 RET 指令实现。

子程序的调用是通过 CALL 指令来实现的。共有 4 种类型的调用：段内直接调用、段内间接调用、段间直接调用和段间间接调用。若 SUBR1 为 NEAR 型，SUBR2 为 FAR 型，则 CALL　SUBR1 为段内直接调用，CALL　DWORD　PTR　SUBR2 为段间直接调用。

子程序执行后，通过 RET 指令，将堆栈中的返回地址弹出到 IP 和 CS 中，从而返回到

CALL 指令的下一条指令继续执行主程序。一个子程序可以由主程序在不同时刻多次调用。

（3）保护现场和恢复现场

```
SUB1    PROC    FAR
        PUSH    AX
        PUSH    BX
        PUSH    CX
        …
        POP     CX
        POP     BX
        POP     AX
        RET
SUB1    ENDP
```

由于调用程序（主程序）和子程序是分别编写的，所以它们所使用的寄存器往往会发生冲突。冲突的寄存器的内容必须入堆栈保护。那么，是在主程序中保护？还是在子程序中保护？

现场信息：所谓的现场信息就是那些在主程序中使用，同时在子程序中也要使用的寄存器中的内容。

在子程序中保护：一般将保护部分放在子程序开始的地方，在返回之前恢复这些保护内容。保护现场用 PUSH 指令实现；恢复现场用 POP 指令实现，并且要遵循后进先出原则。

（4）子程序嵌套和子程序递归

① 子程序嵌套：子程序调用其他子程序，称为子程序嵌套。子程序可多重嵌套调用，如图 4-12 所示。

② 子程序递归：在子程序嵌套中，子程序调用的子程序是本身。如果一个子程序直接调用自己，这种调用称为直接递归调用；如果一个子程序间接调用自己，这种调用称为间接递归调用。

子程序嵌套采用寄存器传递参数或存储器变量传递参数均可。

递归调用子程序必须采用寄存器或堆栈传递参数。递归的深度受到堆栈空间的限制。

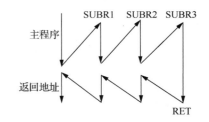

图 4-12　子程序的多重嵌套

2．段内调用和段间调用

（1）段内调用

当子程序和调用程序处于同一代码段时，使用 NEAR 类型。NEAR 可以省略不写。

【例 4-12】把 16 位二进制数转换为 5 位十进制数的 ASCII 码。

分析：16 位二进制数最大为 65536。把 16 位二进制数除以 10，余数是个位的 BCD 码，将商除以 10，余数是十位的 BCD 码，依次分别得到百位、千位、万位的 BCD 码。

假设主程序在调用该子程序时，已将需要转换的 16 位二进制数送入 AX，且将存储结果的首地址送入 BX。

```
BTOBCD  PROC    NEAR                    ;NEAR 可以省略不写
        PUSH    CX
        PUSH    DX
```

```
          PUSH    SI
          MOV     SI, 5           ;设循环次数
          MOV     CX, 10          ;设除数10
LB1:      XOR     DX, DX          ;扩展被除数到32位
          DIV     CX
          ADD     DL, 30H         ;余数为BCD码，转换成ASCII码
          DEC     SI              ;调整计数器
          MOV     [BX][SI],DL     ;保存所得ASCII码
          OR      SI, SI          ;判断是否结束
          JNZ     LB1
          POP     SI
          POP     DX
          POP     CX
          RET
BTOBCD ENDP
```

该程序实际上破坏了标志寄存器中的部分标志，可用 PUSHF 和 POPF 指令保护和恢复，但一般不在子程序中做这样的操作。利用堆栈保护数据时要注意堆栈操作后进先出（Last In First Out）的特性，否则恢复结果会出现错误。

用于中断服务的子程序一定要把保护指令安排在子程序中，这是因为中断是随机出现的，因此无法在主程序中安排保护指令。

（2）段间调用

当子程序及其调用程序不在同一个代码段时，应当定义为 FAR 属性。

把上例子中的 BTOBCD　PROC　NEAR 伪指令，改写成 BTOBCD　PROC　FAR 就为段间调用。这意味着 CALL 指令不但改变 IP 值，也更改 CS 值。尽管 RET 指令只有一种写法，编译时还是会根据子程序名的类型属性，编译成不同的返回指令机器代码。

3. 参数传递

主程序在调用子程序时需要传递一些参数给子程序，这些参数是子程序运算中所需要的原始数据，这类参数称为入口参数。子程序运行后也要将结果参数返回主程序，这类参数称为出口参数。原始数据和处理结果的传递可以是数据，也可以是地址，统称为参数传递。

参数传递一般有以下 3 种方法：

① 寄存器参数传递：适用于参数传递较少的情况，传递速度快。

【例 4-13】编写用十六进制显示 BX 内容的子程序（用寄存器传递参数）。

分析：把 16 位二进制数分成 4 位十六进制数，十六进制数有 16 个数码，分别是 0～9，A～F，要显示，还得转换成该字符的 ASCII 码。

入口参数放在 BX 中，没有出口参数。程序代码如下：

```
PRTHEX PROC
          PUSH    AX                      ;保护现场
          PUSH    CX
          PUSH    DX
          PUSHF
          MOV     CH, 4
          MOV     CL, 4
NEXT:     ROL     BX, CL                  ;BX中存放了16位二进制数
          MOV     DL, BL
```

```
        AND     DL, 0FH
        ADD     DL, 30H
        CMP     DL, 39H
        JLE     PRINT
        ADD     DL, 07H
PRINT:  MOV     AH, 02H          ;2 号功能调用
        INT     21H              ;显示单个字符
        DEC     CH
        JNZ     NEXT
        MOV     DL, 20H          ;显示空格符
        MOV     AH, 02H
        INT     21H
        POPF                     ;恢复现场
        POP     DX
        POP     CX
        POP     AX
        RET                      ;子程返回
PRTHEX  ENDP
```

② 存储单元参数传递：适用于参数传递较多的情况，但传递速度较慢。

【例 4-14】某一维数组中有 100 个字型数据。编程实现 100 个数的数组段分别求和（不计溢出）。(利用存储器来传递参数)

分析：一个数组有 100 个数，两个数组就有 200 个数。显然不适合用寄存器参数传递，只能用存储器变量参数传递。子程序实现了 $0+a_0+a_1+a_2+\cdots+a_{99}$ 算法。

入口参数有两个：SI 存放了数组的首地址，CX 存放了数的个数。

出口参数有一个：（SI）=首地址$+2\times64$H 单元地址。

```
DATA    SEGMENT
ARY1    DW      100  DUP（？）
SUM1    DW      ?
ARY2    DW      100  DUP（？）
SUM2    DW      ?
DATA    ENDS
STACK   SEGMENT STACK
SA      DW      50  DUP（？）
TOP     EQU     LENGTH  SA
STACK   ENDS
CODE    SEGMENT
        ASSUME  CS:CODE，DS:DATA，SS:STACK
MAIN    PROC    FAR
START:  PUSH    DS
        XOR     AX, AX
        PUSH    AX               ;注意这三条指令的作用
        MOV     AX, DATA
        MOV     DS, AX
        MOV     AX, STACK
        MOV     SS, AX
        MOV     SP, TOP
DL1:    LEA     SI, ARY1
        MOV     CX, LENGTH  ARY1
        CALL    SUM
```

```
            LEA       SI, ARY2
            MOV       CX，LENGTH ARY2
            CALL      SUM
            RET
MAIN        ENDP
SUM         PROC      NEAR
            PUSH      AX
            XOR       AX, AX
L1:         ADD       AX, WORD PTR[SI]
            INC       SI
            INC       SI
            LOOP      L1
            MOV       WORD PTR [SI], AX
            POP       AX
            RET
SUM         ENDP
CODE        ENDS
            END START
```

③ 堆栈参数传递：适用于参数传递较多，存在嵌套或递归的情况。用堆栈传递，适用于传递入口参数，不容易出错。

4．子程序调试技巧

（1）调试单个子程序

程序正常返回 DOS 的方法有非标准方法和标准方法两种。非标准方法即在代码段结束（CODE ENDS）之前加两条指令：MOV　　AX,4C00H 和 INT　　21H。

标准方法：首先将主程序定义成 FAR 类型过程，其最后一条指令是 RET。然后，在主程序的开始部分用三条指令，把 PSP 中 INT 20H 的段基值和偏移地址压入堆栈。

```
PUSH      DS
MOV       AX,0
PUSH      AX
```

当程序执行到 RET 指令时，由于主程序的 FAR 属性，堆栈中的两个字就弹出到 IP 和 CS 中。那么，执行 INT　　20H 指令便返回到 DOS。

【例 4-15】编程实现 y=2x+9 程序（y 为 8 位带符号数）。

```
DATA        SEGMENT
NUMBER      DB        35H,0,0,0
DATA        ENDS
CODE        SEGMENT
            ASSUME    CS:CODE,DS:DATA
SIMPADD PROC          FAR
            PUSH      DS
            MOV       AX, 0
            PUSH      AX
DA0:        MOV       AL,NUMBER
            SAL       AL, 1
            ADD       AX, 9
            MOV       WORD PTR NUMBER+2,AX
            RET
```

```
SIMPADD ENDP
CODE    ENDS
        END
```

此种方法，程序执行完就自己返回 DOS。调试通过后，将前三条指令去掉，加上保护现场指令 PUSH　AX 和恢复现场指令 POP AX，就是正常的子程序。

（2）子程序调试框架

【例 4-16】用子程序调试框架编写并调试子程序。

```
TIMER0   EQU      0600H
TIMER1   EQU      0602H
TIMER2   EQU      0604H
TIMERM   EQU      0606H
P8255A   EQU      0640H
P8255B   EQU      0642H
P8255C   EQU      0644H
P8255M   EQU      0646H
DATA     SEGMENT
DISCODE DB     3FH,06H,5BH,4FH,66H,6DH,7DH,07H      ;0--7 的显示代码
        DB     7FH,6FH,77H,7CH,39H,5EH,79H,71H      ;8--F 的显示代码
INDEX    DB     00H,00H,00H,00H,00H,00H,0CCH,0CCH
DYNBUFF DB     00H,00H,00H,00H,00H,00H,00H,00H      ;动态显示缓冲
LOCATN   DB     00H,00H,00H,00H,00H,00H,00H,00H      ;动态显示位置控制
HOUR     DB       12           ;小时
MINUTE   DB       34           ;分钟
SECOND   DB       50           ;秒
COUNT    DB       100
DATA     ENDS
SSTACK   SEGMENT PARA  STACK 'STACK'
STA      DW       50    DUP（?）
TOP      EQU      LENGTH   STA
SSTACK   ENDS
CODE     SEGMENT
         ASSUME   CS:CODE, DS:DATA, SS:SSTACK
START:   MOV      AX, DATA
         MOV      DS, AX
         MOV      AX, SSTACK
         MOV      SS, AX
         MOV      SP, TOP
AA0:     MOV DX, P8255M        ;方式选择控制字
         MOV AL, 10000000B
         OUT DX, AL            ;写入方式选择控制字
AA1:     CALL     DISPLY
         JMP AA1
;-------------------------------
SWITCH   PROC     NEAR
         PUSH     AX
         PUSH     DX
K0:      NOP
K1:      NOP
K2:      NOP
```

```
K3:        NOP
K4:        NOP
K5:        NOP
           POP      DX
           POP      AX
           RET
SWITCH     ENDP
LEDLAMP    PROC     NEAR
           PUSH     AX
           PUSH     DX
           NOP
           POP      DX
           POP      AX
           RET
LEDLAMP    ENDP
DISPLY     PROC     NEAR
           PUSH     AX
           PUSH     DX
           MOV      DX,P8255A
           MOV      AL,11111110B
           OUT      DX,AL
           MOV      DX,P8255B
           MOV      AL,06H
           OUT      DX,AL
           POP      DX
           POP      AX
           RET
DISPLY     ENDP
           CODE     ENDS
           END      START
```

在有中断程序的主程序框架中，调试普通子程序比较困难。可以用子程序调试框架，调试子程序。

例如，在 CALL 处，用断点和单步执行方法调试子程序。调试通过之后，复制、粘贴到主程序中，就可以使用。

5. 子程序设计注意事项

为了高质量编程、实验和课程设计，一般情况下注意以下三点即可：

（1）保护现场和恢复现场

在子程序开始的地方用 PUSH 指令保护，在 RET 指令之前用 POP 指令恢复。PUSH 和 POP 配对使用，体现后进先出。

注意：子程序中 PUSH、POP 一定要成对，否则易造成死机。

【例 4-17】用子程序方式编写显示"Hello"的程序。

分析：程序难度不大，看一下有什么问题，会出现什么现象？

```
DATA          SEGMENT
STRING1       DB     'Hello','$'
DATA          ENDS
CODE          SEGMENT
```

```
            ASSUME   CS:CODE, DS:DATA
START:      MOV      AX, DATA
            MOV      DS, AX
            CALL     DISP
            MOV      AX, 4C00H
            INT      21H
DISP        PROC
            PUSH     AX
            LEA      DX, STRING1
            MOV      AH, 09H
            INT      21H

            RET
DISP        ENDP
CODE        ENDS
            END      START
```

（2）参数传递

根据实际情况，选择合适的方法。一般情况下，在设计课程时，用存储单元参数传递比较合适。

（3）子程序说明文件和流程图

子程序为功能独立的程序段，而且会为主程序多次调用。因此为方便使用，在编写并调试好子程序后，应该及时给子程序编写相应的说明文件。

其内容应该包含下列 5 个部分：子程序名、完成的功能、入口参数及其传递方式、出口参数及其传递方式以及寄存器和存储单元变量的作用，要一目了然，推荐以列表形式实现。子程序说明表如表 4-2 所示。

表 4-2　子程序说明表

子 程 序 名	SUM	
功能	一维数组各分量的求和	
入口参数	SI 存放了数组的首地址 CX 存放了数的个数	
出口参数	SI 存放了结果单元的地址	
寄存器变量	AX	部分和最终结果
存储器变量	SI 指向的单元	原始数据和最终结果

要画出程序流程图，可以用 Microsoft Visio 软件绘制。

4.5　汇编语言上机过程

学习完汇编指令后，就可以应用指令系统中的指令编写程序。只要按照汇编程序规定的书写格式，完整地将汇编程序书写正确，就能在计算机上编译运行。运行汇编语言的硬件要求并不高。

4.5.1 汇编语言上机环境

由于微软不断升级其基于 PC 的操作系统，目前大量的微机使用的是 64 位的 Windows 10 操作系统。但是，在 64 位 Windows 操作系统下，由于不支持 16 位模拟 DOS，无法直接使用基于 DOS 平台的各种软件。学习汇编语言要使用的 MASM 汇编程序以及 DEBUG 调试程序也遇到同样的问题。

解决方法是在 64 位 Windows 操作系统下安装 DOS 虚拟机，建议使用 DOSBox。DOSBox 是一款简单实用的 DOS 模拟器，通过该软件，用户可以有效地在 Windows 系统上模拟 DOS 系统，运行纯 16 位应用程序。

本课程主要以 IBM PC 系列微型机为硬件条件，展开了 DOS 操作系统平台的 16 位汇编语言教学。课程主要讲解 8086（或 8088）处理器指令系统及其汇编语言程序设计，采用微软宏汇编程序 MASM 开发软件，配合 DOS 平台的 DEBUG 调试程序。此教学方案已经包含了基本的教学内容，对于初学者，这是一个比较容易入门和相对简单的开发环境。同时，由于遵循从易到难、循序渐进的教学原则，学生也可以比较自然地进入 32 位 Windows 汇编语言、甚至是混合编程等深入内容。

下面将详细给出开发环境搭建的具体步骤。

1. 建立 MASM 开发目录

为了避免以后使用中指明文件路径的麻烦和找不到文件的错误，便于初学者入门，在硬盘 D 盘根目录下建立 masm 目录。以后所编写的源程序文件就放这里，开发过程中生成的各种文件也会存放在此目录下，便于管理。

将宏汇编程序 MASM.exe、连接程序 LINK.exe 以及调试 debug.exe 放在此目录（D:\masm）下。

2. 安装 DOSBox

下载 DOSBox 后解压并安装，建议安装在 D 盘（最好不要安装在 C 盘）。具体安装步骤如下：

① 双击 DOSBox0.74-win32-installer.exe，启动 DOSBox 安装模式之后，单击 Next 按钮接受许可协议，如图 4-13 所示。

② 设置 DOSBox 安装选项，然后单击 Next 按钮继续，如图 4-14 所示。

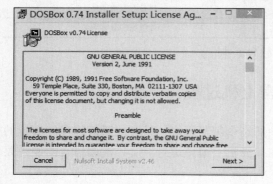　　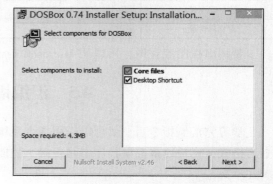

图 4-13　DOSBox 安装许可协议　　　　　　图 4-14　DOSBox 安装选项

③ 设置安装目录（建议安装在 D 盘），然后单击 Install 按钮开始安装，如图 4-15 所示。

④ 安装完毕之后单击 Close 按钮退出安装模式，如图 4-16 所示。

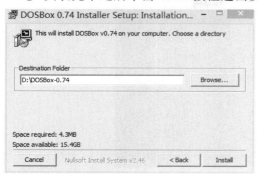
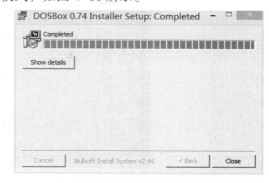

图 4-15　设定安装目录　　　　　　　　　　　图 4-16　安装完毕

3. 运行 DOSBox

双击桌面的 DOSBox 快捷方式，会出现两个 DOS 窗口，如图 4-17 和图 4-18 所示。注意：关掉其中一个，另一个也会跟着一起关掉。

图 4-17　DOSBox Status 窗口

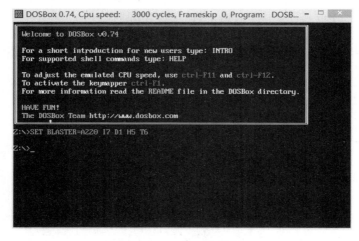

图 4-18　DOSBox 使用窗口

4. 切换目录

① 将 MASM 目录挂载到 DOSBox 的一个盘符(如 D 盘)下，如图 4-19 所示。挂载命令为
mount d d:\masm。

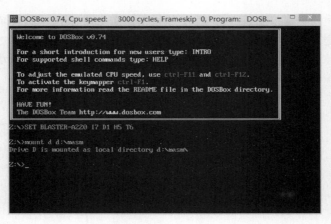

图 4-19　mount 命令

② 输入 "d:"，切换到挂载的 D 盘下，如图 4-20 所示。

图 4-20　切换目录

③ 可以使用 DOS 文件列表命令 dir 显示一下此目录下的文件。之后就可以运行 MASM、LINK 以及 DEBUG，如图 4-21 所示。

图 4-21　dir 命令演示

4.5.2 汇编语言程序上机步骤

汇编语言程序的上机步骤如图 4-22 所示。

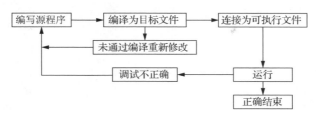

图 4-22 汇编语言上机过程

1．汇编语言源程序的编辑

汇编源程序的编辑和修改可以通过任何一个文本编辑器实现。常用的编辑程序很多，例如，DOS 中的全屏幕文本编辑器 EDIT、Windows 提供的记事本（ Notepad ），甚至 Microsoft Office Word 等，推荐使用 Notepad。

注意：源程序文件是无格式文本文件，所以注意保存类型为纯文本类型，源程序文件的扩展名为 ASM。

2．源程序的汇编

汇编是将汇编源程序翻译生成由包含机器代码组成的目标文件的过程。汇编程序主要用来检查源程序的语法错误并给出相关出错信息、生成目标程序给出列表文件、展开宏指令等。

支持 Intel 80x86 处理器的汇编程序有很多。在 DOS 和 Windows 操作系统下，最常用的是微软汇编程序 MASM。

汇编过程中，会有一些屏幕信息，尤其应注意错误提示信息的查看。这里采用 MASM 5.10 汇编编译器演示汇编过程。

假设在 MASM 目录下已有一个名为 hb.asm 的汇编源程序。

① 输入汇编命令 masm　hb.asm，如图 4-23 所示。

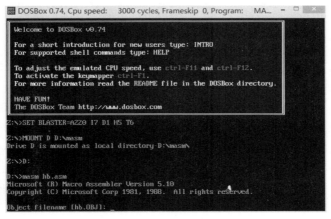

图 4-23 运行 MASM

② 运行 MASM 命令后，首先显示一些版本信息，然后显示编译程序将在当前目录下生成 HB.obj 文件。此时按【Enter】键确定目标文件后，屏幕显示如图 4-24 所示。

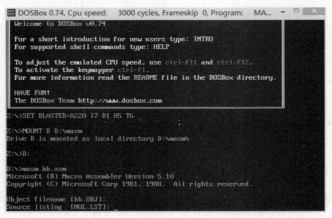

图 4-24　确定目标文件名称

.lst 文件是列表文件，默认不生成这个文件，若需要生成列表文件，则在该项提示后面给出文件名即可。.lst 文件中同时给出源程序和机器代码程序清单，并给出符号表。这些信息对调试程序有一定的帮助。

忽略了列表文件的生成后，屏幕显示如图 4-25 所示。.crf 文件用来产生交叉引用表——REF 表。一般不需要.crf 文件，直接按【Enter】键即可。

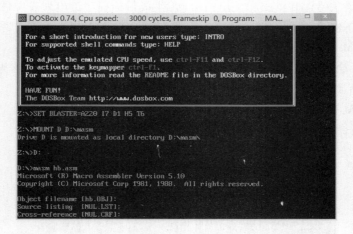

图 4-25　忽略列表文件的生成

③ 忽略了交叉引用文件的生成后，源文件的编译结束，如图 4-26 所示。当源程序中有错误时，不会生成.obj 文件。因此，应特别注意上述信息之后给出的 Warning Errors（警告错误）和 Severe Errors（严重错误）的类型和数目。当警告错误数目不为 0，严重错误为 0 时，可以生成.obj 文件。若编程者可以容忍这些警告错误的存在，则可以将此时的.obj 文件用来连接。

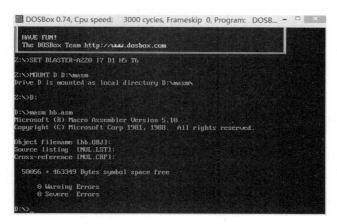

图 4-26　源文件编译结束

对于汇编过程中出现的错误，应回到编辑状态修改。修改完成后重新汇编，直到无错误出现。

3. 连接并定位

通过汇编得到正确的.obj 文件之后，再经连接程序处理就可以得到可执行的.exe 文件。连接程序可以把一个或多个目标文件和库函数合成一个可执行文件。汇编语言使用的连接程序是 LINK.exe。

① 输入连接命令 link　hb.obj，如图 4-27 所示。

图 4-27　运行 LINK.exe

② 逐步按【Enter】键，屏幕显示如图 4-28 所示。

连接完成后，可产生如下几个文件：

① .exe 文件是可直接在 DOS 操作系统下运行的文件。若生成同名的.exe 文件，则只要在 Run File 提问行直接按【Enter】键即可。

② .map 文件是连接程序的列表文件，又称连接映像（LINK MAP）文件。它给出每个段在存储器中的分配情况，一般不需要.map 文件，所以在 List File 提问行直接按【Enter】键即可。若需要.map 文件，则在此行输入文件名即可。

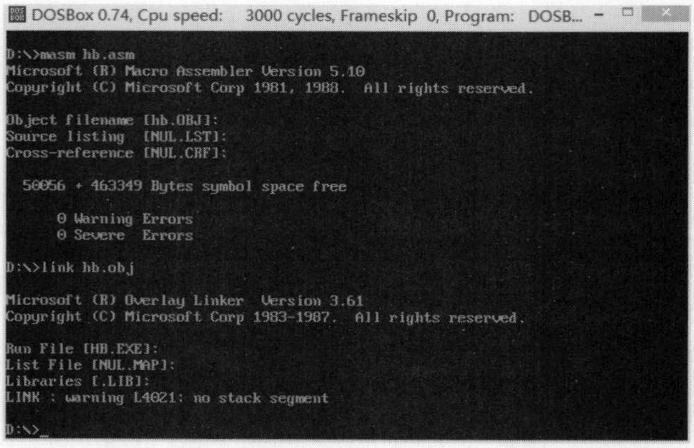

图 4-28 连接目标文件

③ .lib 文件是指明程序在运行时所需要的库文件。它不是由连接程序生成的。汇编语言程序无特殊的库文件要求，所以在 Libraries 提问行按【Enter】键即可。但当汇编语言与高级语言接口时，高级语言可能需要一定的库文件，此时输入相应的库文件名即可。

在连接过程中，也可能出现错误信息。若有错误被检测到，则应回到编辑状态去修改，然后重新汇编和连接，最后生成正确的.exe 文件。

最后结果如图 4-29 所示，程序中有一个警告错误：没有堆栈，因为不影响程序运行，可以不理会这个错误。

4. 运行

经过上述过程得到正确的 EXE 文件后，则在 DOS 状态下直接装入 EXE 文件运行。图 4-29 所示为 HB.exe 执行的情况。

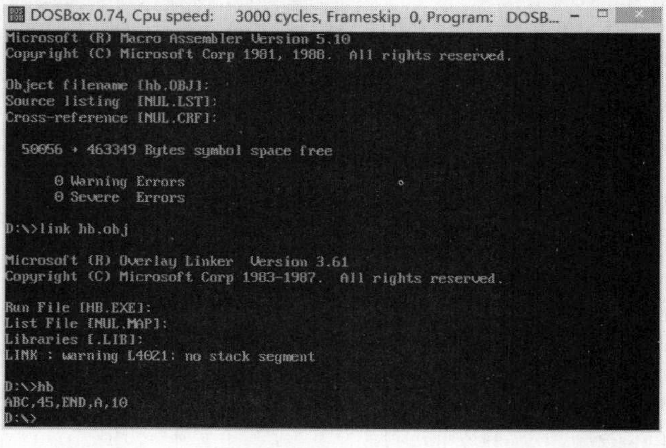

图 4-29 执行 HB.exe

到此为止，完成了汇编语言源程序从编辑、汇编、连接到运行的四大步骤。

要说明的是，HB.exe 运行结果是向显示器输出一串字符。运行结果还可以通过调试程序（DEBUG）来查看。

一般语法上和格式上的错误可由汇编和连接程序发现，而在编写汇编语言源程序时产生的逻辑错误必须用 DEBUG 来排除。它具备的功能有：设置断点和启动地址、单步跟踪、子程序跟踪、条件跟踪、检查修改内存和寄存器、移动内存以及读写磁盘、汇编一行和反汇编等。

在 DEBUG 状态下，可对程序进行动态调试，一边运行一边调试，同时观察各寄存器、内存单元及各标志位的变化情况。

4.6 DOS 和 BIOS 功能调用

1. 概述

MS DOS（Disk Operation System）是微型计算机磁盘操作系统，操作系统是用来控制和管理计算机的硬件资源，方便用户使用的程序集合。由于这些程序存放在硬盘上，而且主要功能是进行文件管理和输入/输出设备管理，因此称为磁盘操作系统。磁盘操作系统是人和机器交互的界面，用户通过操作系统使用和操作计算机。

DOS 由 3 个层次的程序文件及一个 BOOT 引导程序构成。3 个层次模块文件如下：

① IO.SYS：输入/输出管理系统。

② MSDOS.SYS：文件管理系统。

③ COMMAND.COM：命令处理系统。

基本输入/输出系统（Basic Input/Output System, BIOS）是固化在只读存储器 ROM 中的基本输入/输出程序。它直接可对外围设备进行升级，包括系统测试、初始化引导程序、控制 I/O 设备的服务程序等。

DOS 和 BIOS 提供了大量的可供用户直接使用的系统服务程序。DOS 系统中的 IO.SYS（PC DOS IBMBIO.COM）基本输入/输出管理模块通过 BIOS 控制管理外围设备。DOS 与 BIOS 之间的关系如图 4-30 所示。

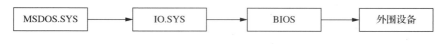

图 4-30 DOS 与 BIOS 关系图

一般情况下，用户程序通过 MSDOS.SYS 使用外围设备。应用汇编语言编程，可以直接使用 BIOS 中的软中断指令对应的中断调用程序，也可以用 IN 和 OUT 指令对设备进行端口编程。

控制硬件可以用 4 种方式：

① 应用高级语言的相应功能语句进行控制。但高级语言中的 I/O 语句比较少，执行速度慢。

② 应用 DOS 提供的功能程序来控制硬件。可对显示器、键盘、打印机、串行通信等字符设备提供输入/输出服务。DOS 提供了近百种 I/O 功能服务程序，编程者无须对硬件有太深的了解，即可调用。这是一种高层次的调用，使用 DOS 调用，编程简单，调试方便，可移植性好。

③ 应用 BIOS 提供的功能程序来控制硬件。这是低层次控制，要求编程者对硬件有相当深入的了解。

当 BIOS 与 DOS 提供的功能相同时，应首先选用 DOS。BIOS 固化在 ROM 中，不依赖于

DOS 操作系统，使用 BIOS 软中断调用子程序可直接控制系统硬件。BIOS 调用速度快，适用于高速运行的场合。中断调用可用软件中断指令 INT n 来实现，n 为中断类型码。使用 BIOS 调用的汇编语言和 C 语言的程序可移植性比较差。

④ 直接使用汇编语言编程进行控制。要求编程者对 I/O 设备的地址、功能比较熟悉。

2．DOS 功能调用

DOS 提供了可以直接调用的软中断处理程序，每一个中断处理程序完成一个特定的功能操作。根据需要选择适当的处理程序，使用 INT n 软中断指令。每执行一种不同类型码 n 的软中断指令，就执行一个中断处理程序。其主要功能如下：

① 磁盘的读/写控制。

② 内存管理、文件操作和目录管理。

③ 基本输入/输出（对键盘、打印机和显示器等）控制，另外还有日期、时间管理等。

当类型码 $n = 05H \sim 1FH$ 时，调用 BIOS 的中断处理程序；类型码 $n = 20H \sim 3FH$ 时，调用 DOS 的中断处理程序。DOS 中断调用方法如图 4-31 所示。按 DOS 中断规定，用指令写入口参数，然后执行 INT n 指令，执行完毕后，依据结果进行分析及处理。

图 4-31　DOS 中断调用方法

DOS 软中断功能及参数如表 4-3 所示。其中，入口参数是使用该调用必须具备的条件，如设置寄存器参数等；出口参数是表示软中断程序执行结果放在何处或执行该操作处理的特征。

表 4-3　DOS 软中断功能及参数

软 中 断	功 能	入 口 参 数	出 口 参 数
INT 20H	系统正常退出		
INT 21H	系统功能调用	AH=功能号 功能调用对应入口参数	功能调用对应出口参数
INT 22H	结束退出		
INT 23H	按【Ctrl+Break】组合键退出		
INT 24H	出错退出		
INT 25H	读盘	CX=读出扇区数 DX=起始逻辑扇区 DS:BX=缓冲区地址 AL=盘号	CF=1，出错
INT 26H	写盘	CX=写扇区数 DX=起始逻辑扇区 DS:BX=缓冲区地址 AL=盘号	CF=1，出错
INT 27H	驻留退出		
INT 28H～INT 2FH	DOS 专用		

表 4-3 中，INT 22H、INT 23H、INT 24H 不允许用户直接使用。INT 20H 的作用是终止正在运行的程序，返回操作系统。这种终止退出程序，适用于扩展名为.com 的文件，而不适用于扩展名为.exe 的可执行文件。INT 27H 的作用也是终止正在运行的程序，返回操作系统，但被终止的程序仍然驻留在内存中，不会被其他程序覆盖。

INT 21H 软中断是一个具有几十种功能的大型中断服务程序，给这些子功能程序分别予以编号，称为功能号。每个功能程序完成一种特定的操作和处理。对 INT 21H 软中断指令对应的功能子程序的调用称为 DOS 系统功能调用。调用系统功能子程序时，不必了解所使用设备的物理特性、接口方式及内存分配等，也不必编写烦琐的控制程序，这样给应用者带来了很大的方便。

应用 INT　21H 系统功能调用的方法如下：

① 入口参数送指定的寄存器或内存。

② 功能号送 AH 中。

③ 执行 INT　21H 软中断指令。

有的子功能程序不需要入口参数，但大部分需要把参数送入指定位置。程序员只要给出这三方面的信息，不必关心程序具体如何执行，在内存中的存放地址如何，DOS 就会根据所给的参数信息自动转入相应的子程序去执行并产生相应结果。下面介绍常用的功能调用。

（1）键盘输入并显示（1 号功能调用）

格式：MOV AH, 01H

　　　INT 21H

功能：按任何键，将其对应字符的 ASCII 码送入 AL 中，并在屏幕上显示该字符。如果按的是【Ctrl + Break】组合键，则终止程序执行。1 号功能调用无须入口参数，出口参数在 AL 中。

（2）键盘输入但不显示输入字符（8 号功能调用）

格式：MOV AH, 08H

　　　INT 21H

功能：同 1 号功能调用，但字符不在屏幕上显示。

（3）屏幕显示一个字符（2 号功能调用）

格式：MOV DL, '字符'

　　　MQV AH, 02H

　　　INT 21H

功能：将置入 DL 寄存器中的字符在屏幕上显示。

（4）打印输出（5 号功能调用）

格式：MOV DL, '字符'

　　　MOV AH, 05H

　　　INT 21H

功能：将置入 DL 寄存器中的字符送打印机接口，打印输出。

（5）屏幕显示字符串（9 号功能调用）

格式：MOV DX, 字符串的偏移地址

　　　MOV AH, 09H

　　　INT 21H

功能：在屏幕上显示字符串。

在使用 9 号功能调用时，应当注意以下问题：

① 待显示的字符串必须先放在内存一个数据区（DS 段）中，且以'$'符号作为结束标志。

② 应当将字符串首地址的段基址和偏移地址分别存入 DS 和 DX 寄存器中。

【例 4-18】在屏幕上显示 "HOW DO YOU DO?" 字符串。

```
DATA    SEGMENT
BUF     DB 'HOW DO YOU DO?', 0AH, 0DH, '$'
DATA    ENDS
CODE    SEGMENT
    ASSUME  CD:CODE,DS:DATA
START:  MOV     AX, DATA
        MOV     DS, AX
        ...
        MOV     DX, OFFSET BUF
        MOV     AH, 09H
INT   21H
CODE ENDS
END START
```

（6）字符串输入功能调用（0AH 号功能调用）

格式：MOV DX, 已定义缓冲区的偏移地址

```
        MOV AH, 0AH
        INT 21H
```

功能：从键盘接收字符，并存放到内存缓冲区。

在使用 0AH 号功能调用时，应当注意以下问题：

① 执行前先定义一个输入缓冲区，缓冲区内第一个字节定义为允许最多输入的字符个数，字符个数应包括回车符 0DH 在内，不能为 "0" 值。第二个字节保留，在执行程序完毕后存入输入的实际字符个数。从第三个字节开始存入从键盘上接收字符的 ASCII 码。若实际输入的字符个数少于定义的最大字符个数，则缓冲区其他单元自动清 0。若实际输入的字符个数大于定义的字符个数，其后输入的字符丢弃不用，且响铃示警，一直到按【Enter】为止。整个缓冲区的长度等于最大字符个数再加 2。

② 应当将缓冲区首地址的段基址和偏移地址分别存入 DS 和 DX 寄存器中。

【例 4-19】可从键盘接收 23 个有效字符并存入以 BUF 为首地址的缓冲区中。

```
DATA    SEGMENT
BUF     DB 25                   ;缓冲区长度
ACTHAR  DB ?                    ;保留单元，存放输入的实际字符个数
CHAR    DB  25 DUP (?)          ;定义 25 B 存储空间
        DB '$'
        ...
DATA    ENDS
CODE    SEGMENT
        ASSUME CS: CODE, DS: DATA
        MOV AX, DATA
        MOV DS, AX
        ...
        MOV DX, OFFSET BUF
```

```
        MOV AH, 0AH
        INT 21H
        ...
CODE    ENDS
```

（7）返回 DOS 操作系统（4CH 号功能调用）

格式：
```
MOV AH, 4CH
INT 21H
```

功能：终止当前程序的运行，并把控制权交给调用的程序，即返回 DOS 系统，屏幕上出现 DOS 提示符，如 "C:\>"，等待 DOS 命令。

（8）直接输入、输出单字符（6 号功能调用）

格式：
```
MOV DL, 输入/输出标志
MOV AH, 06H
INT 21H
```

功能：执行键盘输入操作或屏幕显示输出操作，但不检查【Ctrl + Break】组合键是否按下。执行这两种操作的选择由 DL 寄存器中的内容决定。

① 当(DL)=0FFH 时，执行键盘输入操作。若标志 ZF=0，AL 中放入字符的 ASCII 码；若标志 ZF=1，表示无键按下。这种调用用来检测键盘是否有键按下，但不等待键盘输入。

② 当(DL)≠0FFH 时，表示将 DL 中内容送屏幕显示输出。

（9）检查键盘的工作状态（0BH 号功能调用）

格式：
```
MOV AH, 0BH
INT 21H
```

功能：检查是否有键盘输入，若有键按下，则使 AL=0FFH；若无键按下，则 AL=00H。对于利用键盘操作退出循环或使程序结束之类的操作，这种调用是很方便实用的。

【例 4-20】编写程序段，完成只有当键盘有输入时才进行后续操作的功能。

```
LOP: ADD AL, BL
     ...
     MOV AH, 0BH
     INT 21H                    ;键扫描：无输入，AL=00H, 有输入, AL=FFH
     ADD AL, 01H
     JNZ LOP                    ;有输入, 则退出循环
     ...
```

（10）设置系统日期（2BH 号功能调用）

格式：
```
MOV CX, 年号
MOV DH, 月号
MOV DL, 日期
MOV AH, 2BH
INT 21H
```

功能：设置有效的年、月、日。当 AL=0 时，设置成功；当 AL=0FFH 时，设置失败。

（11）设置系统时间（2DH 号功能调用）

格式：
```
MOV CH, 小时
MOV CL, 分
MOV DH, 秒
```

```
    MOV AH, 2DH
    INT 21H
```

功能：设置有效的时间。当 AL=0 时，设置成功；当 AL=0FFH 时，设置失败。

习　　题

综合题

1. 假设数据段定义如下，各条指令单独运行后，AX 的内容是什么？

　　TABLEA　DW　10　DUP（?）

　　TABLEB　DB　10　DUP（?）

　　TABLEC　DB　'1234'

　　TABLED　DW　1，2，3，4

　　MOV　AX，　TABLEA

　　MOV　AX，　TABLEB

　　MOV　AX，　TABLEC

　　MOV　AX，　TABLED

2. 执行下列指令后，AX 寄存器的内容是什么？

　　TABLE　DW　0，100，200，300，400

　　DISTA　DW　6

　　（1）MOV　BX　OFFSET　TABLE

　　ADD　BX,DISTA

　　MOV　AX,[BX]

　　（2）LEA　BX,TABLE

　　MOV　AX,2[BX]

　　（3）MOV　SI,4

　　MOV　BX,[OFFSET　TABLE

　　MOV　AX,[BX][SI]

　　（4）MOV　BX,DISTA

　　MOV　AX,TABLE[BX]

3. 定义一个数据段，要求如下：

　　（1）段界起始于字边界。

　　（2）该段与同名逻辑段相邻连接成一个物理段。

　　（3）类别号为'DATA'。

　　（4）定义数据 12、30、'ABCD'。

　　（5）保留 20 个字的存储区。

4. 假设 BX 和 SI 存放的是有符号数，DX 和 DI 存放的是无符号数，请使用比较指令和条件转移指令实现以下判断：

　　（1）若 DX＞DI，转到 above 执行。

（2）若 BX > SI，转到 greater 执行。

（3）若 DX=0，转到 zero 执行。

（4）若 BX-SI 产生溢出，转到 overflow 执行。

（5）若 BX≤SI，转到 less-equal 执行。

（6）若 DX≤DI，转到 below-equal 执行。

5. 编程将存放在 DX.AX 中的 32 位数据左移 3 位。

6. 在内存缓冲区 BCDBUF 中存放 10 B 压缩的 BCD 数，编写程序求这 10 个数的和，结果送 SUM 缓冲区（占用两个字节）。

7. 编写程序计算 S=2+4+6+…+200。

8. 编写一个程序，比较两个字符串是否相等。若两个字符串相等，则在 RESULT 单元存放字符'E'；否则存放字符'N'。

9. 一个字符串以'$'字符结束，编写一个程序统计英文字母 A 出现的频率（不区分大小写）。

10. 若 ARRAY 和 MAX 都定义为字变量，并在 ARRAY 数组中存放了 10 个 16 位无符号数，试编写程序段，找出数组中最大数，并存入变量 MAX 中。

11. 编写一个统计 AX 中 1 的个数的程序段，统计结果存放在 CL 中。

12. 假定有一最大长度为 80 个字符的字符串已定义为字节变量 STRING，试编写一程序段，找出第一个空格的位置(00H 至 4FH 表示)，并存入 CL 中，若该串中无空格符，则以-1 存入 CL 中。

13. 假定有一最大长度为 80 个字符的字符串已定义为字节变量 STRING，试编程剔除其中所有的空格字符。

14. 汇编语言程序的开发有哪 4 个步骤？分别利用什么程序完成，产生什么输出文件？

15. 编程将 AX 寄存器中的内容以相反的次序传送到 DX 寄存器中，并要求 AX 中的内容不被破坏，然后统计 DX 寄存器中 1 的个数。

第 **5** 章

存储器系统

数字计算机的重要特点之一是具有记忆能力，这一功能由存储器系统完成。存储器是微型机系统必要的组成部件之一，是微型机能够自动连续执行程序并进行信息处理的重要基础。程序和数据需要预先存储到内存储器中。微处理器在执行程序的过程中，需要从内存储器中读取指令和相关的操作数，运算的最终结果也写回内存储器。因此，微处理器与内存储器之间的关系十分密切。高性能的微处理器必须与高性能的内存储器相互配合，才能构成高性能的微机系统。

本章主要介绍存储器的相关概念和实现技术；重点介绍存储器的基本工作原理、典型 RAM 和 ROM 芯片的外部特性与操作方式，各类半导体存储器与 CPU 的连接方法及使用；最后对高速缓冲存储器的基本概念以及一些常用的外部存储器进行介绍。

学习目标：
- 能够说出存储器系统的基本概念。
- 能够解释内存储器的工作原理和组成。
- 能够根据需要进行内存储器的扩展，并与 CPU 进行连接。
- 能够说出 Cache 的基本概念、外存储器的基本工作原理和外部特征。

5.1 存储器概述

计算机的工作过程就是在程序的控制下对数据信息进行加工处理的过程。因此，计算机中必须有存放程序和数据的元器件，这个元器件就是存储器。存储器是计算机系统中用来存放程序和数据的装置，它是计算机的重要组成部分，反映了计算机的"记忆"功能。存储器分为内部存储器（简称内存）和外部存储器（简称外存）。内部存储器由半导体芯片组成，依赖于电源来维持信息的保存状态。外部存储器通常是磁性介质（如硬盘、磁带等）或光盘，能长期保存信息，并且不依赖于电源来维持信息的保存状态。

5.1.1 存储器的分类

存储器的种类很多，可以从不同角度对其进行分类：按所使用的存储介质分类、按在计算机中的作用分类、按存取方式分类等。

1．按所使用的存储介质分类

视频 18
存储器概述

凡是具有两种不同物理状态的物质和元件，都可以用来作为存储器的存储介质以记忆"0"和"1"。

目前使用的存储介质主要是半导体器件和磁性材料。

① 用半导体器件做成的存储器称为半导体存储器，如内存。

② 用磁性材料做成的存储器称为磁表面存储器，如磁盘存储器和磁带存储器。

本章主要讨论半导体存储器。

2．按在计算机系统中的作用分类

按存储器在计算机系统中所起的作用，可分为内存储器、外存储器、缓冲存储器和控制存储器。

① 内存储器：简称内存，位于计算机主机内部，是计算机的主要存储器。所以，也称主存储器或主存（Main Memory）。它主要用来存放 CPU 当前使用的或经常使用的程序和数据。CPU 可以随时直接对主存进行访问（读/写）。内存通常由半导体存储器组成，其主要特点是速度快，但容量小，目前微型机的内存容量为几 GB 或十几 GB。

② 外存储器：外存储器也称辅助存储器（Auxiliary Storage），简称外存。外存储器由磁表面存储器构成，目前使用的外存主要有硬盘、光盘、闪存盘、磁带等。外存的主要特点是：存储容量大，速度慢，CPU 不能直接访问，要由专用设备（如磁盘驱动器）来管理。外存储器的容量可以很大，如 DVD–ROM 光盘，每张光盘可储存容量达到 4.7 GB。硬盘容量可达几 TB，而且其容量还在增加。外存常用来存放系统软件、大型数据文件及数据库或不经常使用的程序和数据。通常将外存储器归入计算机外围设备一类。外存所存放的信息只有调入内存后 CPU 才能使用。

3．按存取方式分类

按存储器的存取方式（即读/写方式）来分，可分为随机存储器（Random Access Memory，RAM）、只读存储器（Read Only Memory，ROM）两大类。

（1）随机存储器

RAM 也称读/写存储器，即 CPU 在运行过程中能随时进行数据的读出和写入。当关闭电源时，RAM 中存放的信息会全部丢失。所以，RAM 是易失性（Volatile）存储器，只能用来存放暂时性的输入/输出数据、中间运算结果、用户程序。也常用它来与外存交换信息或用作堆栈。

通常人们所说的微机内存容量就是指 RAM 的容量。按其制造工艺又分为双极型 RAM 和金属氧化物半导体（Metal Oxide Semiconductor）RAM。按照存储信息的电路原理的不同，MOS 型 RAM 又分为静态 RAM 和动态 RAM 两大类。

① 静态 RAM（Static RAM）：简称 SRAM。其特点是：基本存储电路一般由 MOS 晶体管触发器组成，每个触发器可存放 1 位二进制的 0 或 1。只要不断电，所存信息就不会丢失。

SRAM 工作速度快、稳定可靠，不要外加刷新电路，使用方便。但它的基本存储电路所需晶体管多（最多要 6 个），因而集成度不易做得很高，功耗也较大。SRAM 一般用作微型计算机系统的高速缓冲存储器（Cache）。

② 动态 RAM（Dynamic RAM）：简称 DRAM。DRAM 的基本存储电路是以 MOS 晶体管的栅极和衬底间的电容器来存储二进制信息。由于电容器存在泄漏现象，为了保持数据，所以必须隔一段时间刷新一次，即对电容器补充电荷。如果存储单元没有被刷新，存储的信息就会丢失。DRAM 的基本存储电路通常是由一个 MOS 晶体管和一个电容组成，所用元件少。因此，集成度可以做得很高，成本低、功耗小，但它需外加刷新电路。DRAM 工作速度要比 SRAM 慢，一般微机系统中的内存储器多采用 DRAM。

RAM 性能比较如表 5-1 所示。

表 5-1　RAM 性能比较

类型　　说明	速　度	集　成　度	功　耗	成　本	作　用
双极型	快	低	大	高	一级 Cache
SRAM	较快	较高	较大	较高	二级 Cache
DRAM	慢	高	小	低	内存

（2）只读存储器

ROM 是一种当写入信息之后，就只能读出而不能改写的固定存储器。断电后，ROM 中所存信息保持不变，所以，ROM 是非易失性（Non-Volatile）存储器。微机系统中常用 ROM 来存放固定的程序和数据，如监控程序、操作系统中的 BIOS、BASIC 解释程序或用户需要固化的程序。按照构成 ROM 的集成电路内部结构的不同，ROM 又可分为以下几种：

① 掩膜 ROM（Mask ROM）：利用掩膜工艺制造，由存储器生产厂家根据用户要求进行编程，一经制作完成不能更改其内容。因此，只适合于存储成熟的固定程序和数据，大批量生产时成本很低。

② PROM：可编程 ROM（Programmable ROM）。该存储器在出厂时器件中不存入任何信息，是空白存储器。由用户根据需要，利用特殊方法写入程序和数据。但只能写入一次，写入后就不能更改。它类似于掩膜 ROM，适合小批量生产。

③ EPROM：可擦除可编程 ROM（Erasable PROM），该存储器允许用户按规定的方法和设备进行多次编程。如果编程之后想修改，可用紫外线灯制作的擦除器照射约 20min 左右，使存储器全部复原，用户可再次写入新的内容。这对于工程研制和开发特别方便，应用较广。

④ EEPROM：电可擦除可编程 ROM（Electrically Erasable Programmable ROM），也称 EEPROM。其主要特点是：能以字节为单位进行擦除和改写，而不是像 EPROM 那样整体擦除。也不需要把芯片从用户系统中拨下来用编程器编程，在用户系统中即可进行（现场片）。随着技术的发展，EEPROM 的擦写速度将不断加快，容量将不断提高，可作为非易失性的 RAM 使用。

另外，还可以根据所存信息是否容易丢失，而把存储器分成易失性存储器和非易失性存储器。例如，半导体存储器（DRAM、SRAM），断电后信息会丢失，属易失性；而磁带和磁盘等磁表面存储器，属非易失性存储器。还可以根据制造工艺划分。

图 5-1 所示为计算机中存储器的分类。

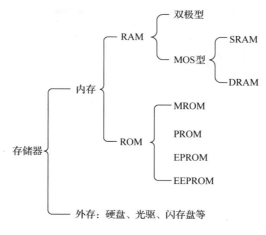

图 5-1　存储器的分类

5.1.2　存储器的主要技术指标

衡量半导体存储器性能的指标很多，如功耗、可靠性、容量、价格、电源种类、存取速度等。从功能和接口电路的角度来看，最重要的指标是存储器芯片的容量和存取速度。

1. 存储容量

存储容量是指存储器（或存储器芯片）存放二进制信息的总位数。

存储器容量 = 存储单元数×每个单元的位数（或数据线位数）

比特（bit）是表示信息的最小单位，是二进制数的一位包含的信息或 2 个选项中特别指定 1 个的需要信息量（为 0 或为 1）。

字节（Byte）简称 B，是计算机信息技术用于计量存储容量的一种计量单位，1 By=8 bit。

$1\ \text{KB} = 2^{10}\ \text{B} = 1\ 024\ \text{B}$

$1\ \text{MB} = 2^{20}\ \text{B} = 1\ 024 \times 1\ 024\ \text{B}$

$1\ \text{GB} = 2^{30}\ \text{B} = 1\ 024 \times 1\ 024 \times 1\ 024\ \text{B}$

$1\ \text{TB} = 2^{40}\ \text{B} = 1\ 024 \times 1\ 024 \times 1\ 024 \times 1\ 024\ \text{B}$

$1\ \text{PB} = 2^{50}\ \text{B} = 1\ 024 \times 1\ 024 \times 1\ 024 \times 1\ 024 \times 1\ 024\ \text{B}$

存储容量也常以字节或字为单位，微型机中均以字节（Byte）为基本单位，如存储容量为 64 MB、512 MB、1 GB 等。外存中为了表示更大的容量，以 MB、GB、TB 为单位。

由于一个字节定义为 8 位二进制信息，所以，计算机中一个字的长度通常是 8 的倍数。存储容量这一概念反映了存储空间的大小。

2. 存取时间

存取时间是反映存储器工作速度的一个重要指标，它是指从 CPU 给出有效的存储器地址启动一次存储器读/写操作，到该操作完成所经历的时间。

具体来说，一次读操作的存取时间就是读出时间，即从地址有效到数据输出有效之间的时间。通常在几十到几百纳秒之间；对于一次写操作，存取时间就是写入时间。存取时间和功耗两项指标的乘积为速度和功率的乘积，是一项重要的综合指标。

时间单位有毫秒（ms）、微秒（μs）和纳秒（ns），例如：HM62256 的存取速度为 120～200 ns。

$1\ ms=10^{-3}s=0.001\ s$　　$1\ \mu s=10^{-6}s=0.000001\ s$　　$1\ ns=10^{-9}s=0.000000001\ s$

3. 存取周期

存取周期是指连续启动两次独立的存储器读/写操作所需的最小间隔时间。对于读操作，就是读周期时间；对于写操作，就是写周期时间。通常，存储周期要大于存取时间，因为存储器在读出数据之后还要用一定的时间来完成内部操作，这一时间称为恢复时间。

读出时间和恢复时间加起来才是读周期。所以，存取时间和存取周期是两个不同的概念。

4. 可靠性

可靠性用平均故障间隔时间来衡量（Mean Time Between Failures ，MTBF）。

5. 功耗

功耗通常是指每个存储单元消耗功率的大小。

6. 价格

价格是衡量经济性能的重要指标，通常以每位多少美分来表示。

5.1.3　存储器系统的层次结构

衡量存储器系统有 3 个重要的技术指标：速度、容量和价格。希望理想的存储器系统速度高、容量大、位价格低。

显然，这三者之间是矛盾的，速度高必然价格高，容量大也必然价格高。因此，必须采用多种存储器来构成多级层次机构。图 5-2 所示为存储系统的多级层次结构。

从上层往下走，容量越来越大；从下层往上看，速度越来越高。

其中，高速缓冲存储器（Cache）存放 CPU 频繁使用的程序和数据（焦点）。主存存放当前正在使用的程序和数据（动态）。辅存存放暂时不使用的程序和数据（静态）。

Cache、主存和辅助硬件构成 Cache-主存存储层次；主存、辅存和辅助的软硬件构成主存-辅存存储层次（即虚拟存储器），如图 5-3 所示。

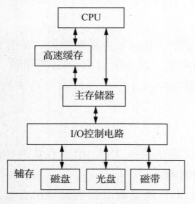

图 5-2　存储器的多级层次结构

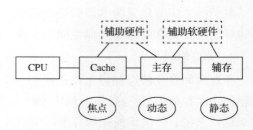

图 5-3　存储器系统的两种存储层次

5.1.4　内存储器的一般结构

内存储器一般由存储体、地址寄存器、地址译码驱动电路、读/写电路、数据寄存器和控制逻辑等 6 部分组成，如图 5-4 所示。

随着大规模集成电路技术的发展，已将地址译码驱动电路、读/写电路和存储体集成在一个芯片内，称为存储器芯片。芯片通过地址总线、数据总线和控制总线与 CPU 相连接。

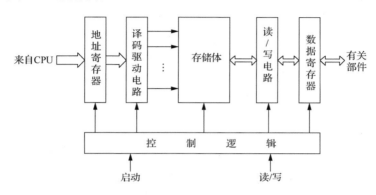

图 5-4　存储器的基本组成

1．存储体

存储体是存储单元的集合体。它由若干个存储单元组成，每个存储单元又由若干个基本存储电路（或称存储元）组成，每个存储单元可存放 1 位二进制信息。

通常，一个存储单元为一个字节，存放 8 位二进制信息，即以字节来组织。为了区分不同的存储单元和便于读/写操作，每个存储单元有一个地址（称为存储单元地址），CPU 访问时按地址访问。为了减少存储器芯片的封装引线数和简化译码器结构，存储体总是按照二维矩阵的形式来排列存储单元电路。

存储体内基本存储单元的排列结构通常有两种方式：一种是"多字一位"结构（简称位结构），即将多个存储单元的同一位排在一起，即容量表示成 N 字×1 位，例如 1K×1 位、4K×1 位。另一种排列是"多字多位"结构（简称字结构），即将一个单元的若干位（如 4 位、8 位）共若干个单元连在一起，其容量表示为 N 字×4 位/字或 N 字×8 位/字，如静态 RAM6116 为 2K×8 位、6264 为 8K×8 位等。

2．地址寄存器

用来存放 CPU 访问存储单元的地址，经译码驱动后指向相应的存储单元。通常，在微型计算机中，访问地址由地址锁存器提供，如地址锁存器 74LS373（或 Intel8282）。存储单元地址由地址锁存器输出后经地址总线送到存储器芯片内直接译码。

3．译码驱动电路

该电路实际上包含译码器和驱动器两部分。译码器将地址总线输入的地址码转换成与它对应的译码输出线上的高电平或低电平，以表示选中了某一单元，并由驱动器提供驱动电流去驱动相应的读/写电路，完成对被选中单元的读/写操作。

常用的地址译码有两种结构：单译码（线性排列）结构和双译码（矩阵形式排列）结构。

（1）单译码结构

单译码结构是一个"N 中取 1"的译码器。用一个译码器将 N 位地址同时译码，产生 2^N 个译码输出，每根输出线选中一个单元。译码器输出驱动 N 根字线中的一根，每根字线由 M 位组成。若某根字线被选中，则对应此线上的 M 位信号便同时被读出或写入，经输出缓冲放大器输出或输入一个 M 位的字。

单译码方式主要用于小容量的存储器，对于大容量的存储器，可采用双译码方式。

（2）双译码结构

双译码结构采用的是两级译码电路：行译码和列译码。当字选择线的根数 N 很大时，将地址信号分为两部分，译码分别由 X（行）译码和 Y（列）译码两部分完成，使得 $N=X \times Y$。只有 X 方向的选择线和 Y 方向的选择线交叉的那个单元才能被选中。

与单译码结构比较，双译码寻址可减少输出选择线的数目。存储器容量越大，双译码结构的优点越突出。例如，1 024 字×1 位容量的存储器，其地址码为 10 位。若用单译码结构，地址译码器有 10 个输入端，$2^{10}=1$ 024 条字选线；如果采用双译码结构，每个地址译码器有 5 个输入端，$2^5=32$ 条选择线，共计只有 32+32=64 条选择线。因此，双译码结构适合于构成大容量存储器。

4．读/写电路

读/写电路包括读出放大器、写入电路和读/写控制电路，用于完成对被选中单元中各位的读出或写入操作。存储器的读/写操作是在 CPU 的控制下进行的。只有当接收到来自 CPU 的读/写命令 $\overline{RD}$ 和 $\overline{WR}$ 后，才能实现正确的读/写操作。

5．数据寄存器

用来暂时存放从存储单元读出的数据，或从 CPU 或 I/O 端口送出的要写入存储器的数据。暂存的目的是协调 CPU 和存储器间在速度上的差异，也称之为存储器数据缓冲。

6．控制逻辑

接收来自 CPU 的启动、片选、读/写及清除命令，经控制电路综合和处理后，发出一组时序信号来控制存储器的读/写操作。

5.2　静态随机存储器

随机存储器（RAM）用来存放当前运行的程序、各种输入数据、运算中间结果等。其存储的内容既可以随时读出，也可以随时写入，掉电后内容会全部丢失。本节从应用的角度出发，以几种常用的典型芯片为例进行介绍。在掌握了它们的应用后，再去使用其他芯片就较为方便。

RAM 型存储器，按照制造工艺又可以分为双极型（Bipolar）和 MOS 型（Metal Oxide Semiconductor）RAM 两大类。MOS 型器件又分为静态随机存储器（SRAM）和动态随机存储器（DRAM）两种。

5.2.1 SRAM 基本单元

图 5-5 所示为静态 RAM 的一个基本存储单元。

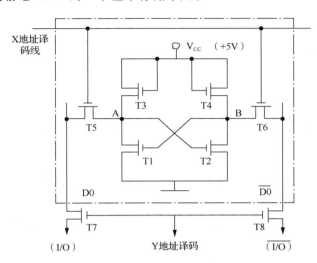

视频 20
静态 RAM

图 5-5 6 管 NMOS 静态 RAM 存储单元

1. 组成

一般由 6 个晶体管组成，T_1、T_2 为控制管，T_3、T_4 为负载管。$T_1 \sim T_4$ 组成一个双稳态触发器。它的状态确定了该存储单元所存放的 1 位二进制信息。

2. 工作原理

T_1 管截止，则 A="1"（高电平）。它使 T_2 管开启，于是 B="0"（低电平）。而 B="0" 又进一步保证了 T_1 截止。同样，T_2 管截止，则 B="1"（高电平）的状态也是稳定的。A、B 两点的电位总是互为相反的，因而用这两个相对稳定的状态来分别表示逻辑 "1" 和逻辑 "0"。

T_5、T_6 为门控管，进行选通控制。SRAM 的基本存储单元是一个 RS 触发器，因此，其状态是稳定的。但由于每个基本存储单元须由 6 个 MOS 管构成，从而大大限制了 SRAM 芯片的集成度，功耗也较大。

但是，SRAM 速度快，不需要刷新操作，通常用作高速缓冲存储器。

5.2.2 SRAM 芯片 Intel 2114

Intel 2114 是一种 1K×4 位的静态存储器芯片，其最基本的存储单元就是如上所述的 6 管存储电路。其他典型芯片有 2K×8 位的 6116、8K×8 位的 6264、16K×8 位的 62128、32K×8 位的 62256 以及更大容量的 128K×8 位（1Mb）的 HM628128 和 512K×8 位（4Mb）的 HM628512 等。

1. Intel 2114 的内部结构

由 64×64 存储器矩阵、行地址译码、列地址译码、列 I/O 电路以及输入数据控制组成，如图 5-6 所示。

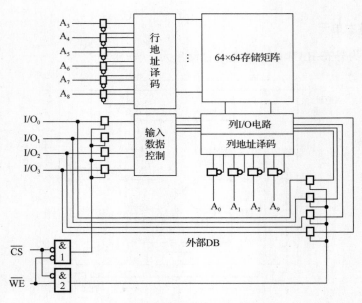

图 5-6　Intel 2114 内部结构图

2. Intel 2114 的外部引脚

Intel 2114 采用 CMOS 工艺制造，18 引脚封装。引脚信号排列如图 5-7 所示。

① $A_0 \sim A_9$：10 根地址线信号输入引脚。可寻址 $2^{10}=1\ 024$（1K）个存储单元，排成 64×64 的矩阵。$A_3 \sim A_8$ 作为行译码（$X=2^6=64$ 个），产生 64 根行选择线。A_0、A_1、A_2、A_9 作为列译码（$Y=2^4=16$ 个）产生 16 根列选择线，而每根列选择线控制一组 4 位同时进行读或写操作。

② $I/O_0 \sim I/O_3$：4 根数据输入、输出信号引脚。

③ $\overline{WE}$：写控制信号输入引脚，当 $\overline{WE}$ 为低电平时，信息由数据总线通过数据控制电路写入被选中的存储单元；为高电平时，则从所选中的存储单元读出信息送到数据总线。

④ $\overline{CS}$：芯片片选信号，低电平有效。通常接地址译码器的输出端。

⑤ V_{CC}：+5 V 电源。

⑥ GND：接地。

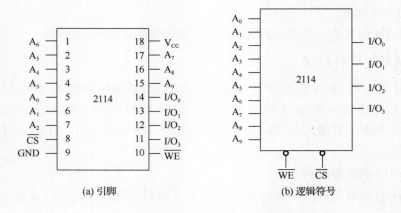

（a）引脚　　　　　　　　　　（b）逻辑符号

图 5-7　Intel 2114 引脚及逻辑符号图

Intel 2114 的操作方式如表 5-2 所示，由 $\overline{\text{WE}}$ 、$\overline{\text{CS}}$ 共同作用。

表 5-2 Intel 2114 操作方式

$\overline{\text{WE}}$	$\overline{\text{CS}}$	$\text{I/O}_0 \sim \text{I/O}_3$
0	0	写入
1	0	读出
×	1	三态（高阻）

3. Intel 2114 的工作过程

图 5-8 所示为 Intel 2114 读周期时序。

读出数据的过程：把要读出单元的地址送到芯片的地址线 $A_9 \sim A_0$ 上；使片选信号 $\overline{\text{CS}}$ =0 有效，读信号 $\overline{\text{WE}}$ =1 有效，这样即可读出数据。数据输出一直保持到地址和片选信号变化为止。

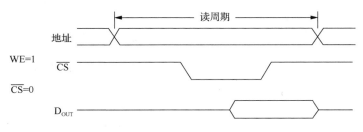

图 5-8 Intel 2114 读周期时序

写入数据的过程：把要写入单元的地址送到芯片的地址线 $A_9 \sim A_0$ 上；要写入的数据送到数据线上。然后，使片选信号 $\overline{\text{CS}}$ =0 有效，写信号 $\overline{\text{WE}}$ =0 有效，这样即可写入数据。图 5-9 所示为 Intel 2114 写周期时序。

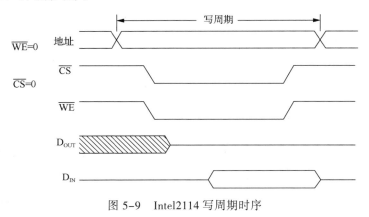

图 5-9 Intel2114 写周期时序

5.2.3 SRAM 存储器芯片 Intel 6264

1. Intel 6264 的外部引脚

Intel 6264 采用 CMOS 工艺制造，28 引脚双列直插式封装，容量为 8 K×8 bit，70 ns 和 100 ns 的存取时间，三态输出。工作电流 70 ns:45 mA，100 ns:37 mA。维护电流小于 10 μA（在 3 V 钮扣电池供电之下）。引脚信号排列如图 5-10 所示。

① $A_{12} \sim A_0$（Address inputs）：地址线，可寻址 8 KB 的存储空间。

② $D_7 \sim D_0$（Data In/Out）：数据线，双向三态。

③ $\overline{OE}$（Output enable）：输出允许信号，输入，低电平有效。

④ $\overline{WE}$（Write enable）：写允许信号，输入，低电平有效。

⑤ $\overline{CS_1}$（Chip select）：片选信号 1，输入，在读/写时，低电平有效。

⑥ CS_2（Chip select）：片选信号 2，输入，在读/写时，高电平有效。

⑦ V_{CC}：+5V 工作电压。

⑧ GND：信号地。

⑨ NC：（Non Connection）：没有内部连接，空脚。

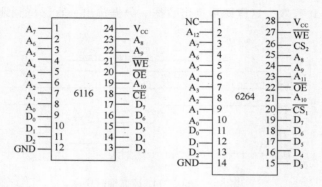

图 5-10　Intel 6116 和 6264 引脚图

2. Intel 6264 的内部结构

6264 是一个 8K×8 的静态 CMOS 读写存储器，其内部结构图如图 5-11 所示。

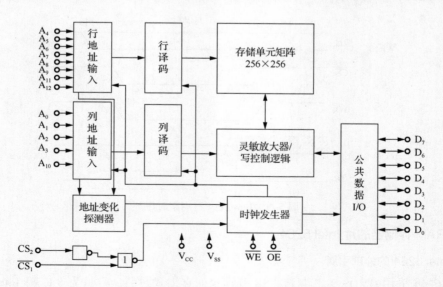

图 5-11　Intel 6264 的内部结构图

Intel 6264 主要包括 256×256 的存储器矩阵、行译码、列译码、灵敏放大器/写控制逻辑以及公共数据 I/O 等组成。

该 256×256 的存储器矩阵基于 6 管基本单元，共有 8K 个单元，需要 13 条地址线。其中 8 条用于行选择线，另外 5 条用于列选择线。一次会选中 8 列组成的一个单元。

3．Intel 6264 的操作方式

Intel 6264 有 4 种操作模式：Read、Write、standby 和 Data Retention 模式。

Intel 6264 的操作方式如表 5-3 所示，由 $\overline{CS_1}$、CS_2、$\overline{WE}$ 和 $\overline{OE}$ 共同作用。

表 5-3   6264 端口选择表

$\overline{WE}$	$\overline{CS_1}$	CS_2	$\overline{OE}$	$D_7 \sim D_0$
1	0	1	0	读出
0	0	1	×	写入
×	0	0	×	三态
×	1	1	×	（高阻）
×	1	0	×	

① 读出：首先把要写入单元的地址送到芯片的地址线 $A_{12} \sim A_0$ 上，然后使得 $\overline{CS_1}=0$，$CS_2=1$，又要使得 $\overline{OE}=0$ 且 $\overline{WE}=1$ 时，被选中单元的数据就从输出缓冲器通过，送到数据线 $D_7 \sim D_0$ 上。

② 写入：首先把要写入单元的地址送到芯片的地址线 $A_{12} \sim A_0$ 上。要写入的数据送到数据线 $D_7 \sim D_0$ 上，然后使得 $\overline{CS_1}$ 和 CS_2 同时有效，$\overline{WE}$ 和 $\overline{OE}$ 为低电平和高电平，数据输入缓冲器打开，数据由数据线 $D_7 \sim D_0$ 写入被选中的存储单元。

③ 保持：当 $\overline{CS_1}$ 为高电平，CS_2 为任意时，芯片未被选中，处于保持状态，数据线呈现高阻状态。

图 5-12 所示为 Intel 6264 读周期时序图，图 5-13 所示为 Intel 6264 的写周期时序图。

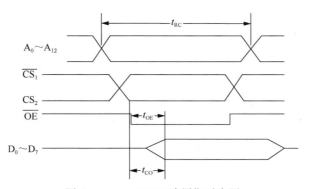

图 5-12   Intel 6264 读周期时序图

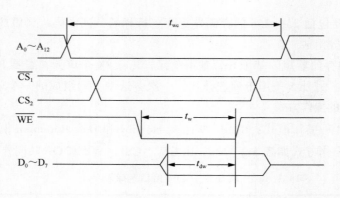

图 5-13　Intel 6264 的写周期时序图

5.2.4　SRAM 存储器与系统总线的连接

【例 5-1】用 Intel 6264 芯片，构成 8K×8 的存储器系统。

Intel 6264 与系统总线的连接如图 5-14 所示。其中，系统总线的数据线与存储芯片的数据线直接连接；系统总线的低位地址线与存储芯片的片内地址线直接连接；系统总线的读/写控制信号与芯片的相应信号直接连接；系统总线的高位地址线译码以后连接存储芯片的片选端。

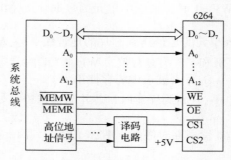

图 5-14　Intel 6264 与系统连接图

【例 5-2】用 Intel 6264 芯片，构成 8K×8 的存储器系统。把译码电路也画出来。

图 5-15 所示为全译码与部分译码结构图。

① 全地址译码方式：利用 CPU 的所有地址线来连接存储芯片。每一个存储器单元唯一地对应 CPU 的一个地址，组成的存储系统其地址空间连续。例如，图 5-15（a）的地址空间为 F0000H ~ F1FFFH，共 8KB。

② 部分地址译码方式：只使用部分系统地址总线进行译码。其特点：有两个没有被使用的地址信号就有 4 种编码，这 4 种编码指向同一个存储单元，出现地址重复。

当 A17A14=00 时，地址范围是 DA000H ~ DBFFFH。

当 A17A14=01 时，地址范围是 DE000H ~ DFFFFH。

当 A17A14=10 时，地址范围是 F0000H ~ F1FFFH。

当 A17A14=11 时，地址范围是 FA000H ~ FBFFFH。

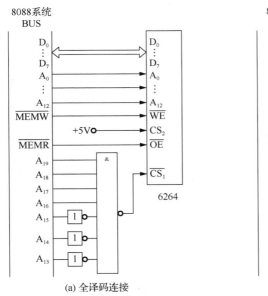
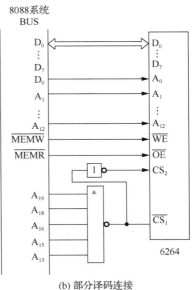

(a) 全译码连接　　　　　　　　　　　　　(b) 部分译码连接

图 5-15　全译码与部分译码

5.3　动态随机存储器

动态随机存储器（DRAM）以其速度快、集成度高、价格低在微型计算机中得到极其广泛的应用。

5.3.1　DRAM 基本单元

1. 组成

图 5-16 所示为一个 DRAM 的基本存储单元，它由一个 MOS 管 T_1 和一个信息电容器 C_s 构成。写入时，字选择线（行地址选择线）为高电平，T_1 管导通，写入的信息通过位线（数据线）存入电容器 C_s 中（写入"1"对电容器充电，写入"0"对电容器放电）；读出时，字选择线也为高电平，存储在 C_s 电容器上的电荷通过 T_1 输出到位线上。根据位线上有无电流可知存储的信息是"1"还是"0"。字选择线的信号由"片内地址"译码得到。

2. 工作原理

① 写操作：字选择线为高电平，T_1 管导通，写信号通过位线存入电容器 C_s 中。

② 读操作：字选择线仍为高电平，存储在电容器 C_s 上的电荷通过 T_1 输出到数据线上，通过读出放大器，即可得到所保存的信息。

③ 刷新（Refresh）：动态 RAM 存储单元实质上是利用电容器的充放电原理来保存信息的。电容器所保存的电荷会泄漏，超过 2～3 ms 时，将影响所保存信息的正确性。因此，在动态 RAM 的使用过程中，必须及时地向保存"1"的那些存储单元补充电荷，以维持信息的存在。这一过程就称为动态存储器的刷新操作。

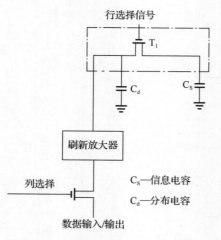

视频21　DRAM工作原理

图 5-16　一个动态 RAM 基本存储单元

5.3.2　DRAM 存储器芯片 Intel 2164A

Intel 2164A 是一种 64K×1 位的动态 RAM 存储器芯片。它的基本存储单元采用了单管存储电路。其他常用的 DRAM 芯片还有 256K×1 位的 41256、64K×1 位的 4164、1M×1 位的 21010、256K×4 位的 21014、4M×1 位的 21040，以及大容量的 16M×16 位、64M×4 和 32M×8 位等芯片。

1．Intel 2164A 的内部结构

Intel 2164A 的内部结构如图 5-17 所示，其主要组成部分如下：

① 存储体：64K×1 位的存储体由 4 个 128×128 的存储列阵构成。

② 地址锁存器：由于 Intel 2164A 采用双译码结构，故其 16 位地址信息要分两次送入芯片内部。但由于封装的限制，这 16 位地址信息必须通过同一组引脚分两次接收。因此，芯片内部有一个能保存 8 位地址信息的地址锁存器。

③ 数据输入缓冲器：用于暂存输入的数据。

④ 1/4 I/O 门电路：由行、列地址信号的最高位控制，能从相应的 4 个存储矩阵中选择一个进行输入/输出操作。

⑤ 行、列时钟缓冲器：用于协调行、列地址的选通信号。

⑥ 写允许时钟缓冲器：用于控制芯片的数据传送方向。

⑦ 128 读出放大器：与 4 个 128×128 存储阵列相对应，共有 4 个 128 读出放大器。它们能接收由行地址选通的 4×128 个存储单元的信息，经放大后，再写回原存储单元，是实现刷新操作的重要部分。

⑧ 1/128 行、列译码器：分别用来接收 7 位的行、列地址。经译码后，从 128×128 个存储单元中选择一个确定的存储单元，以便对其进行读/写操作。

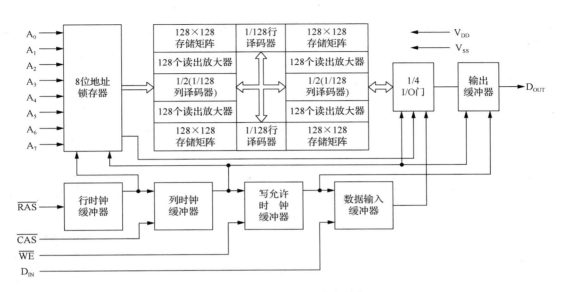

图 5-17　Intel 2164A 的内部结构

2. Intel 2164A 的外部引脚

Intel 2164A 是具有 16 个引脚的双列直插式集成电路芯片，其引脚分布如图 5-18 所示。

① $A_0 \sim A_7$：地址信号的输入引脚，在 DRAM 芯片的构造上，芯片上的地址是复用的，用来分时接收 CPU 送来的 8 位行地址和列地址。

② $\overline{RAS}$（Row Address Strobe）行地址选通信号输入引脚，低电平有效，兼作芯片选择信号。当 $\overline{RAS}$ 为低电平时，表明芯片当前接收的是行地址。

③ $\overline{CAS}$（Column Address Strobe）列地址选通信号输入引脚，低电平有效。表明当前正在接收的是列地址（此时 $\overline{RAS}$ 应保持为低电平）。

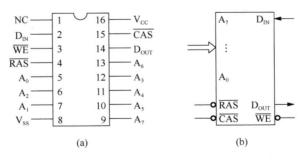

图 5-18　Intel 2164A 的引脚分布

④ $\overline{WE}$：写允许控制信号输入引脚，当其为低电平时，执行写操作；高电平时，执行读操作。

⑤ D_{IN}：数据输入引脚。

⑥ D_{OUT}：数据输出引脚。

⑦ V_{CC}：+5 V 电源引脚。

⑧ V_{SS}：接地。

⑨ NC：未用引脚。

3．Intel 2164A 的读/写过程

① 读操作。当要从 DRAM 芯片读出数据时，CPU 将行地址和列地址分时加在 $A_0 \sim A_7$ 引脚上，后经译码选中相应的存储单元后，把其中保存的一位信息通过 D_{OUT} 数据输出引脚送至系统数据总线。Intel 2164A 的读操作时序如图 5-19 所示。

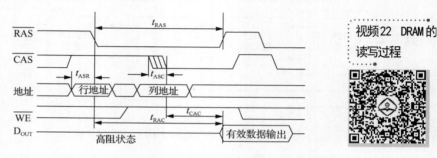

图 5-19 Intel 2164A 的读操作时序

视频22 DRAM 的读写过程

从时序图中可以看出，读周期是由地址总线送来行地址开始的。行地址选通信号 $\overline{RAS}$ 有效时，将行地址打入锁存器。要求行地址要先于 $\overline{RAS}$ 信号有效，并且必须在 $\overline{RAS}$ 有效后再维持一段时间。同样，为了保证列地址的可靠锁存，列地址也应领先于列地址锁存信号 $\overline{CAS}$ 有效，且列地址也必须在 $\overline{CAS}$ 有效后再保持一段时间。

要从指定的单元中读取信息，必须在 $\overline{RAS}$ 有效后，使 $\overline{CAS}$ 也有效。由于从 $\overline{RAS}$ 有效起到指定单元的信息读出送到数据总线上需要一定的时间，因此，存储单元中信息读出的时间就与 $\overline{CAS}$ 开始有效的时刻有关。

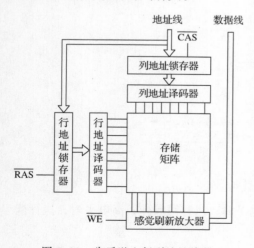

图 5-20 先后送入行列地址编码

存储单元中信息的读/写取决于控制信号 $\overline{WE}$。为实现读出操作，要求 $\overline{WE}$ 控制信号为高电平，且必须在 $\overline{CAS}$ 有效前变为高电平。

然而，CPU 仍然是一次就把行列地址送过来。行地址和列地址的分时传送要通过一个存储器管理器的部件去实现。

图 5-20 所示为先后送入行列地址编码示意图。

② 写操作。在 Intel 2164A 的写操作过程中，同样通过地址总线接收 CPU 发来的行、列地址信号，选中相应的存储单元后，把 CPU 通过数据总线发来的数据信息保存到相应的存储单元中。Intel 2164A 的写操作时序如图 5-21 所示。

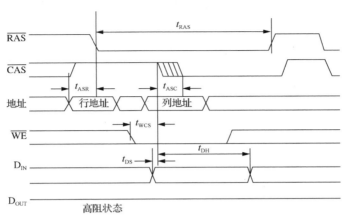

图 5-21　Intel 2164A 写操作的时序

③ 读-修改-写操作。这种操作的性质类似于读操作与写操作的组合，但它并不是简单地将两个单独的读周期与写周期组合起来，而是在 $\overline{RAS}$ 和 $\overline{CAS}$ 同时有效的情况下，由 $\overline{WE}$ 信号控制，先实现读出，待修改之后，再实现写入。其操作时序如图 5-22 所示。

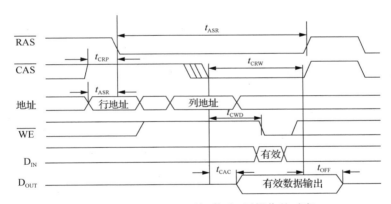

图 5-22　Intel 2164A 读-修改-写操作的时序

④ 刷新操作。Intel 2164A 内部有 4 个 128 读出放大器，在进行刷新操作时，芯片只接收从地址总线上发来的行地址（其中 A7 不起作用），由 $A_0 \sim A_6$ 共 7 根行地址线在 4 个存储矩阵中各选中一行，共 4×128 个单元，分别将其中所保存的信息输出到 4 个 128 读出放大器中，经放大后，再写回到原单元，即可实现 512 个单元的刷新操作。这样，经过 128 个刷新周期就可完成整个存储体的刷新。

DRAM 芯片的刷新时序如图 5-23 所示。刷新时，给芯片加上行地址并使行选信号 $\overline{RAS}$ 有效，列选信号 $\overline{CAS}$ 无效，芯片内部刷新电路将选中行中所有单元的信息进行刷新（对原来为"1"的电容补充电荷，原来为"0"的则保持不变）。将地址循环一遍，则可刷新整个芯片的所有存储单元。由于 $\overline{CAS}$ 无效，刷新时位线上的信息不会送到数据总线上。刷新过程中，DRAM 不能进行正常的读/写操作。

DRAM 要求每隔 2 ~ 3 ms 刷新一遍，这个时间称为刷新周期。

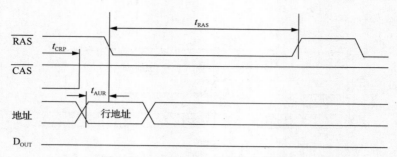

图 5-23　Intel 2164A 刷新操作的时序

　　在 PC/XT 微型机中，DRAM 刷新是利用 DMA 控制器 8237A 来实现的。可编程定时器 8253 每隔 15.12 μs 产生一个定时信号，用作 DMA 控制器 8237 通道 0 的请求信号。随后，8237 在其 DACK 端产生一个低电平，使行地址信号 $\overline{\text{RAS}}$ 为低电平，列地址锁存信号 $\overline{\text{CAS}}$ 为高电平，并且送出刷新用的行地址，实现一次刷新。

5.3.3　DRAM 与系统的连接

1. DRAM 的读/写过程

　　现代计算机大多采用 DRAM 芯片构成主存储器。由于在使用中要做到能够正确读/写，又要在规定的时间内可以进行刷新，所以 DRAM 的连接相对复杂。

　　PC/XT 的 DRAM 读/写简化电路如图 5-24 所示。图中只画了一个 64 K×8 bit 的 DRAM 组。

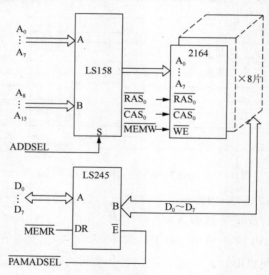

图 5-24　DRAM 读/写简化电路示意图

　　图中用虚线画的长方形表示由 8 片 2164A 组成的 64 K×8 bit 的存储器，它是通过位扩展实现的。LS158 是一个二选一的多路开关，LS245 是双向三态门。当 CPU 读/写存储器的某一单元时，存储器管理部件首先使得 ADDSEL=0，CPU 的 8 位行地址通过 LS158 加到 RAM 的 $A_7 \sim A_0$ 上，并由 $\overline{\text{RAS}}_0$ 打入片内的地址锁存器。60 ns 之后，使得 ADDSEL=1，将 8 位列地址加到 RAM 的 $A_7 \sim A_0$ 上，再过 40 ns 后由 $\overline{\text{RAS}}_0$ 打入片内的地址锁存器，并在 $\overline{\text{MEMW}}$ 信号作用下，实现对数据的读/写。

2．DRAM 控制器

（1）地址多路开关

地址各路开关用来把 CPU 送来的内存地址分成行地址和列地址两次送入 DRAM，并将刷新计数器的输出作为行地址送入 DRAM。

（2）刷新定时器

刷新定时器控制 DRAM 刷新定时时间，例如，定时 8 ms 刷新 512 次。

（3）刷新地址计数器

该计数器输出要刷新的行地址，初值为 0，刷新第 0 行。刷新一行后地址加 1，刷新第 1 行，依此类推。

（4）仲裁电路

当同时出现 CPU 访问 DRAM 和刷新定时器刷新请求时，要由仲裁电路裁决二者的优先权，以决定首先进行哪种操作。

（5）时序发生器

产生刷新定时时序信号。

图 5–25 所示为 DRAM 控制器逻辑框图。

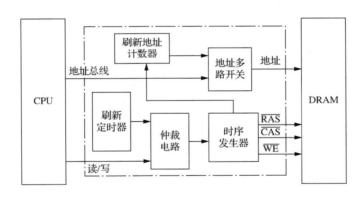

图 5–25　DRAM 控制器逻辑框图

5.4　只读存储器

只读存储器（ROM）具有掉电后信息不会丢失的特点（非易失性），弥补了随机存储器（RAM）功能上的不足，因此成为微型计算机的一个重要组成部分。

只读存储器的信息在运行时是不能被改变的，只能读出，不能写入。突然掉电后信息不丢失，具有非易失性，故常用来存放一些固定程序及数据常数。例如，监控程序、IBM PC 中的 BIOS 程序等。ROM 比 RAM 的集成度高，成本低。在不断地发展变化中，ROM 器件出现了掩膜 ROM、PROM、EPROM、EEPROM 等各种不同的类型。

5.4.1　可编程只读存储器（PROM）

掩膜 ROM（Mask ROM）的存储单元在生产完成之后，其所保存的信息就已经固定下来，这给用户带来了不便。为了解决这个矛盾，工程师设计制造了一种可由用户通过简易设备写入信息的 ROM 器件，即可编程的 ROM，又称 PROM。

　　PROM 的类型有多种，下面以二极管破坏型 PROM 为例来了解其存储原理。

　　这种 PROM 存储器在出厂时，存储体中每条字线和位线的交叉处都是两个反向串联的二极管的 P-N 结，字线与位线之间不导通。此时，意味着该存储器中所有的存储内容均为"0"。如果用户需要写入程序，则要通过专门的 PROM 写入电路，产生足够大的电流把要写入"1"的存储位上的二极管击穿，造成这个 P-N 结短路。只剩下顺向的二极管跨连字线和位线，这时，此位就意味着写入了"1"。

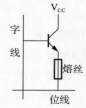

　　除此之外，还有一种熔丝式 PROM，用户编程时，靠专用写入电路产生脉冲电流，来烧断指定的熔丝，以达到写入"0"的目的，如图 5-26 所示。

　　对 PROM 来讲，写入的过程称为固化程序。由于击穿的二极管不能再正常工作，烧断后的熔丝不能再接上，所以这种 ROM 器件只能固化一次程序。数据写入后，就不能再改变。

图 5-26　熔丝式 PROM

5.4.2　可擦除可编程只读存储器（EPROM）

　　虽然 PROM 可以实现一次编程，但在很多应用场合，需要对程序进行多次修改，这就要求存储芯片能多次重复擦除、重复编程。EPROM（Erasable Programmable Read Only Memory）可根据用户的需求，多次写入和擦除，是可广泛应用的可擦除、可重写的只读存储器。

1. EPROM 工作原理

　　EPROM 的基本存储单元是由浮置栅雪崩式 MOS 管（Floating gate Avalanche-injection MOS，FA-MOS）T_{fa} 和一个普通 MOS 管 T_R 组成，如图 5-27 所示，T_R 为负载管。选中该单元时，字线有效，MOS 管 T_R 导通，单元电路的输出取决于 FA-MOS 管 T_{fa} 的栅极的状态。

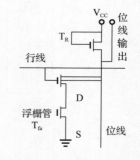

（1）组成

　　在 N 型半导体衬底上，通过欧姆接触，引出两个高浓度的 P 型引脚，形成源极和漏极。在源极和漏极之间，有一个被 SiO_2 包围的浮空的栅极，如图 5-28 所示。

图 5-27　EPROM 存储单元

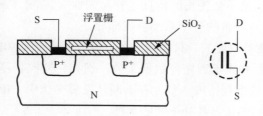

图 5-28　浮栅雪崩注入 MOS 管 EPROM 存储单元

（2）擦除

该芯片的顶部开有一个石英玻璃的窗口。当内容需要改变时，可通过紫外线擦除器对窗口照射 15～20 min（视具体型号而异），擦除原有信息，使存储单元的内容恢复为初始状态 FFH，从而擦除了写入的信息。之后，用专门的编程器（或称烧写器）把程序重新写入。EPROM 芯片的擦除和编程都容易实现，因此广泛应用于小批量应用系统的开发。

2. EPROM 芯片 Intel 2716

Intel 2716 是一种 2K×8 的 EPROM 存储器芯片，其最基本的存储单元就是采用上述的带有浮置栅的 MOS 管，其他典型芯片有 Intel 2732/27128/27512 等。

（1）芯片的引脚功能

Intel 2716 采用 NMOS 制造工艺，容量为 2 K×8，为 24 引脚双列直插芯片。其引脚及内部结构如图 5-29 所示。

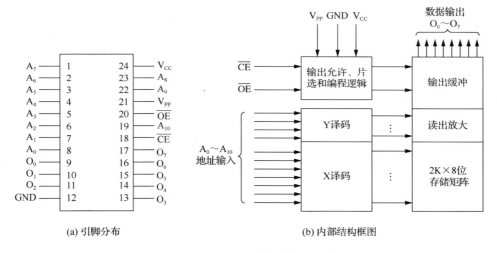

(a) 引脚分布   (b) 内部结构框图

图 5-29　Intel 2716 的内部结构及引脚分配

各引脚的功能如下：

① $A_0～A_{10}$：地址信号输入引脚，可寻址芯片的 2 K 个存储单元。其中 7 条用于行译码，以选择 128 行中的一行；4 条用于列译码，以选择 16 组中的一组。

② $O_0～O_7$：双向数据信号输入/输出引脚，正常工作时为数据输出线，编程时为数据输入线。

③ $\overline{CE}$：片选信号输入引脚，低电平有效。

④ $\overline{OE}$：输出允许控制信号引脚，输入，低电平有效。用于允许数据输出。

⑤ V_{CC}：+5 V 电源，用于在线读操作。

⑥ V_{PP}：+25 V 电源，用于在专用装置上进行写操作。在编程写入时，V_{PP} =+25 V；正常读出时，V_{PP} =+5 V。

（2）芯片的内部结构

Intel 2716 存储器芯片的内部结构框图如图 5-29（b）所示。主要组成部分包括存储阵列、X 译码器、Y 译码器、输出允许、片选和编程逻辑、数据输出缓冲器等。

（3）Intel 2716 的工作方式

Intel 2716 有 6 种工作方式，前 3 种 V_{PP} 接+5 V，为正常工作状态；后 3 种 V_{PP} 接+25 V，为编程工作状态。

① 读方式：这是 Intel 2716 连接在微机系统中的正常工作方式，也是其在微机系统中的主要工作方式。在读操作时，片选信号 $\overline{CE}$ 应为低电平，输出允许控制信号 $\overline{OE}$ 也为低电平。

② 备用方式：当 $\overline{CE}$ 为高电平时，Intel 2716 工作在备用方式，输出为高阻态。

③ 读出禁止方式：当 $\overline{OE}$ 为高电平并且 $\overline{CE}$ 为低电平时，Intel 2716 存储单元的内容被禁止读出，输出为高阻态。

④ 编程写入方式：该方式下 V_{CC} 接+5 V 电源，V_{PP} 接+25 V 电源，$\overline{OE} =1$，从 $\overline{CE}$ 引脚输入宽度约为 45 ms 的编程正脉冲，即可将字节数据写入到相应的存储单元。

⑤ 编程校验方式：为了检查写入的数据是否正确。Intel 2716 提供了两种校验方式：一种是可以在编程过程中按字节进行校验；另一种方式是在编程结束后，对所有数据进行校验。

⑥ 编程禁止方式：该方式主要用于对多块 Intel 2716 同时编程的场合，通过控制编程正脉冲来实现。

与 Intel 2716 属于同一类的常用 EPROM 芯片还有 Intel 2732、2764、27128、27256 以及 27512 等，它们的内部结构与外部引脚分配基本相同，只是存储容量逐次成倍递增为 4K×8 位、8K×8 位、16K×8 位、32K×8 位以及 64K×8 位等。

5.4.3　电可擦除可编程只读存储器（EEPROM）

EPROM 的优点是芯片可多次重复编程，但编程时必须把芯片从电路板上取下，用专门的编程器进行编程，并且是对整块芯片编程，不能以字节为单位擦写。这在实际使用时很不方便，所以在很多情况下需要使用 EEPROM。

1. EEPROM 基本特点

EEPROM 与 EPROM 不同，在擦除和编程写入时，不需要从系统中取下，可直接用电气方式在线编程和擦除，并且是按字节进行编程和擦除。EEPROM 具有以下几个主要特点：

① 使用单一的+5 V 电源，不需要专门的编程电源。

② 写入过程中自动进行擦写，但擦写时间较长，需要 10 ms。

③ 无须专用电路，只要按一定的时序操作即可进行在线擦除和编程。

④ 除了有并行总线传输的芯片外，还有串行传送用的 EEPROM 芯片。

2. EEPROM 典型芯片 NMC98C64A

（1）NMC98C64A 芯片的引脚功能

NMC98C64A 是采用 CMOS 工艺制造的 8K×8 位的电可擦除可编程 ROM，其引脚分布如图 5-30 所示。

① $A_0 \sim A_{12}$：13 根地址线，输入，可寻址片内的 8K 个存储单元。

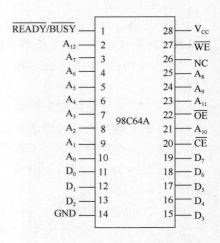

图 5-30　NMC98C64A 引脚分布

② $D_0 \sim D_7$：8 位数据线。正常工作时为数据输出线，编程时为数据输入线。

③ $\overline{CE}$：片选信号，输入，低电平有效。当 $\overline{CE} = 0$ 时，表示选中该芯片，可进行读/写操作。

④ $\overline{OE}$：数据输出允许信号，输入，低电平有效。

⑤ $\overline{WE}$：写允许信号，输入，低电平有效。

⑥ $\overline{READY} / \overline{BUSY}$：写结束状态信号，输出。写入数据时，该引脚为低电平；一旦写入完成，即变为高电平。

（2）NMC98C64A 芯片的工作方式

① 读方式。从 EEPROM 读出数据的过程与从 SRAM 中读取数据的过程类似。当 $\overline{CE} = 0$，$\overline{OE} = 0$，$\overline{WE} = 1$ 时，被选中存储单元的内容被读到 8 位数据线上。

② 写入方式。EEPROM 在编程写入时，有两种方式：字节写入方式和页写入方式。

字节写入方式是一次写入一个字节数据。

当进入写周期时，$\overline{OE}$ 为高电平，$\overline{CE}$ 与 $\overline{WE}$ 为低电平。在 $\overline{CE}$ 或 $\overline{WE}$ 的下降沿锁存地址信息，在上升沿锁存将要写入的新数据。在写入新数据之前，要先对存储单元进行擦除操作。$\overline{READY} / \overline{BUSY}$ 引脚可用来检查写操作是否结束，只有当 $\overline{READY} / \overline{BUSY}$ 为高电平时，才可能是下一字节的写入。不同的芯片写入一个字节所需的时间略有不同，一般是毫秒级。NMC98C64A 需要的时间为 5 ms，最大 10 ms。

页写入方式是在一个写周期内完成一页的写入，也称为"自动页写入"。

一页的大小取决于 EEPROM 内部页寄存器的大小。在 NMC98C64A 中，一页数据为 1～32 B，要求这些数据在内存中顺序排列。采用页写入方式时，其内部操作是先将要写入的数据写入页缓冲器，将要写入的页单元内容自动擦除，最后把页缓冲器中的内容写到相应的单元中。

③ 擦除方式。实际上，擦除和写入是同一操作，只不过擦除是向存储单元中写入 FFH 的操作。EEPROM 既可以一次擦除一个字节，也可以整片擦除。当要擦除一个字节时，只要向该单元写入数据 FFH，就相当于擦除了该单元。如果要擦除整个芯片，可利用 EEPROM 的片擦除功能。

5.5 存储器扩展技术

微机系统的规模、应用场合不同，对存储器系统的容量、类型的要求也不相同。一般情况下，需要用不同类型、不同规格的存储器芯片，通过适当的硬件连接来构成所需要的存储器系统。

5.5.1 存储器的扩展

存储器与 CPU 的连接包括存储器与数据总线、地址总线和控制总线的连接。由于存储芯片的容量有限，在构成实际的存储器时，往往要用多个存储芯片进行组合，以满足对存储容量的要求，这种组合称为存储器的扩展。存储器芯片扩展的方法有位扩展、字扩展和两者结合的字位全扩展。微机系统中大多采用字位全扩展的方法组成较大的存储器模块。

视频23 存储器位扩展

1. 位扩展

在微型计算机中，最小的信息存取单位是字节。如果一个存储芯片不能同时提供 8 位数据，就必须把几块芯片组合起来使用，这就是存储器芯片的"位扩展"。现在的微机可以同时对存储器进行 64 位的存取，这就需要在 8 位的基础上再次进行"位扩展"。位扩展把多个存储芯片组成一个整体，使数据位数增加，但单元个数不变。经位扩展构成的存储器，每个单元的内容被存储在不同的存储器芯片上。例如，用 2 片 2K×4 位的存储芯片经位扩展构成 2K×8 的存储器，每个地址单元中的 8 位二进制数分别存放在两个芯片上，一个芯片存储该单元内容的高 4 位，另一个芯片存储该单元内容的低 4 位。

位扩展构成的存储器在电路连接时采用的方法是：将每个存储器芯片的数据线分别接到系统数据总线的不同位上，地址线和各类控制线（包括选片信号线、读/写信号线等）则并联在一起。

以 SRAM Intel 2114 芯片为例，其容量为 1K×4 位，数据线为 4 根，每次读/写操作只能从一块芯片中访问到 4 位数据；而计算机要用 Intel 2114 芯片构成 1 KB 的内存空间，需 2 块该芯片，在位方向上进行扩充。在使用中，将这两块芯片看作一个整体，它们将同时被选中，共同组成容量为 1KB 的存储器模块，称这样的模块为芯片组。

【例 5-3】用 1K×4 位的 Intel 2114 芯片构成 1K×8 的存储器系统。

分析：由于每个芯片的容量为 1K，故满足存储器系统的容量要求。但由于每个芯片只能提供 4 位数据，故需用 8/4=2 片这样的芯片，它们分别提供 4 位数据至系统的数据总线，以满足存储器系统的字长要求。

电路的设计如下：

① 地址线：将每个芯片的 10 位地址线按引脚名称一一并联，按次序逐根接至系统地址总线的低 10 位。

② 数据线：按芯片编号连接，1 号芯片的 4 位数据线依次接至系统数据总线的 $D_0 \sim D_3$，2 号芯片的 4 位数据线依次接至系统数据总线的 $D_4 \sim D_7$。

③ 控制线：两个芯片的 $\overline{WE}$ 端并在一起后接至系统控制总线的存储器写信号（如CPU为 8086/8088，也可由 $\overline{WE}$ 和 $\overline{IO}/M$ 或 $IO/\overline{M}$ 的组合来承担）。

④ 片选：$\overline{CS}$ 引脚也分别并联后接至地址译码器的输出，而地址译码器的输入则由系统地址线的高位来承担。具体连线如图 5–31 所示。

从图 5–31 中可以看出，存储器每个存储单元的内容都存放在不同的存储芯片中。1 号芯片存放的是存储单元的低 4 位，2 号芯片存放的是存储单元的高 4 位，而总的存储单元个数保持不变。当存储器工作时，系统同时选中两个芯片，在读/写信号的作用下，两个芯片的数据同时读出或写入，产生一个字节的输入/输出。根据硬件连线图，可以分析出该存储器的地址分配范围，如表 5–4 所示（假设只考虑 16 位地址）。

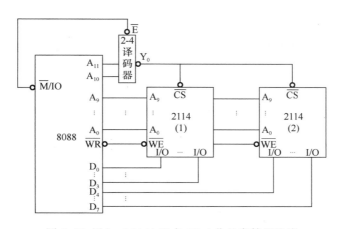

图 5-31 用 Intel 2114 组成 1K×8 位的存储器连线

表 5-4 存储器地址分布表

地 址 码	芯 片 的 地 址 范 围
$A_{15} \cdots A_{12} A_{11} A_{10} A_9 \cdots A_0$	
× ⋯ × 0 0 0 0	0000H ~ 03FFH
× ⋯ × 0 0 1 1	

注：×表示可以任选值，在这里均选 0。

位扩展适用于存储器芯片的容量满足存储器系统的要求，但其字长小于存储器系统要求的情况。

2．字扩展

字扩展是对存储器容量的扩展。存储器芯片的字长符合存储器系统的要求，但其容量太小，即存储单元的个数不够，需要增加存储单元的数量。

字扩展构成的存储器在电路连接时采用的方法是：将每个存储芯片的数据线、地址线、读/写等控制线与系统总线的同名线相连。仅将各个芯片的片选信号分别连到地址译码器的不同输出端，用片选信号来区分各个芯片的地址。

例如，用 16K×8 位的 EPROM 27128 存储器芯片组成 64K×8 位的存储器系统。由于每个芯片的字长为 8 位，故满足存储器系统的字长要求。但每个芯片只能提供 16K 个存储单元，故需用 4 片这样的芯片，以满足存储器系统的容量要求。

【例 5-4】用 8K×8 位的 6264 存储器芯片组成 32K×8 位的存储器系统。

分析：由于每个芯片的字长为 8 位，故满足存储器系统的字长要求。但由于每个芯片只能提供 8K 个存储单元，故需用 32K/8K=4 片这样的芯片，以满足存储器系统的容量要求。

视频 24 存储器字扩展

电路的设计如下：

① 地址线：先将每个芯片的 13 位地址线按引脚名称一一并联，然后按次序逐根接至系统地址总线的低 13 位。

② 数据线：将每个芯片的 8 位数据线依次接至系统数据总线的 $D_0 \sim D_7$。

③ 读/写控制线：两个芯片的 $\overline{\text{OE}}$ 端并在一起后接至系统控制总线的存储器读信号。两个芯片的 $\overline{\text{WE}}$ 端并在一起后接至系统控制总线的存储器写信号。

④ 片选信号：它们的 $\overline{\text{CS}}$ 引脚分别接至地址译码器的不同输出，地址译码器的输入则由系统地址总线的高位来承担，连线如图 5-32 所示。

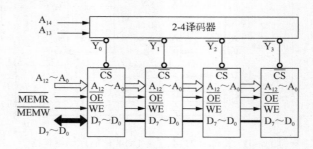

图 5-32　用 Intel 6264 组成 32K×8 位的存储器连线

从图 5-32 可以看出，根据高位地址的不同，系统通过译码器分别选中不同的芯片，低位地址码则同时到达每一个芯片，选中它们的相应单元。在读信号的作用下，选中芯片的数据被读出，送上系统数据总线，产生一个字节的输出。各芯片的地址范围如表 5-5 所示（假设只考虑 20 位地址）。

表 5-5　存储器地址分布表

| 地　　　址　　　码 | | | | | | | | 芯片的地址范围 | 对应芯片编号 |
A_{19}	···	A_{15}	A_{14}	A_{13}	A_{12}	A_{11}	···	A_0		
×		×	0	0	0	0		0	00000H ~ 01FFFH	6264（0）
×		×	0	0	1	1		1		
×		×	0	1	0	0		0	02000H ~ 03FFFH	6264（1）
×		×	0	1	1	1		1		
×		×	1	0	0	0		0	04000H ~ 05FFFH	6264（2）
×		×	1	0	1	1		1		
×		×	1	1	0	0		0	06000H ~ 07FFFH	6264（3）
×		×	1	1	1	1		1		

注：×表示可以任选值，在这里均选 0。

字扩充适用于存储器芯片的字长符合存储器系统的要求，但其容量太小的场合。

3. 字位全扩展

字位全扩展是从存储芯片的位数和容量两个方面进行扩展。在构成一个存储系统时，如果存储器芯片的字长和容量均不符合存储器系统的要求，就需要用多个芯片同时进行位扩展和字扩展，以满足系统的要求。进行字位扩展时，通常是先做位扩展，按存储器字长要求构成芯片组，再对这样的芯片组进行字扩展，使总的存储容量满足要求。

视频25　存储器字位扩展

【例 5-5】用 1K×4 位的 Intel 2114 芯片组成 2K×8 位的存储器系统。

分析：由于芯片的字长为 4 位，因此首先需要采用位扩充的方法，用两片芯片组成 1K×8 位的存储器；再采用字扩充的方法来扩充容量，使用两组经过上述位扩充的芯片组来实现。

硬件连线如图 5–33 所示。每个芯片的 10 根地址信号引脚直接接至系统地址总线的低 10 位。每组两个芯片的 4 位数据线分别接至系统数据总线的高/低 4 位。地址码的 A_{10}、A_{11} 经译码后的输出，分别作为两组芯片的片选信号，每个芯片的 $\overline{\text{WE}}$ 控制端直接接到 CPU 的读/写控制端上，以实现对存储器的读/写控制。

当存储器工作时，根据高位地址的不同，系统通过译码器分别选中不同的芯片组，低位地址码则同时到达每一个芯片组，选中它们的相应单元。在读/写信号的作用下，选中芯片组的数据被读出，送上系统数据总线，产生一个字节的输出，或者将来自数据总线上的字节数据写入芯片组。

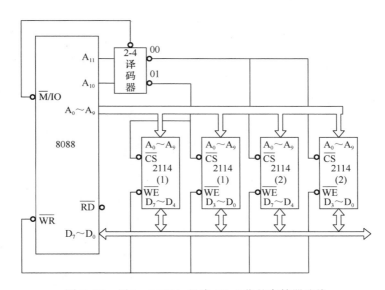

图 5–33　用 Intel 2114 组成 2K×8 位的存储器连线

同样，根据硬件连线图，存储器的地址分配范围如表 5–6 所示（假设只考虑 16 位地址）。

表 5-6　存储器地址分布

地　　　址　　　码					芯片的地址范围	芯 片 号
A_{15} … A_{12}	A_{11}	A_{10} A_9	…	A_0		
×　×	0	0　0		0	0000H ~ 03FFH	2114（1）
×　×	0	0　1		1		
×　×	0	1　0		0	0400H ~ 07FFH	2114（2）
×　×	0	1　1		1		

注：×表示可以任选值，在这里均选 0。

从以上地址分析可知，此存储器的地址范围是 0000H ~ 07FFH。

【例 5-6】用 8 K×8 位的 6264 存储器芯片组成 32 K×8 位的存储器系统。假定 CPU 为 8088，工作于最大模式，画出全译码方案的译码器连接。（即例 5-4 的完整图形）

分析：8088 CPU 数据总线 8 位。地址总线 20 位。因此，高位地址线分别为 A_{19}、A_{18}、A_{17}、A_{16}、A_{15}、A_{14} 和 A_{13}，最大模式有 $\overline{\text{MEMR}}$、$\overline{\text{MEMW}}$ 两个控制信号。

全译码方案就是这 7 根高位地址线要全部用于译码器连接。连线图如图 5-34 所示。其他连线参照图 5-32。

【例 5-7】CPU 为 8086。用 2 K×8 位的 Intel 6116 芯片组成 4K×8 位的存储器系统。要求既能 8 位读写，又能 16 位读写。

分析：由于芯片的字长为 8 位，因此首先需用采用位扩充的方法，用两片芯片组成 2 K×16 位的存储器；又能 8 位读/写，利用 A_0 区分偶地址，用 $\overline{\text{BHE}}$ 来区分奇地址。

硬件连接如图 5-35 所示。

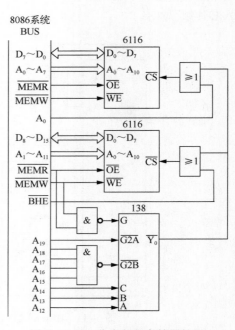

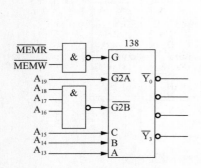

图 5-34 全译码方案　　　　图 5-35　16 位字长的存储器扩展

当 A_0=0，可以对偶数字节进行读/写。当 $\overline{\text{BHE}}$ 单独为 0 时，可以对奇字节读/写。当 A_0=0 并且 $\overline{\text{BHE}}$ =0 时，可以对偶地址进行 16 位读/写。

5.5.2　存储器片选信号的产生

一个存储器通常由多个存储器芯片组成，CPU 要实现对存储单元的访问，首先要选择存储器芯片，然后从选中的芯片中依照地址码选择相应的存储单元读/写数据。通常，芯片内部存储单元的地址由 CPU 输出的 n（n 由片内存储容量 2^n 决定）条低位地址线完成选择，而芯片选择信号则是通过 CPU 的高位地址线得到。由此可见，存储单元的地址由片内地址信号线和片选信号线的状态共同决定。下面介绍 3 种片选信号的产生方法。

视频26 片选信号的产生

1. 线选法

线选法是指用存储器芯片内寻址以外的系统的高位地址线，作为存储器芯片的片选控制信号。采用线选法时，把作为片选信号的地址线分别连至各芯片（或芯片组）的片选端，当某个芯片的片选端为低电平时，则该芯片被选中。例 5-5 中直接用高位地址（如 $A_{10} \sim A_{15}$ 中的任意一位）来控制片选端。例如，用 A_{10} 来控制，当用 A_{10} 这一个信号作为片选控制时，只要 $A_{10}=0$，$A_{11} \sim A_{15}$ 为任意值都选中第一组；而只要 $A_{10}=1$，$A_{11} \sim A_{15}$ 为任意值，则不选中。需要注意的是，用于片选的地址线每次寻址时只能有一位有效，不允许同时有多位有效，这样才能保证每次只选中一个芯片或一个芯片组。

线选法节省译码电路，设计简单，但把地址空间分成了相互隔离的区域，不能充分利用系统的存储空间。

2．部分译码法

部分译码法是指利用存储器芯片内寻址以外的系统部分高位地址参与地址译码，经译码电路译码后产生片选信号。如上一节的图 5-32，若系统地址线为 $A_0 \sim A_{15}$ 可扩展最大存储容量为 64 KB，地址范围为 0000H ~ FFFFH。在例 5-5 中只扩展了由 4 个 1K×4 位组成 2K×8 位的存储器，1K 容量的片内地址线 $A_0 \sim A_9$ 与系统低位地址 $A_0 \sim A_9$ 对应连接，选择剩余的高位系统地址线中的 A_{10} 和 A_{11} 作为 2-4 译码器的输入，译码器输出 Y_0 接至第一组芯片的片选输入端，Y_1 接至第二组的片选输入端；在确定芯片地址时，未连接的高位地址线 $A_{12} \sim A_{15}$ 中每一条地址线的状态原则上可以任意选择 0 或 1，不会影响芯片内部的地址编码。

由于未连接的地址线 $A_{12} \sim A_{15}$ 中每一条地址线的状态可以任意选择 0，也可以设为 1，因而使得每组芯片的地址不唯一，可以确定出多组地址，存在地址重叠现象。通常把 $A_{12} \sim A_{15}$ 设为"全 0"所确定的一组地址称为基本地址。

部分译码使芯片重复占用空间，破坏了地址空间的连续性，减小了总的可用存储地址空间。其优点是译码的过程比较简单，主要用于小型系统。

3．全译码法

全译码法是使存储器芯片内寻址以外的系统的全部高位地址都参与地址译码，经译码电路全译码后输出，作为各存储器芯片的片选信号，以实现对存储器芯片的读/写选择。

全译码方式使存储器芯片的每一个存储单元唯一地占据内存空间的一个地址，不会产生地址重叠现象，但这种译码电路比较复杂（见图 5-35）。

5.5.3　存储器芯片与 CPU 的连接

在微型系统中，CPU 对存储器进行读/写操作，首先要由地址总线给出地址信号，选择要进行读/写操作的存储单元；然后通过控制总线发出相应的读/写控制信号；最后才能在数据总线上进行数据交换。所以，存储器芯片与 CPU 之间的连接，实质上就是其与系统总线的连接，包括：

① 地址线的连接。

② 数据线的连接。

③ 控制线的连接。

但在实际应用中，有些问题必须要加以考虑。

1．CPU 总线的负载能力

任何系统总线的负载能力总是有限的。在设计 CPU 芯片时，一般考虑其输出线的直流负载能力。现在的存储器一般都为 MOS 电路，直流负载很小，主要的负载是电容负载，故在小型系统中，CPU 可以直接与存储器相连。而较大的系统中，若 CPU 的负载能力不能满足要求，可以（就要考虑 CPU 能否带得动，需要时就要加上缓冲器）由缓冲器输出再带负载。

2．存储器与 CPU 之间的时序配合

CPU 在取指令和存储器读或写操作时，有固定的时序，用户要根据这些来确定对存储器存取速度的要求。在存储器已经确定的情况下，考虑是否需要 T_W 周期，以及如何实现。

3．存储器的地址分配和片选问题

内存通常分为 RAM 和 ROM 两大类，而 RAM 又分为系统区（即机器的监控程序或操作系统占用的区域）和用户区。用户区又要分成数据区和程序区。ROM 的分配也类似。所以，内存的地址分配是一个重要的问题。另外，目前生产的存储器芯片，单片的容量仍然是有限的，通常要由许多片才能组成一个存储器，这里就有一个如何产生片选信号的问题。

4．控制信号的连接

CPU 在与存储器交换信息时，通常有以下几个控制信号（对 8088/8086 而言）：M/$\overline{\text{IO}}$（IO/$\overline{\text{M}}$、$\overline{\text{RD}}$、$\overline{\text{WR}}$ 以及 WAIT 信号。这些信号如何与存储器要求的控制信号相连，以实现所需的控制功能，是需要认真考虑的。

最大模式则有 $\overline{\text{MEMR}}$ 和 $\overline{\text{MEMW}}$ 控制线。

5.6　外存储器简介

顾名思义，外存储器是指在主机之外，通过接口与主机相连接的存储器。外存储器通常是磁性介质（硬盘、闪存盘、磁带）或光盘，能长期保存信息，并且不依赖于电来维持信息的保存状态。本节只做简单介绍。

5.6.1　硬盘

硬盘驱动器简称硬盘（Hard Disk），是微型计算机中广泛使用的外部存储器，它具有容量大、存取速度快、可靠性高、几乎不存在磨损问题等优点。

硬盘作为主要的外部存储设备，随着其设计技术的不断更新，不断朝着容量更大、体积更小、速度更快、性能更可靠、价格更便宜的方向发展。

1．硬盘的工作原理

硬盘的工作原理很简单，可以读取和写入并保存数据，写入数据实际上是通过磁头对硬盘片表面的可磁化单元进行磁化，就像录音机的录音过程；不同的是，录音机是将模拟信号顺序地录制在涂有磁介质的磁带上，而硬盘是将二进制的数字信号以环状同心圆轨迹的形式，一圈一圈地记录在涂有磁介质的高速旋转的盘面上。读取数据时，只需把磁头移动到相应的位置读取此处的磁化编码状态即可。硬盘的内部结构如图 5-36 所示。

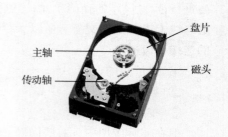

图 5-36　硬盘的内部结构

硬盘驱动器加电正常工作后，利用控制电路中的单片机初始化模块进行初始化工作。此时，磁头置于盘片中心位置。初始化完成后，主轴电动机将启动并高速旋转。装载磁头的小车机构移动，将浮动磁头置于盘片表面的 00 道，处于等待指令的启动状态。当接口电路接收到微机系统传来的指令信号时，通过前置放大控制电路，驱动主轴电动机发出磁信号，根据感应阻值变化的磁头对盘片数据信息进行正确定位，并将接收后的数据信息解码，通过放大控制电路传输到接口电路，反馈给主机系统完成指令操作，结束硬盘操作的断电状态，在反力矩弹簧的作用下浮动磁头驻留到盘面中心。

2．硬盘的主要参数

（1）容量

作为计算机系统的数据存储器，容量是硬盘最主要的参数。

硬盘的容量以兆字节（MB）、吉字节（GB）或者太字节（TB）为单位，1 GB=1 024 MB。但硬盘厂商在标称硬盘容量时通常取 1 GB=1 000 MB，因此在 BIOS 中或在格式化硬盘时看到的容量会比厂家的标称值要小。

硬盘的容量指标还包括单碟容量。所谓单碟容量是指硬盘单片盘片的容量，单碟容量越大，单位成本越低，平均访问时间也越短。

（2）转速

转速是硬盘内电动机主轴的旋转速度，也就是硬盘盘片在 1 min 内所能完成的最大转数。转速的快慢是标示硬盘档次的重要参数之一，它是决定硬盘内部传输速率的关键因素之一，在很大程度上直接影响硬盘的速度。硬盘的转速越快，寻找文件的速度也就越快，相对的，硬盘的传输速率也得到提高。硬盘转速以每分钟多少转来表示，单位为 r/min，例如 7 200 r/m、1 000 r/m。该值越大，内部传输速率就越快，访问时间就越短，硬盘的整体性能也就越好。

硬盘的主轴马达带动盘片高速旋转，产生浮力使磁头飘浮在盘片上方。要将所要存取资料的扇区带到磁头下方，转速越快，则等待时间也就越短。因此，转速在很大程度上决定了硬盘的速度。

（3）平均访问时间

平均访问时间是指磁头从起始位置到达目标磁道位置，并且从目标磁道上找到要读/写的数据扇区所需的时间。

平均访问时间体现了硬盘的读/写速度，它包括了硬盘的寻道时间和等待时间，即平均访问时间=平均寻道时间+平均等待时间。

（4）传输速率

传输速率：硬盘的数据传输速率是指硬盘读/写数据的速度，单位为兆字节每秒（MB/s）。硬盘数据传输速率又包括内部数据传输速率和外部数据传输速率。

内部传输速率也称为持续传输速率，它反映了硬盘缓冲区未用时的性能。内部传输速率主要依赖于硬盘的旋转速度。

外部传输速率也称为突发数据传输速率或接口传输速率，它标称的是系统总线与硬盘缓冲区之间的数据传输速率。外部数据传输速率与硬盘接口类型和硬盘缓存的大小有关。

5.6.2 光存储设备

1．光存储设备概述

显然，光存储与光有密切关系。有一些介质在光线照射下会产生一些物理的或者化学的变化，这些变化通常可使介质具有两种状态，这两种不同的状态可分别用来代表数据"0"和"1"，因此就可以用这种介质作为数据存储介质。这里的光通常采用的是激光。激光具有单色性和相干性。如果将这种介质做成光盘，然后对激光加以控制，进行精细聚焦，沿一定轨迹对光盘进行扫描，再通过一个光电接收部件对光盘介质因激光照射而产生的反射、吸收或相移做出反应，就完成了对光盘的读取、写入、擦除等操作。

2．按光盘存储技术的不同分类

按光盘存储技术的不同，光盘驱动器可分为以下 8 种：

（1）CD-ROM（Compact Disk-Read Only Memory，只读光盘驱动器）

CD-ROM 是光存储设备的鼻祖。光驱的数据传输速率从最初音频 CD 标准 150 KB/s（1 倍速）发展到 52 倍速以上，平均寻道时间从 400 ms 降低到 100 ms 以下，速度得到了很大提高；支持盘片类型从刚开始的 CD-DA 到支持所有符合 ISO 9660 格式的盘片；接口类型从 ATAPI-IDE 发展到 SCSI、Enhanced-IDE，而且支持 Ultra-DMA33/66 接口。

（2）CD-R（可写光盘驱动器）/CD-RW（可擦写光盘驱动器）

光盘刻录（CD-R 和 CD-RW）是在 CD-ROM 基础上发展起来的两种 CD 存储技术。CD-R 是 CD-Recordable 的英文简写，是指一种允许对 CD 进行一次性刻写的特殊存储技术。而 CD-RW 是 CD-Rewritable 的英文简写，是指一种允许对 CD 进行多次重复擦写的特殊存储技术。实现这两种技术的存储介质分别被称为 CD-R 盘片和 CD-RW 盘片，而实现这两种技术的设备就是 CD-R 驱动器和 CD-RW 驱动器。目前，单纯的 CD-R 驱动器已经很少见，通常所说的"光盘刻录机"是指 CD-R 和 CD-RW 驱动器的统称。

（3）DVD-ROM（数字视频只读光盘驱动器）

DVD 是数字视盘（Digital Video Disc）和数字万用盘（Digital Versatile Disc）的缩写，它是一种容量更大、运行速度更快的新一代光存储技术。

（4）DVD+RW

DVD+RW 是 DVD 技术领域最重要的一次革命，它由 HP、三菱化工、Philips、Ricoh、SONY 和 YAMAHA 联合开发，是唯一完全兼容现有 DVD-Video 播放机和 DVD-ROM 驱动器的可擦写格式。

（5）DVD-RAM（数字视频可反复擦写光盘驱动器）

DVD-RAM 是由 Panasonic 推出的基于 PD 技术发展起来的。它采用 DVD 光盘为存储介质，实现了大容量反复擦写的可能。DVD-RAM 可兼容 PD 光盘。

（6）Combo

在光存储产品家族中，除了 CD-ROM、DVD-ROM 或者光盘刻录机 CD-RW 产品之外，还出现了集三类型光驱功能于一体的全能光驱——Combo。Combo 又称全能光驱或者"康宝"。

（7）PD 光驱

PD 是相变式可重复擦写光盘驱动器（Phase Change Rewritable Optical Disk Drive）英文缩写。PD 光盘采用相变光方式，其数据再生原理与 CD 一样，根据反射光量的差以 1 和 0 来判别信号。PD 光盘的形状与 CD 的形状一样，为了保护盘面数据而装在盒内。PD 光盘系统采用了在计算机、工作站环境中被广泛使用的与硬盘同样数据构造单元的单元格式，而且采用了在计算机环境内可立即被使用的 512 bit/单元的 MCAV 格式；采用该格式可比采用 CLV 格式的 CD-R/CD-RW 更高速地进行读/写操作，并实现寻找的高速化。PD 光盘系统为了保护光盘，采用了将光盘放入保护盒中使用的做法，而 CD 是裸盘使用。

（8）MO

MO（Magnet Optical）的数据记录是热磁过程，它与磁性材料的居里温度的门槛性质有关，称为居里点写入。在写入过程中，聚焦光点的能量把记录材料加热超过居里点（约 200℃），外加不大的磁场（约 300 高斯=0.03 T）就可对材料的磁头产生作用。当材料冷却至居里点以下，磁头方向就固定下来。这种记录过程在材料性能不退化的情况下表现出了高度的可重复性（100 万次以上）。

可擦写、高密度存储、三维存储、多值存储和全息存储等高新技术正成为今后光存储技术的发展方向。

除此之外，还可根据光盘驱动器是否放在机箱内部，分为内置式光盘驱动器和外置式光盘驱动器；根据光盘驱动器的接口，分为 IDE 接口、SCSI 接口、IEEE 1394 接口、USB 接口；根据光盘驱动器的速度，分为 56 速读、52 速写、24 速擦写等。

5.6.3 USB 闪存盘

USB 闪存盘就是采用 Flash Memory（闪存）作为存储器的移动存储设备，即通常所说的"闪存盘"，如图 5-37 所示。它采用半导体作为存储介质，主要用于存储较大的数据文件和在计算机之间方便地交换文件。闪存盘不需要物理驱动器，也不需外接电源，可热插拔，使用非常简单方便。闪存盘体积很小，重量极轻，可抗震防潮，特别适合随身携带，是移动办公及文件交换的理想存储产品。

目前市面上的 USB 闪存盘（USB Flash Disk）普遍采用 USB 接口，具有易扩展、可热插拔的优点。USB 闪存盘主要有两颗芯片组成：闪存芯片和 Flash 转 USB 的控制芯片。其中，闪存芯片作为数据存储单元，它是一种采用非挥发存储技术的高性能存储器，在掉电状态下可永久保存信息（大于 10 年）。可电擦写 100 万次以上，并且擦写速度非常快；Flash 转 USB 的控制芯片完成 USB 通信和 Flash 的读/写操作及其他辅助功能，它可以决定 Flash 是否能读/写（是否写保护）、读/写的内容以及模拟哪种数据存储盘。控制芯片有两种形式：一是 SOP（Small Outline Package）封装技术；另一种是绑定（Bonding，芯片覆膜）封装技术。

1. USB 闪存盘的结构

USB 闪存盘主要由闪存芯片（Flash Memory）和 Flash 转 USB 的控制芯片两部分组成，其电路设计也非常简单，如图 5-38 所示。

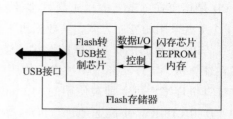

图 5-37　USB 闪存盘　　　　　　　　图 5-38　USB 闪存盘的结构

闪存芯片是一种新型的 EEPROM 内存（电可擦写可编程只读内存），在平常情况下 EEPROM 是只读的，需要写入时，在指定的引脚加上一个高电压即可写入或擦除，其读/写速度极快，更可靠，而且可以用单电压进行读/写和编程，为便携式设备的在线操作提供了极大的便利。所以，闪存盘不仅具有 RAM 可擦写、可编程的优点，还具有 ROM 的写入数据断电后不会消失的优点。由于闪存盘同时具备了 ROM 和 RAM 两者的优点，从诞生之日起，它就成为 PDA、数码照相机、MP3 等移动电子产品的最佳伴侣。闪存盘就是采用 Flash Memory 作为存储器的移动存储设备，正是因为闪存盘利用电子半导体技术来存储数据资料，具有断电后仍然能够保持存储的数据不丢失的特点，使其成为移动存储设备的理想选择。闪存盘可以在相当小的体积内实现多达几、几十甚至几百 GB 的存储容量。目前，市场上的闪存盘以 NOR 型和 NAND 型应用最为广泛，有 CF、SM、MS、OnlyDisk 等类型的存储卡产品。

2. USB 闪存盘的特点

与传统的移动存储设备相比，闪存盘具有几个重要特点：

① 即使是高容量以上的高端闪存盘体积和质量也非常小，市售产品的质量都在 15～30 g 之间，小巧轻便，携带方便。

② 目前的闪存盘绝大多数采用 USB 接口，使用时只要插到计算机的 USB 接口上即可。无须打开机箱或者使用附加连线，不需要外接电源，可热插拔。这一点比起需要驱动器才能够使用的其他移动存储器有着不可比拟的优势。

③ 抗震、防潮、耐高/低温，带写保护功能，防止文件被意外删除或被病毒感染。

3. USB 闪存盘的主要参数

USB 闪存盘的主要参数如下：

（1）USB 接口标准

闪存盘使用的是通用串行总线（Universal Serial Bus，USB）接口。现在主流的 USB 接口标准有 3 种：USB 1.1、USB 2.0 和 USB 3.0。USB 1.1 最大传输速率是 12 Mbit/s，而且可以连接多个设备。USB 2.0 最大传输速率为 480 Mbit/s，USB 3.0 最大传输速率是 5G bit/s。

（2）数据传输速率

USB 闪存盘的数据传输速率分为数据读取速度和数据写入速度，与微机的配置无关。好的产品其数据读取最大速度可达 900 KB/s，数据写入速度可达 700 KB/s。

（3）即插即用

在 Windows 中，USB 闪存盘不用手工安装驱动程序。

习　题

综合题

1. 比较静态 RAM 和动态 RAM 的异同，并简述各自的特点。

2. 比较 RAM 和 ROM 的异同，并简述各自的应用场合。

3. 简述掩膜 ROM、PROM、EPROM 和 EEPROM 的区别。

4. 半导体存储器有哪些优点？SRAM、DRAM 各自有何特点？

5. 常用的存储器地址译码方式有哪几种？各自的特点是什么？

6. 半导体存储器在与微处理器连接时应注意哪些问题？

7. 已知某微机系统的 RAM 容量为 4 K×8 位，首地址为 2600H，求其最后一个单元的地址。

8. 用 16 K×1 位的 DRAM 芯片组成 16 K×8 位的存储器，要求画出该存储器组成的逻辑框图。

9. 用下列 RAM 芯片构成 32 K×8 位的存储器模块，问各需要多少芯片，并指出扩展方式。
   （1）1 K×8 位；（2）4 K×8 位；（3）1 K×4 位；（4）16 K×4 位。

10. 8088 工作于最小模式，设计一个 16 KB 的 RAM 子系统。其中，RAM 用若干片 8 K×8 位的 RAM 6264 构成，地址空间为从 F0000H 开始的连续地址。用 74LS138 芯片进行全译码。画出 8086 与存储器芯片连接的原理图，并指出每个存储器的地址范围。

11. 为 8088 CPU 应用系统设计一个 32 K×8 的随机读写存储器，起始地址为 68000H。系统具有 20 根地址线 $A_{19} \sim A_0$，8 根数据线 $D_7 \sim D_0$。与存储器有关的控制信号，有存储器读 $\overline{\text{MEMR}}$ 和存储器写 $\overline{\text{MEMW}}$。要求用 Intel 6264 SRAM 存储器芯片和 74LS138 译码器设计。具体要求如下：
    （1）写出需几个 SRAM 芯片。
    （2）写出片内地址线有多少根。
    （3）写出存储器的末地址是多少。
    （4）利用全译码法，画出该存储器与系统总线的连接图。

12. 以 8088 CPU 为核心，构建一个存储器系统。要求：
    （1）RAM 容量为 16 KB，ROM 容量为 8 KB，其中 ROM 起始地址为 20000H，占用连续空间。其中 RAM 起始地址为 28000H，占用连续空间。
    （2）可采用 74LS138 译码器，使用与非门器材不受限制。
    （3）现有存储器芯片，Intel 2764 和 Intel 6264，试完成硬件线路设计并写出各芯片的地址范围。

13. 用 8 K×8 位的 EPROM 芯片 2764，8 K×8 位的 RAM 6264 和译码器 74LS138，构成一个 16 K×8 的 ROM，16 K×8 的 RAM 的存储器子系统。8088 工作在最小模式，系统带有地址锁存器 74LS373、数据收发器 74LS245。画出存储器系统与 CPU 的连接图，写出各块芯片的地址分配。

14. 用两片 64 K×8 的芯片，组成 8086 最大模式下的存储器子系统，要求起始地址为 C0000H。画出连接图，指出偶地址存储体和奇地址存储体，并对连接图做详细说明。

第 **6** 章

输入与输出

　　输入/输出（I/O）接口是微机系统的重要组成部分之一，微型计算机通过它与外部交换信息。I/O 设备种类繁多，结构、原理又各不相同，与 CPU 相比，其工作速度较低，不能与 CPU 直接兼容。I/O 接口在微型计算机与各种外围设备（简称外设）之间起到一种桥梁作用。

　　本章主要介绍输入/输出接口的基本概念、功能、I/O 端口的编址方式；讲述无条件传送、查询传送、中断传送和 DMA 传送的方法。本章还介绍了 DMA 控制器 8237A 的原理及其应用。通过本章的学习，可使读者能够在整体上对输入/输出系统、输入/输出接口以及基本输入/输出技术有一定的了解，并能够利用简单接口芯片实现外设与系统的连接与信息传送。

　　学习目标：

- 能够说出 I/O 接口的基本概念和功能。
- 能够分析 I/O 端口的地址。
- 能够说出不同输入/输出方法的特点。

6.1　输入/输出接口概述

　　微型计算机系统广泛应用于过程控制、信息处理、数据通信等方面。对于不同的需求，可选用不同型号的微型计算机，配置不同的外围设备，以扩展系统功能。然而，外围设备的差异很大，各自的功能不同，工作速度不同。此外，还牵扯到机、光、声、磁、电等多种物理过程的控制。因此，外设与 CPU 连接时，不像 CPU 与存储器相连那样简单。归纳起来，主要存在下述问题：

　　① CPU 与外设的信号线不兼容，在信号线功能定义、逻辑定义和时序关系上不一致。

　　② 两者工作速度不兼容，CPU 速度高，外设速度低。

　　③ 若不通过接口而由 CPU 直接对外设的操作实施控制，就会使 CPU 穷于应付与外设的交互，从而大大降低 CPU 的效率。

　　④ 若外设直接由 CPU 控制，也会使外设的硬件结构依赖于 CPU，对外设本身的发展不利。

I/O 接口的作用就是协调这些差异，使各部分协调配合，可靠有效地运行，以提高计算机系统的整体效率。

所谓接口，就是微处理器与外设连接的部件，是 CPU 与外设进行消息交换的中转站。例如，源程序或数据要通过接口从输入设备送入计算机，运算结果也要通过接口向输出设备送出；控制命令通过接口送入，现场状态通过接口取进来，实现现场的实时控制等。微机接口技术就是采取硬件与软件相结合的方法，使微处理器与外设进行最佳的匹配，实现 CPU 与外设之间高效、可靠的信息交换的一门技术。

视频27　接口的概念

接口技术是工业实时控制、数据采集中非常重要的微机应用技术，它可实现 CPU 与存储器、I/O 设备、控制设备、测量设备、通信设备、A/D 及 D/A 转换器等的信息交换，也是目前虚拟仪器的主要制作技术之一。

微型计算机各类接口如图 6-1 所示。

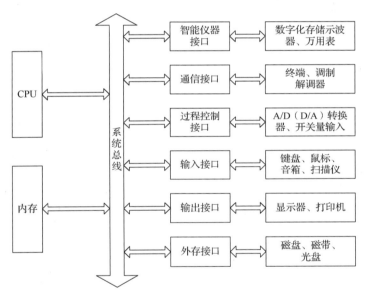

图 6-1　微型计算机各类接口

6.1.1　接口的主要功能

为了协调 CPU 与外设之间的矛盾，实现 CPU 与外设之间高效、可靠的信息交换，I/O 接口应具备如下功能：

1. 数据缓冲功能

接口电路中一般都设置有数据寄存器或锁存器，以解决高速的主机与低速的外设之间的速度匹配问题，避免因主机与外设的速度不匹配而丢失数据。

2. 端口选择功能

微机系统中往往接有多个外设，即使只有一个外设，也可能与 CPU 传送多种信息（如数据信息、状态信息、控制信息），而 CPU 在同一时刻只能与一个端口交换信息，因此需要通过接口的地址译码电路对端口进行寻址。一般来说，通过高位地址产生外设的片选信号，低位地址作为芯片内部寄存器或锁存器寻址，以选定所需的端口，只有被选中的端口才能与CPU交换信息。

3. 信号交换功能

外设所提供的数据、状态和控制信号可能与微机的总线信号不兼容，所以接口电路应进行相应的信号转换。信号转换包括CPU信号与外设信号间的逻辑关系、时序匹配和电平转换等。

4. 接收和执行CPU命令的功能

CPU对外设的控制命令一般以代码形式输出到接口电路的控制端口，进行接口电路分析，识别命令代码，并最终产生具体的控制动作。

5. 中断管理功能

当外设需要及时得到CPU的服务，特别是出现故障需要CPU立即处理时，就要求接口中设置中断控制器，以便CPU处理有关中断事务（如中断请求、中断优先级排队、提供中断向量等）。这样不仅使微机系统具有处理突发事件的能力，而且可以使CPU与外设并行工作，提高CPU的利用率。

6. 可编程功能

由于I/O接口电路大多由可编程接口芯片组成，因此就有可能在不改变硬件电路的情况下，只要修改接口驱动程序就可以改变接口的工作方式，提高了接口的灵活性和可扩充性，使接口向智能化方向发展。另外，在设计一个接口电路时，根据需要还应考虑总线数据宽度的变换、串并变换等功能。

如前所述，接口主要是为了解决计算机与外设之间的信息交换问题。早期的接口电路由小规模集成电路构成功能简单的逻辑电路。随着大规模集成电路及计算机技术的发展，目前，接口电路中的主要部件几乎都是功能强大的大规模集成电路，有些接口电路中还有自己的微处理器及内部总线。CPU只需进行很少的控制操作，这些接口电路就可以根据CPU的要求完成对外设的控制与管理。这样就大大减轻了CPU的负担，提高了CPU的工作效率。接口技术的发展趋势是采用大规模、超大规模集成电路，向智能化和标准化方向发展。

6.1.2 接口的基本结构

接口是输入/输出接口电路的简称，它是CPU与外界进行信息交换的中转站。实际的接口电路可能很复杂，但从应用角度可以归纳为三类可编程的寄存器，对应三类信号，如图6-2所示。

1. 数据寄存器

数据寄存器保存CPU与外设之间传送的数据，又可分为数据输入寄存器和

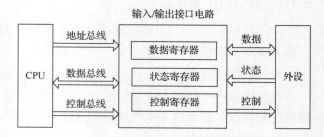

图6-2 输入/输出接口的结构图

数据输出缓冲寄存器。在输入时，由数据输入寄存器保存外设发往CPU的数据；在输出时，

由数据输出寄存器保存 CPU 发往外设的数据。很多外设既可以输入又可以输出，常共享同一个 I/O 地址与 CPU 交换数据，所以将数据输入寄存器和数据输出寄存器统称为数据寄存器。

2．控制寄存器

控制寄存器存放 CPU 发来的控制命令与其他信息，确定接口电路的工作方式和功能。由于现在的接口芯片大都具有可编程的特点，即可通过编程来选择或改变其工作方式和功能，这样一个接口芯片就相当于具有多种不同的工作方式和功能，使用起来十分灵活、方便。

3．状态寄存器

状态寄存器保存外设或其接口当前的工作状态信息，从而让 CPU 了解数据传送过程中正在发生或最近已发生的状况，供处理器做出正确的判断，使 CPU 能安全可靠地与接口完成交换数据的各种操作。

I/O 接口的寄存器分为以上三类，每种类型的寄存器可能有多个。微机系统使用编号区别各个 I/O 接口的寄存器，这就是输入/输出地址（I/O 地址），或者称为 I/O 端口（Port）。这三类寄存器也就相应地称为数据端口、控制端口和状态端口。

6.1.3　输入/输出端口的编址

外设，准确地说是 I/O 接口中的各种寄存器，都需要利用 I/O 地址进行区别。微机系统已经有存储器地址，那么这两种地址是统一编址还是独立编址呢？

1．I/O 端口与存储器统一编址

统一编址又称存储器映像编址方式。这种方式把每一个端口视为一个存储单元，将它们和存储单元联合在一起编址，即 I/O 端口和存储器使用同一个地址空间，如图 6-3 所示。这样，就可利用访问内存的指令去访问 I/O 端口，而不需要专门的 I/O 指令。CPU 采用存储器读/写控制信号，并经地址译码控制来确定是访问存储器还是访问 I/O 设备。

端口统一编址的特点：简化了指令系统，无须专门的 I/O 指令，但 I/O 端口地址占用了一部分存储器地址空间。

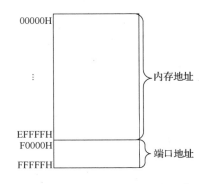

图 6-3　I/O 端口与内存单元统一编址

摩托罗拉公司的 68 系列处理器就是采用统一编址方式。

2．I/O 端口与存储器独立编址

独立编址方式是指 I/O 端口独立编址，不占用存储器的地址空间。这样，微机系统就有两种地址空间，一个是 I/O 地址空间，用于访问外设，通常较小；另一个是存储器地址空间，用于读/写内存，一般很大。

Intel 80x86 系列采用 I/O 独立编址方式，只使用低 16 位地址信号，对应 64K 个 8 位 I/O 端口。这 64 K 地址空间不需要分段管理，只能使用输入指令 IN 和输出指令 OUT 访问，I/O 端口的读、写操作由 CPU 的引脚信号 $\overline{\text{IOR}}$ 和 $\overline{\text{IOW}}$ 实现。

　　由于各种微处理采用的 I/O 编址方式不同，因此设计接口电路时，首先需要清楚 CPU 采用的是何种端口编址方法，只有正确寻址，才能完成正确的信息交换。

6.2　数据传送方式

　　微机与外设间的数据传送，实际上是 CPU 与 I/O 接口间的数据传送，熟悉和了解 CPU 与外设间数据传送方式是微机接口技术的重要内容。CPU 与外设间的数据传送方式一般有 4 种：无条件传送、查询传送、中断传送和 DMA 传送。

6.2.1　无条件传送

　　无条件传送方式一般适合于数据传送不太频繁的情况，如对开关、数码显示器等一些简单外设的操作。所谓无条件，就是假设外设已处于就绪状态，数据传送时，程序不必再去查询外设的状态，而直接执行 I/O 指令进行数据传输。

视频28　无条件传送方式

　　这种方式是最简单的传送方式，程序编制与接口电路设计都较为简单。但必须注意，当简单外设作为输入设备时，其输入数据的保持时间相对于 CPU 的处理时间要长得多，所以可直接使用三态缓冲器与系统数据总线相连。而当简单外设作为输出设备时，由于外设的速度较慢，CPU 送出的数据必须在接口中保持一段时间，以适应外设的动作，因此输出采用锁存器。74LS244 就是典型的三态门芯片，74LS273 就是一种常用的锁存器芯片。

　　【例 6-1】无条件输入接口电路连接开关如图 6-4 所示，编程判断开关状态，如果所有开关都闭合，那么跳转到 NEXT1 处，否则跳转到 NEXT2 执行。

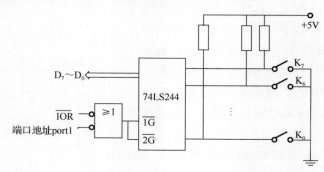

图 6-4　无条件传送输入方式

　　图 6-4 中，作为输入接口的是三态门芯片 74LS244，假设分配给它的 I/O 地址为 port1。要将开关的状态输入 CPU 时，将 8 个开关 $K_7 \sim K_0$ 连接到 74LS244，74LS244 的输出端接到 CPU 的数据总线，构成一个最简单的输入接口。另外，由图 6-4 可以看出，当开关断开时输入高电平（=1）。

　　具体程序段如下：

```
MOV     DX, port1    ;port1 分配给 74LS244 的端口地址
IN      AL,DX        ;从输入端口读入开关状态
TEST    AL,0FFH
```

```
JZ      NEXT1           ;所有开关都闭合
JMP     NEXT2           ;所有开关都断开
```

【例 6-2】无条件输出接口电路连接发光二极管（Light Emitting Diode，LED），如图 6-5 所示。编程控制 L7 和 L6 亮，其余灯熄灭。

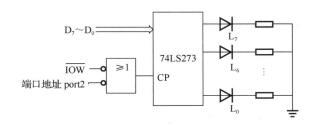

图 6-5　无条件传送输出方式

这个典型的例子是要用程序控制 LED 的亮灭。图 6-5 中，用 74LS273 锁存器构成的输出接口把 LED 接到计算机的数据总线上，并串联一个限流电阻。图中各 LED 的阴极接地，成为共阴连接。例如，要点亮 L7，只需向其对应的 Q_7 端输出 "1" 状态，而其余 Q 则输出 "0" 状态。

假设分配给 74LS273 的 I/O 地址为 port2，具体程序段如下：

```
MOV     DX, port2       ;port2 为分配给 74LS273 的端口地址
MOV     AL,11000000B    ;L7 和 L6 亮，其余灯熄灭
OUT     DX, AL          ;送输出端口显示
CALL    DELAY           ;延时子程序
```

6.2.2　查询传送

查询传送也称条件传送，当 CPU 需要与外设进行数据交换时，首先查询外设的状态，只有当外设准备就绪时，CPU 才能与外设进行数据传送。所以，查询传送有查询和传送两个环节，如图 6-6 所示。

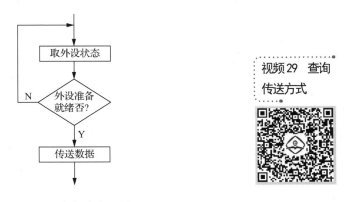

图 6-6　查询方式流程图

1. 查询式输入

输入设备将数据准备好后，向接口发出一个选通信号，由选通信号将数据打入接口锁存器，同时置位状态信息 Ready（使 D 触发器置 "1"），此时数据与状态送入接口的不同端口。图 6-7 所示为查询式输入接口电路框图。CPU 要从外设输入数据时，首先执行输入命令，通过三态缓冲器读取状态信息，即查询 Ready 是否有效。如果无效，CPU 将等待外设将数据准备好后再读取；如果有效，CPU 执行输入命令读取数据，同时清除触发器，将状态信息 Ready 复位，以进入下一个数据传送过程。

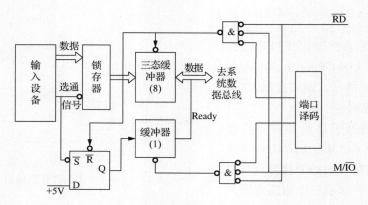

图 6-7　查询式输入接口电路框图

配合该接口电路的查询输入程序段为：

```
         MOV    DX,状态端口地址      ;DX 指向状态端口
WAIT: IN    AL,DX              ;读状态端口
         TEST   AL,80H            ;假设状态位为 D7
         JZ     WAIT             ;D7=0，未就绪，继续查询
         MOV    DX,数据端口地址      ;DX 指向数据输入端口
         IN     AL,DX            ;从数据端口输入数据
```

2. 查询式输出

图 6-8 所示为查询式输出接口电路框图。

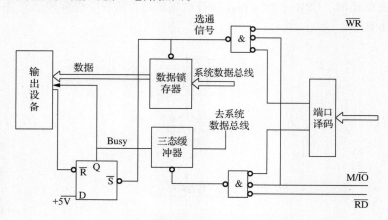

图 6-8　查询式输出接口电路框图

输出时，CPU 必须先了解外设的状态，看外设是否空闲（外设是否已处理完上一个数据）。若空闲，则 CPU 执行输出指令输出数据，否则等待。

输出数据时，CPU 执行输出指令，将数据打入接口的数据锁存器；同时将状态信息 Busy 置位（D 触发器置"1"），表示当前该外设正处于"忙"状态，不能送出新的数据。之后，CPU 执行输入指令，查询 Busy 状态以确定是否可以进行下一次输出操作。

当输出设备从接口取走数据后，则回送一个应答信号（ACK），该信号将状态信息 Busy 复位（D 触发器清零），表明 CPU 又可以输出下一个数据。

配合该接口电路的查询输出程序段为：

```
        MOV    DX,状态端口地址      ;DX 指向状态端口
WAIT:IN    AL,DX              ;读状态端口
        TEST   AL,01H           ;假设状态位为 D0
        JNZ    WAIT             ;D0=1，外设忙，继续查询
        MOV    DX,数据端口地址      ;DX 指向数据输出端口
        MOV    AL,BUFFER        ;假设输出数据放在变量 BUFFER
        OUT    DX,AL            ;从数据端口输出 AL 中的数据
```

当系统中有多个外设同时工作时，CPU 可以循环地查询各个外设的状态，某个外设就绪时，CPU 便执行对该外设的输入（输出）指令，将数据适当处理后，CPU 又进入循环查询过程。

查询传输方式通过状态信息使 CPU 和外设同步操作，而且硬件结构简单，但 CPU 的效率较低，而且对外设出现的异常情况不能实时响应。

6.2.3　中断传送

为了进一步提高 CPU 的效率和使系统有实时性能，可以采用中断传送方式。在中断传送方式下，当外设准备好时，就主动向 CPU 发出中断请求，请求 CPU 进行数据的输入/输出。图 6-9 所示为中断传送方式输入接口电路框图。

将数据打入数据锁存器。若此时中断允许触发器置位，则中断请求信号 INTR 有效；反之，INTR 将被封锁。

CPU 在每条指令的最后采样 INTR 信号，如果 INTR 有效且内部中断允许（标志寄存器中的 IF 位置 "1"），CPU 响应该中断。在中断响应周期，CPU 发出 $\overline{INTA}$ 信号复位中断请求触发器，同时读取中断类型号，并据此找到中断服务程序，在中断服务程序中读取数据。中断服务程序结束后，CPU 继续执行原程序，如图 6-10 所示。

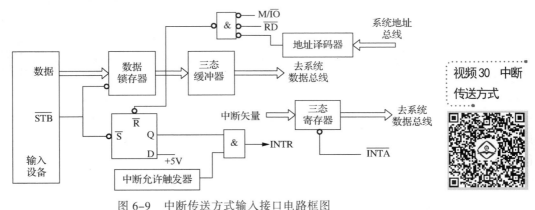

图 6-9　中断传送方式输入接口电路框图

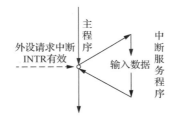

图 6-10　中断过程示意图

采用中断传送方式时，外设处于主动地位，CPU无须花费大量时间去查询外设的工作状态。与程序查询方式相比，大大提高了CPU的效率。

当主机启动外设后，无须等待查询，而是继续执行原来的程序，外设在做好输入/输出准备时，向主机发出中断请求，主机接到请求后就暂时中止原来执行的程序，转去执行中断服务程序对外部请求进行处理，在中断处理完毕后返回原来的程序继续执行。显然，程序中断不仅适用于外围设备的输入/输出操作，也适用于对外界发生的随机事件的处理。

程序中断具有非常重要的地位，它不仅允许主机和外设同时并行工作，并且允许一台主机管理多台外设，使它们同时工作。但是，完成一次程序中断还需要许多辅助操作，当外设数目较多时，中断请求过分频繁，可能使CPU应接不暇；另外，对于一些高速外设，由于信息交换是成批的，如果处理不及时，可能会造成信息丢失，因此，它主要适用于中、低速外设。

6.2.4　DMA传送

中断传送方式在一定程度上提高了CPU的工作效率。但是，中断传送仍是CPU通过执行程序来控制的，每处理一次I/O交换，CPU都必须执行一遍中断服务子程序。中断程序中通常有一系列的PUSH和POP指令，约需几十到几百微秒来保留现场和恢复现场。由此，中断方式下的数据传输速率仍然不是很高。这对于一些高速的外设或成组交换数据的情况，显然是不适宜的。

直接存储器存取（Direct Memory Access，DMA）方式是一种由硬件执行的I/O交换方式。直接存储器存取方式指主要依靠硬件实现主存与I/O设备之间直接的数据传送，它是一般微机系统中都具备的一种I/O设备与主存传送数据的控制方式。存储器与I/O设备之间的数据传送在DMA控制器（又称DMAC）的管理下直接进行。由于CPU根本不参加传送操作，因此就省去了CPU取指令、取数、送数等操作。内存地址修改、传送字个数的计数等，也不是由软件实现的，而是用硬件线路直接实现的。这种方式大大提高了数据传输速率。DMA方式能满足高速I/O设备的要求，也有利于CPU效率的发挥。

视频31　DMA传送方式

图6-11所示为DMA传送方式框图。DMA传送方式下，传送需要的地址信息号和控制信号不再由CPU产生，而是由DMA控制器产生和发出。或者说，系统总线的控制权要由CPU移交给DMA控制器。

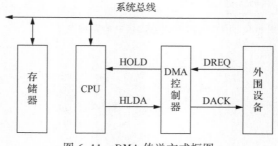

图6-11　DMA传送方式框图

一个设备接口试图通过总线直接向另一个设备发送数据（一般是大批量的数据），它会先向 CPU 发送 DMA 请求信号。外设通过 DMA 的一种专门接口电路——DMA 控制器（DMAC），向 CPU 提出接管总线控制权的总线请求，CPU 收到该信号后，在当前的总线周期结束后，会按 DMA 信号的优先级和提出 DMA 请求的先后顺序响应 DMA 信号。CPU 对某个设备接口响应 DMA 请求时，会让出总线控制权。于是，在 DMA 控制器的管理下，外设和存储器直接进行数据交换，而不需要 CPU 干预。数据传送完毕后，设备接口会向 CPU 发送 DMA 结束信号，交还总线控制权。

DMA 控制器的功能相当复杂，目前均为大规模可编程芯片（如 Intel 8237A 等），使用起来相当方便，但必须先初始化，编程设置工作方式。

6.3　DMA 控制器 8237A

DMA 传送能实现高速外围设备和主存储器之间的批量数据快速传送。在 PC 系列机中都有 DMA 控制器实现 DMA 传送。现如今的 DMA 控制器系统都配有页面存储器，以提供 DMA 传送时的高位地址，即页面地址。这种方式大大提高了数据传输速率，但控制电路复杂，适合大批量、高速度数据传送的场合。

6.3.1　DMA 传送的工作原理

DMA 方式和程序控制下的数据传送路径比较如图 6-12 所示。

微机系统主板上有以 DMA 控制器 8237A 为核心组成的 DMA 传送控制机构。这个 DMA 控制器可以控制互相独立的 4 个通道的 DMA 传送。通道 0 用于控制系统的动态存储器的刷新，信号线在主板内部已经接好。I/O 扩充插槽上的系统总线中会有利用通道 1 至通道 3 所需的全部信号线。利用系统总线上提供的信号开发接口和软件可以实现用户需要的 DMA 传送。

1．DMA 的概念

DMA 存取方式可让存储器与高速外设直接进行数据交换而无须 CPU 的干预。

DMA 主要依靠硬件实现主存与 I/O 设备之间

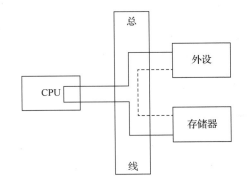

———— 程序控制的数据输入/输出

---------- DMA控制的数据输入/输出

图 6-12　DMA 方式和程序控制下的数据传送路径比较

直接的数据传送。它是一般微机系统中都具备的一种 I/O 设备与主存传送数据的控制方式。存储器与 I/O 设备之间的数据传送在 DMA 控制器（DMAC）的管理下直接进行，而不经过 CPU。其特点如下：

① DMA 传送期间，DMA 控制器（DMAC）接管了 CPU 对总线的控制权。

② DMA 方式中，内存地址的修改、传送结束的判断都由硬件电路实现，即用硬件控制代替了软件控制。

③ DMA 控制器是实现 DMA 传送的核心器件。

2．应用场合

DMA 传送的基本特点是不破坏 CPU 内各寄存器的内容，直接实现存储器与 I/O 设备之间的数据传送。在计算机系统中，DMA 方式传送一个字节的时间通常是一个总线周期。CPU 内部的指令操作只是暂停这个总线周期，然后继续操作，指令的操作次序不会被破坏。

所以，DMA 传送方式特别适合用于外围设备与存储器之间高速成批的数据传送。计算机系统中的磁盘与存储器之间的数据传送用的就是 DMA 方式。DMA 控制器的通道 2 和通道 3 分别被指定为用于控制硬盘与存储器之间传送数据。此外，它还用于快速通信通道传送数据、多处理机和多程序数据块传送、图像处理中向 CRT 屏幕传送数据、快速数据采集、DRAM 的刷新操作等。

3．DMA 传送过程

图 6–13 所示为实现 DMA 的基本原理图。图中以系统总线为界，左侧是处于主板内的部分，其中有 DMA 控制器，右上侧是存储器。右侧是外围设备和外设接口，它们通过 I/O 插槽与系统总线相连。

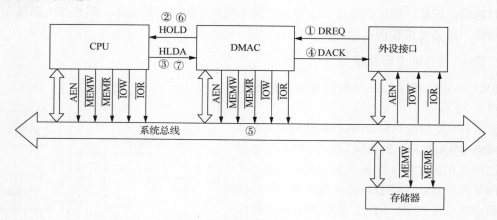

图 6–13　DMA 的基本原理图

CPU 执行 I/O 指令，系统总线由 CPU 掌握和控制，对存储器无论是取指令还是存取操作数，所需要的地址信息和控制信号都是由 CPU 发出的。但是，在 DMA 传送方式下，传送需要的地址信息和控制信号不再由 CPU 产生，而是由 DMA 控制器产生和发出。或者说，系统总线的控制权要由 CPU 移交给 DMA 控制器。DMA 传送操作过程如下：

① 外设准备好数据后向 DMAC 发出 DMA 请求 DREQ。

② DMAC 经过内部的判优和屏蔽处理后，向总线仲裁机构发出总线请求信号 HRQ，请求占用总线。即 DMAC 将此请求传递到 CPU 的总线保持端 HOLD，向 CPU 提出 DMA 请求。

③ CPU 在完成当前总线周期后检测 HOLD，在非总线封锁条件下，对 DMA 请求做出响应。一是 CPU 将地址总线、数据总线、控制总线置高阻，放弃对总线的控制权；二是 CPU 送出有效的总线响应信号 HLDA 加载至 DMAC，告诉它可以使用总线。

④ DMAC 接收到有效的总线响应信号后，向外设送出 DMA 应答信号 DACK，通知外设做好数据传送准备。同时占用总线，开始对总线实施控制。

⑤ DMAC 送出内存地址和对内存与外设的控制信号，控制外设与内存或内存与内存之间的数据传送。

⑥ DMAC 通过计数控制将预定的数据传送完毕后，一方面，向外设发出传送结束 $\overline{EOP}$ 信号，另一方面，向 CPU 发出无效的 HOLD 信号，撤销 CPU 的 DMA 请求。

⑦ CPU 收到此信号后，送出无效的 HLDA 信息，并重新开始控制总线，实现正常的总线控制操作。在 DMA 传送期间，HOLD 信号和 HLDA 信号一直有效，直至 DMA 传送结束。

6.3.2　Intel 8237A 的内部结构

数据传送是计算机操作过程中最基本、最大量的操作。采用 DMA 方式时，不需要 CPU 的干预，数据的传送过程完全由硬件控制。即不需要 CPU 产生地址信息、数据信息、控制信息以及进行来回传送数据的指令操作。从而使数据传输速率达到硬件所允许的最快速度。当数据传送工作在 DMA 方式时，其过程完全由一种硬件电路来实现,这种硬件电路称为 DMA 控制器（DMAC）。DMAC 具有接收外设 DMA 请求、向 CPU 发出总线请求、形成地址信号和控制信号、自动修改指针、发出结束信号等基本功能。

8237A 是一种高性能可编程 DMA 控制器。它有多种类型的可编程控制特性，从而可增进系统的优化和增大数据的吞吐量，并允许在程序控制下实现动态控制。它具有以下一些主要特性：

① 有 4 个独立 DMA 通道，也可以采用级联方式对通道数目进行扩充。

② 各通道具有独立的允许/禁止 DMA 请求的控制功能和自动预置功能。

③ 具有两种优先级可供选择：固定优先级和循环优先级。

④ 各通道具有 4 种工作方式：单字节传送方式、数据块传送方式、请求传送方式和级联方式。

⑤ 具有两种基本时序：正常时序和压缩时序。

DMA 控制器 8237A 内部结构如图 6-14 所示。

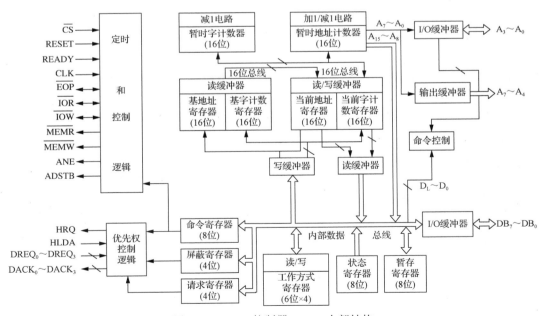

图 6-14　DMA 控制器 8237A 内部结构

8237A 包含 4 个 DMA 通道、1 个控制逻辑单元和 3 个地址/数据缓冲器单元。

1．定时和控制逻辑

在输入时钟信号的控制下，定时和控制逻辑用来接收外部时钟、片选、复位、以及读/写信号，以产生 8237A 的内部定时信号和外部控制信号。

2．优先权控制逻辑

优先权控制逻辑用来裁决各通道的优先权顺序，解决多个通道同时请求 DMA 服务时，可能出现的优先权竞争问题。

3．命令控制逻辑

当 CPU 控制总线时，命令控制逻辑将 CPU 在初始化编程送来的命令字进行译码。当 8237A 进入 DMA 服务时，命令控制逻辑对 DMA 的工作方式控制字进行译码。

4．内部寄存器

可以分为两大类：一类是 4 个通道内部的寄存器；另一类是 4 个通道共用的寄存器。

① 每个 DMA 通道内部包括：基本地址寄存器（16 位）、当前地址寄存器（16 位）、基本字节寄存器（16 位）、当前字节寄存器（16 位）、方式寄存器（8 位），还有请求寄存器位（1 位）、屏蔽寄存器位（1 位）。

② 4 个通道共用的寄存器：包括命令寄存器（8 位）、状态寄存器（8 位）、暂存寄存器（8 位）等。

5．数据/地址缓冲器

数据/地址缓冲器用于数据/地址传送。可分为 3 个部分：

① $A_3 \sim A_0$：双向地址缓冲器。

② $A_7 \sim A_4$：输出地址缓冲器。

③ $DB_7 \sim DB_0$：双向地址/数据缓冲器。

最后介绍一下 DMAC 控制器的两种状态：

① 主动工作状态：主模块。在主动工作状态下，DMAC 取代处理器 CPU，获得了对系统总线的控制权，成为系统总线的主控者，向存储器和外设发号施令。

② 被动工作状态：从模块。在被动工作状态下，DMAC 接受 CPU 对它的控制和指挥。例如，对 DMAC 进行初始化编程以及从 DMAC 读取状态等。

6.3.3 Intel 8237A 的外部引脚

8237A 是 40 引脚双列直插式芯片，其外部引脚分布如图 6-15 所示。引脚功能如下：

1．请求与应答信号

① $DREQ_3 \sim DREQ_0$：4 个通道的 DMA 请求输入信号，由请求 DMA 传送的外设输入。其有效极性和优先级可以通过编程设置。

② $DACK_3 \sim DACK_0$：4 个通道的 DMA 响应信号，作为对请求 DMA 传送外设的应答信号，可以通过编程设置。

③ HRQ（Hold Request）：总线请求信号，输出，高电平有效，与 CPU 的总线请求信号 HOLD 相连。当 8237A 接收到 DREQ 请求后，使 HRQ 变为有效电平。

④ HLDA（Hold Acknowledge）：总线响应信号，输入，高电平有效。与 CPU 的总线响应信号 HLDA 相连。当 HLDA 有效后，表明 8237A 获得了总线控制权。

2．地址信号线

① $A_3 \sim A_0$：地址线、双向三态。被动状态下，为输入，作为 CPU 对 8237A 内部的 16 个寄存器与计数器寻址之用。当 8237A 控制总线时，主动状态下，$A_3 \sim A_0$ 为输出，作为 20 位存储器单元地址的最低 4 位地址信号。

② $A_7 \sim A_4$：地址线、单向。当 8237A 控制总线时，主动状态下，$A_7 \sim A_4$ 为输出，作为被访问存储器单元的地址信号。

3．数据信号线

$DB_7 \sim DB_0$：8 位地址/数据复用线，双向三态。当 CPU 控制总线时，$DB_7 \sim DB_0$ 作为双向数据线，由 CPU 读/写 8237A 内部寄存器，或 DMA 传输结束后传送状态；

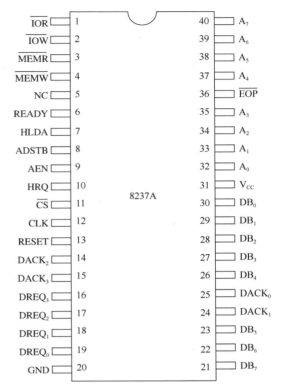

图 6-15　8237A 芯片外部引脚分布

当 8237A 控制总线时，$DB_7 \sim DB_0$ 输出访问存储器单元的高 8 位地址信号 $A_{15} \sim A_8$，并由 ADSTB 信号锁存，或分时复用作为访问存储器的高 8 位地址线和数据线。在存储器到存储器传送方式中，作为数据的输入/输出端。

4．定时和控制信号线

① $\overline{IOR}$：I/O 读信号，双向，低电平有效。当 CPU 控制总线时，$\overline{IOR}$ 为输入信号，CPU 读 8237A 内部寄存器的状态信息；当 8237A 控制总线时，$\overline{IOR}$ 为输出信号，与 $\overline{MEMW}$ 配合控制数据由外设传送至存储器。

② $\overline{IOW}$：I/O 写信号，双向，低电平有效。当 CPU 控制总线时，$\overline{IOW}$ 为输入信号，CPU 写 8237A 内部寄存器；当 8237A 控制总线的 $\overline{IOW}$ 为输出信号时，与 $\overline{MEMR}$ 配合控制数据由存储器传至外设。

③ $\overline{MEMR}$：存储器读信号，输出，低电平有效，与 $\overline{IOW}$ 配合控制数据由存储器传至外设。

④ $\overline{MEMW}$：存储器写信号，输出，低电平有效。与 $\overline{IOR}$ 配合控制数据由外设传至存储器。

⑤ ADSTB：外部地址锁存器选通信号，输出，高电平有效。当 ADSTB 信号有效时，$DB_7 \sim DB_0$ 传送的存储器高 8 位地址信号被锁存到外部地址锁存器中。

⑥ AEN：地址允许信号，输出，高电平有效。当 AEN 有效时，将 8237A 控制器输出的存储器单元地址送上系统地址总线，禁止其他总线控制设备使用总线。在 DMA 传送过程中，AEN 信号一直有效。

⑦ $\overline{\text{EOP}}$（End Of Process）：DMA 传送结束信号，双向，低电平有效。当 8237A 的任意通道数据传送计数停止时，产生输出 $\overline{\text{EOP}}$ 信号，表示 DMA 传送结束；也可以由外设输入 $\overline{\text{EOP}}$ 信号，强迫当前正在工作的 DMA 通道停止计数，数据传送停止。无论是内部停止还是外部停止，当 $\overline{\text{EOP}}$ 有效时，立即停止 DMA 服务，并复位 8237A 的内部寄存器。

⑧ $\overline{\text{CS}}$：片选信号，低电平有效。当 CPU 控制总线时，$\overline{\text{CS}}$ 为低电平，选中指定的 8237A。

⑨ READY：外设准备好信号，输入，高电平有效。READY=1，表示外设已经准备好，可进行读/写操作；READY=0，表示外设尚未准备就绪，需要在总线周期中插入等待周期。

⑩ CLK：时钟信号。用于芯片内部操作的定时，并控制数据传输速率。

⑪ RESET：复位信号，高电平有效。芯片复位后，屏蔽寄存器置"1"，其他寄存器被清"0"，8237A 处于空闲周期，可接受 CPU 的初始化操作。

6.3.4　Intel 8237A 的工作方式

1. 芯片的使用方式

（1）单芯片工作方式

系统中仅有一块 8237A，可以管理 4 个独立的 DMA 过程。

（2）级联工作方式

一个主芯片连接到多个从片，最多可以管理 16 个独立的 DMA 过程。

2. DMA 数据传送方式

DMA 控制器 8237A 依靠它的可编程特性可以实现对多种 DMA 传送方式的控制。用程序的方法写入控制字（或称命令字）可以设置和改变 DMA 传送方式。写入命令寄存器的控制字控制着整个 DMA 控制器有关的工作方式。

写入各通道内方式寄存器的控制字控制着本通道的工作方式。

（1）请求传送方式（Demand Transfer Mode）

工作方式寄存器的 $D_7D_6 = 00$，请求传送方式与数据块传送方式类似，也是一种连续传送数据的方式。8237A 在请求传送方式下，每传送一个字节就要检测一次 DREQ 信号是否有效，若有效，则继续传送下一个字节；若无效，则停止数据传送，结束 DMA 过程。此时 DMA 的传送现场全部保持。当请求信号 DREQ 再次有效时，8237A 接着原来的计数值和地址继续进行数据传送，直到当前字节计数寄存器值从 0000 变为 0FFFFH 或由外设产生 $\overline{\text{EOP}}$ 信号时，终止 DMA 传送，释放总线控制权。

请求传送方式的特点：DMA 操作可由外设利用 DREQ 信号控制数据的传送过程。

请求传送方式流程图如图 6-16 所示。

（2）单字节传送方式（Single Transfer Mode）

工作方式寄存器的 $D_7D_6 = 01$，响应一次传送请求只传送一个字节数据。地址计数器依 D_5 的规定加 1 或减 1，当前字节计数寄存器减 1。每传送完一个字节，8237A 都把总线控制权交给 CPU。CPU 响应下次传送请求时再把总线控制权交给 8237A。两次传送至少间隔一个总线周期时间。对请求信号 DREQ 的宽度要求是持续到形成对 CPU 的请求信号；如果一次 DREQ 的传送的时间比一次 DMA 传送的时间还长，一旦传送完成，从 8237A 加到 CPU 的请求信号 HRQ 即变为无效。这样就保证了无论 DREQ 有效信号持续多长时间，只进行一次 DMA 传送；只有 DRMQ 再次有效时才可能进行下次传送。

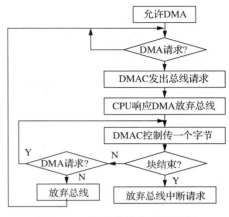

图 6-16　请求传送方式流程图

单字节传送方式的特点：一次传送一个字节，效率较低。但它保证了在两次 DMA 传送之间 CPU 有机会获得总线控制权，并能执行一次 CPU 总线周期。

单字节传送方式流程图如图 6-17 所示。

（3）数据块传送方式（Block Transfer Mode）

工作方式寄存器的 $D_7D_6 = 10$，在这种数据传送方式下，8237A 一旦获得总线控制权，就会连续地传送数据块，直到当前字节数计数寄存器的值从 0000 变为 0FFFFH 时或由外设产生 $\overline{EOP}$ 信号时，终止 DMA 传送，释放总线控制权。

数据块传送方式的特点：一次请求传送一个数据块，效率高。但在整个 DMA 传送期间，CPU 长时间无法控制总线，无法响应其他 DMA 请求并处理其他中断。

数据块传送方式流程图如图 6-18 所示。

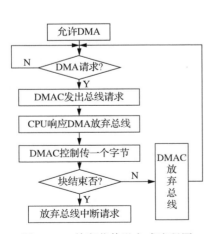

图 6-17　单字节传送方式流程图

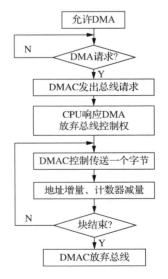

图 6-18　数据块传送方式流程图

（4）级联传输方式（Cascade Mode）

$D_7D_6 = 11$，当一片 8237A 通道不够用时，可通过多片级联的方式增加 DMA 通道。如图 6-19 所示，级联方式由主、从两级构成，从片 8237A 的 HRQ 和 HLDA 引脚与主片 8237A 的 DREQ 和 DACK 引脚连接，主片最多可连接 4 片从片。在级联方式下，从片进行 DMA 传送，主片在从片与 CPU 之间传递联络信号，并对从片各通道的优先级进行管理。

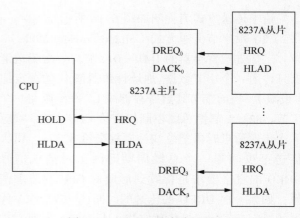

图 6-19　8237A 的多片级联方式

级联方式的特点：可扩展多个 DMA 通道。

8237A 的多片级联方式如图 6-20 所示。

3．DMA 数据传送类型

① 数据传送：把源地址的数据传送到目的地址。

- DMA 读：把数据由存储器传送到外设。（存储器→I/O）
- DMA 写：把数据由外设写入存储器。（I/O→存储器）
- 存储器与存储器之间的传递。（M←→M）

② 数据校验：对数据块内的每个字节进行校验。

③ 数据检索：在指定的内存区域内查找某个关键字节或某几个关键数据位是否存在，如果查到了，就停止检索。

4．DMA 请求优先级

① 固定优先级（Fixed Priority）：即通道 0 优先级最高，通道 1 次之，通道 2 再次，通道 3 优先级最低。

② 旋转优先级（Rotating Priority）：这种方式是优先级自动循环。刚刚服务过的通道优先权将成为最低，它后面通道的优先权变为最高。4 个通道机会均等。

6.3.5　Intel 8237A 的工作时序

8237A 的对外状态有两种：主控性（主模块）和从属性（从模块）。随着对外特性的变化，其内部状态也随之变化。内部状态分为 3 类：空闲（Idle）周期 S_i、等待周期 S_0 和传送周期 $S_1 \sim S_4$。8237A 的内部状态转换图如图 6-20 所示。

1．空闲周期

8237A 工作周期分为 2 类：空闲周期和活动周期。

① 空闲周期：复位后 8237A 处于空闲周期。此时，它处于从模块，CPU 可对其进行初始化；或虽已初始化，但尚未有 DMA 请求。空闲周期由空闲状态 S_i 组成。

即无 DMA 请求又无 DMA 传送的状态称为空闲状态。

② 活动周期：8237A 获得外设的 DMA 请求后，从空闲周期转入活动周期。此时，它作为主控芯片，控制 DMA 的传输过程。活动周期由 $S_0 \sim S_4$ 共 5 个状态组成。

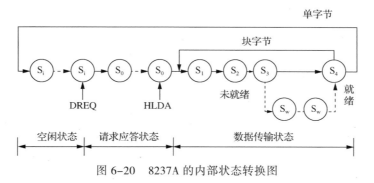

图 6-20　8237A 的内部状态转换图

2. 等待周期

S_0：等待状态。8237A 收到外设的 DREQ 请求，并向 CPU 发送 HRQ 后，就从空闲状态 S_i 转入等待状态 S_0，并重复执行 S_0，等待 CPU 让出总线控制权。

处在 S_0 状态，若收到 CPU 发来的 HLDA 响应，即 CPU 已让出总线控制权，则 S_0 状态结束，准备进入 DMA 操作状态。

3. 传送周期

① S_1：更新高 8 位地址。

8237A 用 $DB_7 \sim DB_0$ 送出高 8 位地址，同时使 ADSTB 和 AEN 有效，使得高 8 位地址首先送入锁存器，然后再从锁存器送入总线系统。

由于传输一段连续的数据块时，存储器地址总是相邻的，其高 8 位地址往往不变，这样在传输下一个字节时就无须更新高 8 位地址，此时 S_1 可省略。只有低 8 位向高 8 位进位时才会再次更新高 8 位地址，故每传送 256 个字才出现一个 S_1 周期。

② S_2：发 DACK 寻址 I/O 设备，并输出 16 位 RAM 地址和读信号。

8237A 向外设发 DACK 信号，启动外设工作，同时发出 16 位 RAM 地址线。

如果为读内存操作，则向存储器发 $\overline{\text{MEMR}}$ 信号。

如果为读外设操作，则向外设发 $\overline{\text{IOR}}$ 信号。

③ S_3：发写操作的控制信号。

如果是向内存写操作，则向存储器发 $\overline{\text{MEMW}}$ 信号。如果是向外设写操作，则向外设发 $\overline{\text{IOW}}$ 信号。S_3 状态结束时，若 Ready 信号无效，则插入一个等待周期 S_w，延续 S_3 的各种状态。S_3 或 S_w 状态结束时，若 Ready 信号有效，则进入 S_4 周期。

④ S_4：DMA 传输一个字节。

如果整个数据块 DMA 传输结束，则后面紧接着是 S_i 周期。

如果还有下一个字节需要传输，则再次重复 $S_1 \sim S_4$ 的过程。

具体时序如图 6-21 所示。

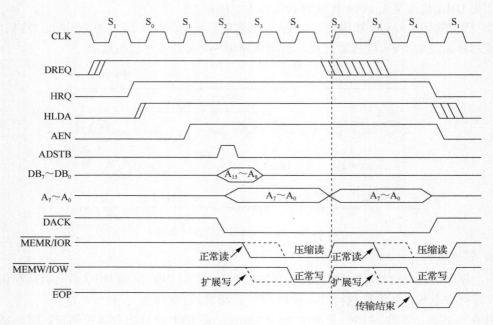

图 6-21　8237A 时序图

6.3.6　Intel 8237A 的内部寄存器

8237A 的内部逻辑包括定时与控制逻辑控制、优先级控制逻辑、命令控制逻辑、数据/地址缓冲器以及寄存器组等 5 个部分。这里将重点介绍与编程直接发生关系的内部寄存器。

8237A 内部有 4 个独立通道，每个通道都有 5 个寄存器——工作方式寄存器、基本地址寄存器、当前地址寄存器、基本字节计数寄存器、当前字节计数寄存器，以及对 DRQ 信号的屏蔽寄存器和 DMA 服务请求寄存器等。

另外，还有 4 个通道共用的命令寄存器、状态寄存器和暂存寄存器等。

以上介绍的 DMA 控制器内的编址寄存器有 10 个，分成 3 种：第一种是每一个通道内的一组寄存器，如工作方式寄存器、地址初值寄存器、地址计数器、字节初值计数器和字节计数器；第二种是 4 个通道公用的寄存器，如命令寄存器、状态寄存器和暂存寄存器；第三种是每个通道占用 1 位，4 个通道共 4 位组成的屏蔽寄存器和请求寄存器。DMA 控制器 8237A 的内部结构如图 6-22 所示。

为它们分配一个 I/O 端口地址以便 CPU 访问。

对 4 个通道都有控制作用的公用控制（即命令）寄存器和每个通道内部都有的工作方式寄存器决定 DMA 控制器的工作方式和每个通道的具体工作方式。各寄存器的功能如表 6-1 所示。

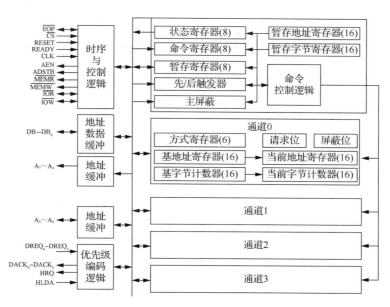

图 6-22　DMA 控制器 8237A 的内部结构

表 6-1　8237A 的内部寄存器功能

名　　称	位　　数	数　　量	CPU 访问方式
基本地址寄存器	16	4	只写
当前地址寄存器	16	4	可读可写
基本字节计数寄存器	16	4	只写
当前字节计数寄存器	16	4	可读可写
地址暂存寄存器	16	1	不能访问
字节计数暂存寄存器	16	1	不能访问
工作方式寄存器	6	4	只写
命令寄存器	8	1	只写
状态寄存器	8	1	只读
暂存寄存器	8	1	只读
屏蔽寄存器	4	1	只写
请求寄存器	4	1	只写

1. 通道专用寄存器

（1）基本地址寄存器（16）

每一个通道有一对这类寄存器，基本地址寄存器都是 16 位，用来存放 DMA 传送的内存首地址。在初始化时，由 CPU 以先低字节后高字节顺序写入。传送过程中，基本地址寄存器的内容不变。基本地址寄存器只能写，不能读。

（2）当前地址寄存器（16）

当前地址寄存器用于存放 DMA 传送过程中的内存地址。在每次传送后地址自动增 1（或减 1）。它的初值与基本地址寄存器的内容相同，并且两者由 CPU 同时写入。在自动预置条件下，$\overline{EOP}$ 信号使其内容重新置为基本地址值。该寄存器可读可写。

（3）基本字节计数寄存器（16）

基本字节计数寄存器用于存放 DMA 传送的总字节数。在初始化时，由 CPU 以先低字节后高字节顺序写入。传送过程中基本字节计数寄存器内容不变。基本字节计数寄存器的预置应注意的是，传递过程中只有当 8237A 执行当前字节计数寄存器为 0 的 DMA 周期才结束，所以传送 N 字节时，写入基本字节计数寄存器的字节总数值应为 $N–1$。

（4）当前字节计数寄存器（16）

当前字节计数寄存器用于存放 DMA 传送过程中没有传送完的字节数。在每次传送之后，当前字节计数寄存器减 1，当它的值减为 0 时，便产生 $\overline{EOP}$ 信号，表示字节数传送完毕。当前字节计数寄存器的初值与基本字节计数寄存器的内容相同，并且两者由 CPU 同时写入。自动预置时，$\overline{EOP}$ 信号使其内容重新预置为基本计数值。该寄存器可读可写。

（5）工作方式寄存器（6）

工作方式寄存器中存放相应通道的方式控制字，如图 6-23 所示。地址加 1 或者减 1 是指每传送一个字节的数据，当前地址寄存器的值加 1 或者减 1。自动预置是指当前字节计数寄存器从 0 减 1 到 0FFFFH 产生 $\overline{EOP}$ 信号时，当前字节计数寄存器和当前地址寄存器会自动从基本字节计数寄存器和基本地址计数寄存器中获取初始值，从头开始重复操作。

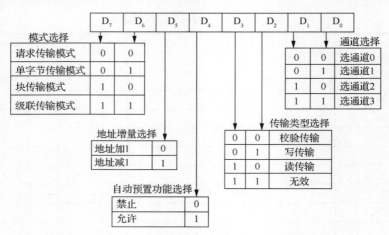

图 6-23　工作方式寄存器的控制字格式

每个通道都有一个工作方式寄存器，控制着本通道的工作方式。4 个通道的工作方式寄存器被分配同一个 I/O 端口地址；方式字本身的 D_1 和 D_0 位起着通道指向的作用。其值为 00、01、10 和 11 时，分别指向通道 0、通道 1、通道 2 或通道 3 的工作方式寄存器。$D_2 \sim D_7$ 位控制通道的工作方式。

D_7、D_6 两位规定了 4 种不同的工作方式：请求传送、单字节传送、数据块传送和多片级联。

D_5 位规定存储器地址的计数方向。$D_5 = 0$ 时，每传送一个字节后，当前地址寄存器减 1；$D_5 = 1$ 时，每传送一个字节后，当前地址寄存器加 1。

D_4 规定是否为自动初始化操作方式。所谓自动初始化操作方式，是指每次 DMA 操作后，当前字节计数寄存器自动加 1，当计数器值从 0000 向 0FFFFH 跳变时，将自动执行基本地址寄存器内容传入地址计数器、基本字节计数寄存器内容传入当前字节计数寄存器的操作，而且该通道的屏蔽位保持 0 状态不变。非自动初始化方式下，当前字节计数寄存器值从 0000 向 0FFFFH 跳变不仅不传送基本地址寄存器和基本字节计数寄存器的内容，而且还将该通道的屏蔽位置 "1"，使其变为屏蔽状态。$D_4=1$ 自动为初始化方式，$D_4=0$ 为非自动初始化方式。

D_3、D_2 两位控制传送控制方式：01 为写方式，即从外围设备向存储器传送；10 为读方式，即从存储器向外围设备方向传送；00 为校检方式，这种方式不传送任何数据，但和前两种方式一样修改地址计数器的内容，形成存储器地址，并使当前字节计数寄存器减 1，当计数值从 0000 变为 0FFFFH 时，也要执行 $\overline{EOP}$ 信号有效时应执行的操作；$D_3D_2=11$ 是不合法的。

【例 6-3】PC 某读/写操作使用 DMA 通道 2，单字节传送，地址增 1，不用自动预置。试给出写操作、读操作、校验操作的方式字。

写操作：0100 0110 = 46H。

读操作：0100 1010 = 4AH。

校验操作：0100 0010 = 42H。

2．通道共用寄存器

（1）命令寄存器（8）

命令寄存器用于存放 8237A 的控制字，如图 6-24 所示。它用来设置 8237A 的操作方式，影响每一个通道。在系统性能允许的范围内，为获得较高的传输效率，8237A 能将每次传输时间从正常时序的 3 个时钟周期变成压缩时序的两个时钟周期。

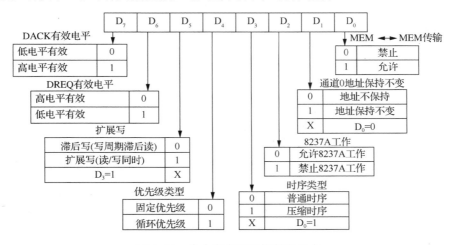

图 6-24　命令寄存器的控制字格式

写入命令寄存器的控制字各位意义如下：

① D_0 位指明整个 DMA 控制器是否设置为控制实现存储器内一个区的数据块传送到另一个区的传送方式。$D_0=1$ 表示设置为这种方式，$D_0=0$ 表示不设置为这种方式。这种方式隐含约定通道 0 和通道 1 共同参加。

② D_1 位只在存储器内不同区之间传送时起控制作用，其他方式不起控制作用。

③ D_2 位控制着整个 8237A 是否允许工作：$D_2=0$ 表示允许工作；$D_2=1$ 则不能工作。

④ D_3 位在非存储器内不同区之间传送时起定时方式控制作用。定时方式控制的实质是

控制读/写脉冲发出的时间与时钟信号 CLK 的对应关系。D_3=0，指明正常时序；D_3=1，指明压缩时序。正常时序传送一个字节占用 5 个时钟（CLK）脉冲周期时间，产生的读/写脉冲信号与这 5 个时钟脉冲有确定的对应关系。压缩时序占用的 CLK 脉冲数大为减少，如果传送一个新的字节前内存地址码的 $A_8 \sim A_{15}$ 位不需要改变，则只占用 2 个时钟脉冲周期时间；如果 $A_8 \sim A_{15}$ 需要更新，传送一个字节也只占 3 个时钟脉冲周期时间。

⑤ D_4 位控制各通道优先排序原则。D_4=0，4 个通道的优先权是固定的，即通道 0 优先级最高，通道 1 次之，通道 2 再次，通道 3 优先级最低；D_4=1，循环优先权方式，在每次 DMA 操作周期之后，各个通道的优先权发生变化。刚刚服务过的通道优先权将为最低，它后面通道的优先权变为最高。

⑥ D_5 位只在 D_3=0 时，即正常时序方式下有意义。它为正常时序做了进一步的规定：D_5=0，控制写脉冲的产生比读脉冲推迟一个 CLK 脉冲周期。显然，这在绝大多数情况下是合理的，因为传输过程总是读一方先于写一方的操作。D_5=1，则规定读、写脉冲同时产生。

⑦ D_6 位规定请求信号 DREQ 的有效极性，D_6=0 规定高电平有效，D_6=1 规定低电平有效。

⑧ D_7 位规定输出的 DACK 信号的有效极性，D_7=0 指明 DACK 输出低电平为有效；D_7=1 则指明 DACK 输出高电平有效。

置于命令寄存器的控制字控制着整个 DMA 控制器的某些工作方式。选择控制字要依据 8237A 被使用的特定系统环境，一旦选定就不宜随时改变。例如，D_6=0 时，DREQ 有效极性为高电平，如果改为 D_6=1，那么原来的外设必须改变请求信号的极性。控制字一般在系统初始化程序段中设置。

【例 6-4】PC 中的 8237A 按如下要求工作：禁止存储器到存储器传送，采用正常时序，滞后写入，固定优先级，允许 8237A 工作，DREQ 信号高电平有效，而 DACK 信号低电平有效。已知写命令寄存器对应的地址为 08H，请给出写命令的程序段。

```
MOV AL, 00H
OUT DMA+08H, AL
```

（2）状态寄存器（8）

状态寄存器用于存放 8237A 的状态，用于提供哪些通道已到达计数终点，哪些通道有 DMA 请求的状态供 CPU 读出使用，如图 6-25 所示。$D_0 \sim D_3$ 位表示通道 0 ~ 3 中哪些通道到达计数终点或出现外加 $\overline{\text{EOP}}$ 信号；$D_4 \sim D_7$ 位表示通道 0 ~ 3 中哪些通道有 DMA 请求尚未处理：1 表示通道传送过程结束，有新的 DMA 请求出现；0 表示信息过程未结束，无 DMA 请求出现。

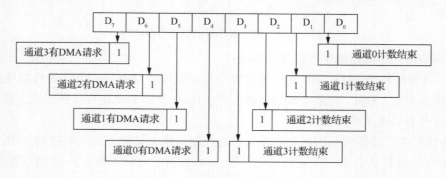

图 6-25　状态寄存器的控制字格式

（3）暂存寄存器（8）

暂存寄存器有 8 位，不属于任何一个通道。暂存寄存器用于存储器对存储器传送时，暂时保存从源地址读出的数据。一个字节传送结束时，它保存的是刚刚传输的字节，所以，传输时对这个寄存器执行输入指令，输入 CPU 的是数据块的最后一个字节。RESET 信号清除暂存寄存器的内容。

3.　四通道组成的寄存器

（1）屏蔽寄存器（4）

屏蔽寄存器有 4 位，每 1 位属于一个通道。若某一位为 1，对应通道的请求被禁止响应。如果某个通道设置为非自动化方式传送数据，当它的当前字节计数寄存器的值从 0 变为 0FFFFH 或在 $\overline{EOP}$ 端加低电平时，都将使该通道对应的屏蔽位置"1"。RESET 信号使 4 位都为"1"。

此外，用指令对屏蔽寄存器进行管理有两种方式：一种方式置屏蔽字占用另一个 I/O 端口地址，置一次屏蔽字只对选定通道的屏蔽位置"1"或清"0"，其他屏蔽位保持不变。如图 6-26 所示，这种屏蔽字格式的高 5 位 $D_7 \sim D_3$ 都是无关位；D_1、D_0 组合选择通道，00、01、10 和 11 分别选择通道 0、通道 1、通道 2 和通道 3；D_2 位为 1 时，被选定的通道屏蔽位置"0"。

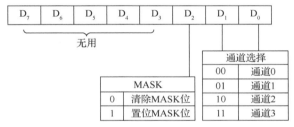

图 6-26　单通道屏蔽寄存器格式

另一种方式是发一个屏蔽字同时设置 4 位值，屏蔽字的格式是 $D_7 \sim D_4$ 为无关位，D_3、D_2、D_1 和 D_0 四位将置入屏蔽寄存器对应的 4 个通道，如图 6-27 所示。其中，任何位为 1 时，设置为屏蔽状态；为 0 时设置为非屏蔽状态。置这种屏蔽字占用另外一个 I/O 端口地址。

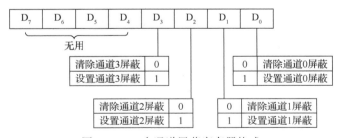

图 6-27　4 个通道屏蔽寄存器格式

【例 6-5】请采用单通道屏蔽和四通道屏蔽两种方式来开放 DMA 通道 2。（已知单通道屏蔽寄存器和四通道屏蔽寄存器对应的地址分别为 0AH 和 0FH）

① 使用单通道屏蔽方式：

```
MOV  AL,00000010B      ; 开放通道 2
OUT  DMA+0AH, AL
```

② 使用四通道屏蔽方式：

```
MOV  AL, 00001011B        ; 开放通道2
OUT  DMA+0FH, AL
```

（2）请求寄存器（4）

请求寄存器有 4 位，每一位对应于一个通道。如果某个 DREQ 端有请求信号，请求寄存器中对应位将置"1"，当该通道的当前字节计数寄存器从 0000 向 0FFFFH 跳变时，或在 $\overline{EOP}$ 端外加电平信号时，请求位清除为 "0"。

请求寄存器的值还可用指令置入，即 DMA 传送请求可用指令控制发出。请求寄存器的控制字格式如图 6-28 所示。

其中，D_1、D_0 两位指明通道，D_2 位指明是发送还是撤销请求，$D_7 \sim D_3$ 是无关位，RESET 信号将使请求寄存器所有位清 "0"。

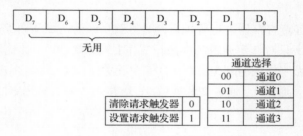

图 6-28　请求寄存器的控制字格式

4．其他寄存器

① 暂存地址寄存器。

② 暂存字节寄存器。

③ 先/后触发器。

5．寄存器的端口地址分配与软命令

8237A DMA 控制器进行读、写操作共有 16 个端口，使用地址线 $A_3 \sim A_0$ 进行寻址，分别记作 DMA + n。占用的 I/O 地址为 00H ～ 0FH。

（1）端口地址分配

端口地址分配如表 6-2 所示，其中带 "*" 的为软命令。

表 6-2　8237A 内部寄存器的端口地址分配

通道号	$A_3 A_2 A_1 A_0$	读操作	写操作
0	0 0 0 0	当前地址寄存器	基本（当前）地址寄存器
	0 0 0 1	当前字节计数器	基本（当前）字节寄存器
1	0 0 1 0	当前地址寄存器	基本（当前）地址寄存器
	0 0 1 1	当前字节计数器	基本（当前）字节寄存器
2	0 1 0 0	当前地址寄存器	基本（当前）地址寄存器
	0 1 0 1	当前字节计数器	基本（当前）字节寄存器

续表

通道号	$A_3 A_2 A_1 A_0$	读操作	写操作
3	0 1 1 0	当前地址寄存器	基本（当前）地址寄存器
	0 1 1 1	当前字节计数器	基本（当前）字节寄存器
	1 0 0 0	状态寄存器	命令寄存器
	1 0 0 1		请求寄存器
	1 0 1 0		单通道屏蔽寄存器
	1 0 1 1		方式寄存器
	1 1 0 0		清除先/后触发器*
	1 1 0 1	暂时寄存器	主清除（软件复位）*
	1 1 1 0		清除屏蔽触发器*
	1 1 1 1		四通道屏蔽寄存器

（2）软命令

软命令指的是只要对特定的地址进行一次写操作，命令就会生效，而与写入的具体内容无关。

软命令直接由地址和控制信号译码实现，无须数据线。一般需要 $\overline{CS}$ 、$\overline{IOW}$ 和内部寄存器地址同时有效。DMA 操作中有清除先/后触发器命令(0CH)、总清命令(0DH)和清除四通道屏蔽寄存器命令(0EH)共 3 种软命令。

① 清除先/后触发器命令：8237A 内部有一个"先/后触发器"，其值为 0 时访问 16 位寄存器的低字节；为 1 时访问高字节。

该触发器复位时清"0"，以后每访问一次，其状态自动翻转，即可按照先低字节、后高字节的顺序写入初值。

命令形式： OUT　0CH, AL　　　　;AL 可为任意值

② 总清命令（软件复位）：与硬件 RESET 信号功能相同。

功能 1： 使 DMA 控制器内部的命令寄存器、状态寄存器、请求寄存器、暂存寄存器和先/后触发器清 0。

功能 2： 使屏蔽寄存器全置"1"，即禁止所有的 DMA 请求。

命令形式： OUT　0DH,AL　　　　;AL 可为任意值

③ 清除四通道屏蔽寄存器命令：

功能：使 4 个通道的屏蔽位均清 0，即允许 4 个通道的 DMA 请求。

命令形式： OUT　0EH,AL　　　　;AL 可为任意值

6.3.7　Intel 8237A 的编程应用

1．DMA 传送的 5 个阶段

（1）初始化阶段

将数据在存储器中的起始地址、要传送的数据字节数、传送方向、DMAC 的通道号等信息送往 DMAC；对 8237A 进行初始化；在空闲周期内实现。

（2）申请阶段

如果外设有 DMA 需求，并且已准备就绪，则向 DMA 控制器发出 DMA 请求信号 DREQ。DMA 控制器接收到 DMA 请求信号后，向 CPU 发出总线请求信号 HRQ。该信号连接到 CPU 的 HOLD 引脚。

（3）响应阶段

CPU 收到 DMA 的 HRQ 请求后，若允许 DMA 传输，则在当前总线周期结束后，释放总线控制权，并向 DMAC 发 HLDA 信号，通知 DMAC，CPU 已交出总线控制权。

DMA 控制器获得总线的控制权，向外设发送应答信号 DACK，通知外设可以进行 DMA 传输。

申请阶段和响应阶段的数据传送如图 6-29 所示。

（4）数据传送阶段

DMA 控制器送出地址信号和控制信号，实现外设与内存的数据传输。

（5）传送结束阶段

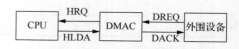

图 6-29　申请阶段和响应阶段的数据传送

DMAC 向外设发送 $\overline{\text{EOP}}$ 信号，外设撤销 DREQ 请求。

同时 HRQ 和 HLDA 信号变为无效，DMAC 释放总线，CPU 重获总线控制权。

2．8237A 的初始化编程

8237A 可以实现外设与内存之间的 DMA 传送，也可以实现存储器之间的 DMA 传送。在不同的应用场合，对 8237A 的编程方法是不同的。人们更关心的是外设与内存之间的 DMA 传送。

如果要使 8237A 的某一个通道接受 DMA 请求，实现 DMA 传送，必须对该通道进行初始化编程。初始化操作在空闲周期内实现，由 CPU 用输出指令向 8237A 内部寄存器写数据。

通常情况下，对 8237A 初始化编程分为以下七个步骤：

① 发送总清命令：向 DMA+0DH 端口执行一次写操作，复位其内部寄存器。

② 写基本地址和当前地址寄存器：将传送数据块的首地址按照先低位后高位的顺序写入基本地址寄存器和当前地址寄存器。

③ 写基本字节和当前字节寄存器：将传送数据块的字节数 N（写入的值为 $N-1$）按照先低位后高位的顺序写入基本字节计数寄存器和当前字节计数寄存器。

④ 写工作方式寄存器：设置工作方式和操作类型。

⑤ 写屏蔽寄存器：开放指定 DMA 通道的请求。

⑥ 写命令寄存器：设置 DREQ 和 DACK 的有效极性，启动 8237A 工作。

⑦ 写请求寄存器：用软件请求 DMA 传送（存储器与存储器之间的数据块传送）时，才需要写该寄存器。

3．8237A 的编程实例

下面通过一个示例来具体说明 8237A 初始化编程。

【例 6-6】利用 8237A 的通道 1，将外设长度为 100 字节的数据块传送到内存从 1000H 开始的连续存储单元。采用数据块传送方式，DREQ_1 为高电平有效，DACK_1 为低电平有效。DMA 地址由 $\overline{\text{CS}}$ 信号和 DMA 页面寄存器提供。

```
START:   OUT DMA+0DH,AL        ;总清控制端口，执行一次写操作实现软件复位
         MOV AL,00H            ;目标数据区起始地址低字节
         OUT DMA+02H,AL        ;当前地址寄存器和基本地址寄存器端口地址
         MOV AL,10H            ;目标数据区起始地址高字节
         OUT DMA+02H,AL        ;将目标数据区起始地址写入当前地址寄存器
                              ;基本地址寄存器
         MOV AX,100           ;传输的字节数 100
         DEC AX               ;计数值调整为 100-1=99
         OUT DMA+03H,AL       ;计数值写入当前字节计数寄存器和
                              ;基本字节计数寄存器
         MOV AL,AH
         OUT DMA+03H,AL

         MOV AL,85H           ;通道 1，块传送，地址增 1，DMA 写操作
         OUT DMA+0BH,AL       ;工作方式寄存器端口地址
         MOV AL,01H           ;屏蔽字，允许通道 1 请求
         OUT DMA+0AH,AL       ;单通道屏蔽寄存器端口地址
         MOV AL,00H           ;控制字，DACK 低电平有效，DREQ 高电平有效，
                              ;允许 8237A 工作
         OUT DMA+08H,AL       ;命令寄存器端口地址
```

习　题

综合题

1. 什么是接口？为什么要在 CPU 与外设之间设置接口？

2. I/O 接口一般应具备哪些功能？

3. 什么是 I/O 独立编址和统一编址？各有什么特点？8086/8088 系统采用的是哪一种方式？

4. 简述主机与外设进行数据交换的几种常用方式。

5. 什么样的外设可以采用无条件数据传送方式？

6. 主机与外设进行数据交换时，采用哪一种传送方式 CPU 的效率最高？

7. CPU 与外设采用查询方式传送数据的过程是怎样的？

8. 设有一台输入设备，其数据端口的地址为 FFE0H。由端口 FFE2H 提供状态，当其 D_0 位为 1 时表明输入数据准备好。请编写采用查询方式进行数据传送的程序段，要求从该设备读取 100 B 并输入 BUFFER 缓冲区中，注意在程序中加上注释。

9. 某字符输出设备，其数据端口和状态端口的地址分别为 80H 和 81H。在读取状态时，当标志位 D_7 为 0 时表明该设备空闲。请编写采用查询方式进行数据传送的程序段，要求将存放于符号地址 ADDR 处的一串字符（以 "$" 为结束标志）输出给该设备，注意在程序中加上注释。

10. 利用 72LS244 作为输入接口连接 8 个开关 $K_0 \sim K_7$，端口地址为 90H。用 74LS373 作为输出接口连接 8 个发光二极管 $L_0 \sim L_7$，端口地址为 91H。

    （1）画出芯片与 8088 系统总线的连接图，并采用 74LS138 设计地址译码电路。

    （2）编程分别实现下述功能。

    ① 利用开关 $K_0 \sim K_7$ 控制发光二极管 $L_0 \sim L_7$。具体要求：开关拨上（ON）对应灯亮，开关拨下（OFF）对应灯灭。

② 只用了 K_7、K_6 两个开关。具体要求：K7=ON，4 个红色灯（高 4 位）亮，K_7=OFF，则灭。K6=ON，4 个绿色灯（低四位）亮，K6=OFF，则灭。

③ 只用了 K_1、K_0 两个开关。具体要求：K_1 扳上，LED 左移一位就可以了。K_0 扳上，LED 右移一位并停住。

11. 什么是 DMA 传输？DMA 传输有什么优点？为什么？

12. 叙述数据块 DMA 传输和一个数据 DMA 传输的全过程。

13. 什么叫 DMA 通道？它如何组成？

14. DMA 控制器 8237A 的成组传送方式和单字节传送方式各有什么特点？它们的适用范围各是什么？

15. 怎样用指令启动 DMA 传输？怎样用指令允许/关闭一个通道的 DMA 传输？

16. DMA 控制器 8237A 能不能用中断方式工作？请说明。

17. 如何判断某通道的 DMA 传输是否结束？有几种方法可供使用？

18. 叙述 DMA 控制器 8237A 编程使用的主要步骤。

19. 使用 DMA 控制器 8237A 传输 1 字节数据需要多少时间？受哪些因素影响？请做具体分析。

第 7 章

中断控制技术

微机系统中最基本的操作是 CPU 与存储器和 I/O 设备之间进行的信息交换。从控制 I/O 信息交换的角度看，一般微机系统都支持 3 种控制方式：查询方式、中断方式和 DMA 方式。中断方式是微机系统中 CPU 处理各种外设请求任务常用的技术。中断技术可以使一个主机与多个外设并行工作，能够提高微机的执行效率。

本章简要介绍中断技术的基本概念、特点、中断处理过程等基础知识；重点阐述中断控制方式和可编程中断控制器 8259A 的内部结构、工作方式及其应用。

学习目标：
- 能够编写中断程序。
- 能够说出可编程中断控制器 8259A 的内部结构、工作方式。
- 能够对 8259A 进行编程控制。

7.1 中断系统概述

中断是现代微型计算机系统中的一种重要技术，用于提高计算机的工作效率。最初它只是作为计算机与外设交换信息的一种同步控制方式而提出的。但随着计算机技术的发展，特别是 CPU 速度的迅速提高，对计算机内部机制的要求也就越来越高。例如，希望计算机能随时发现各种错误，当出现各种意想不到的事件时，能及时妥善地处理。于是，中断的概念延伸了，除了传统的外部事件（硬件）引起中断外，又产生了 CPU 内部软件中断的概念。

7.1.1 基本概念

1. 中断

在计算机系统中，当 CPU 正在执行程序时，由于意外的事件，使得 CPU 中止正在运行的程序，转去执行意外事件的有关服务程序，处理完毕后，再返回执行原来程序的过程，称为中断（Interrupt）。

计算机系统运行过程中，由于计算机内部或外部事件的发生，都会引起 CPU 中断程序的运行。例如，运算溢出、除数为 0 等非正常的因素，计算机要能随时处理这些非正常的因素。有时，计算机为了使 CPU 与外围设备以及外围设备与外围设备之间能并行工作，以提高计算机系统的工作效率，计算机系统也采用中断的办法来实现 CPU 与外围设备之间的数据传送。总之，中断是计算机用来处理一些随机的、不可预测的一些内部、外部事件，提高计算机应变能力的一种手段。同时，在一些实时性要求很高的系统中，如实时数据采集、实时控制系统、实时监测系统中，都采用中断方式。计算机引入了中断技术，把一些随机的、无序的事件监管起来，把无序、有序的事件统一起来，大大增强了系统的处理能力。

2. 中断源

计算机系统中，产生中断请求的外围设备或引起中断的内部原因都称为中断源（Interrupt Source）。

CPU 与 I/O 设备之间进行数据传送时，CPU 是通过响应 I/O 设备发出的中断请求来实现的。例如，输入设备数据准备好了，通过其输入接口向 CPU 发出中断请求。CPU 收到中断请求后，中断正在执行的程序，保护好断点和现场，转去执行输入数据的处理程序。服务完毕后，恢复断点和现场，返回原来被中断的程序继续执行。此后，CPU 继续工作，而输入设备仍在做数据输入的准备工作。准备好后，又可向 CPU 提出中断请求，重复前面的中断过程。这样，一个 CPU 就可以和多个外设并行工作。

凡是由主机外部事件引起的中断都称为外中断。例如，输入/输出设备的中断请求、操作员对机器的干预、实时时钟的定时中断等都属于外部中断。

发生在 CPU 内部的中断称为内中断。内中断有程序指令性中断和故障中断。为了方便计算机用户使用系统资源或调试软件，计算机系统设置了软中断指令，如 BIOS 及 DOS 功能调用。CPU 执行程序时遇到这类指令就进入中断。软中断是可以预料的，在编制程序时，事先设置好。例如，调试程序时，设置的断点命令、单步命令等都属于内部中断。除此以外，程序运行中的错误，如溢出出错、非法除数出错等，都属于内中断。

中断是计算机系统的一个重要功能，采用中断技术，可实现以下任务：

① 分时操作：计算机采用中断技术后，可分时执行多个用户程序和多道作业，可实现对多个外围设备的控制，使多个外围设备实现并行工作，大大提高了计算机系统的信息吞吐率。

② 实时处理：某些控制系统或检测系统，实时性很强，要求计算机为它们及时地提供服务。中断技术能实现这些系统的实时要求。

③ 故障处理：计算机系统运行过程中，难免出现硬件或软件故障，如电源掉电、硬件故障（存储器读/写出错）、运算溢出、数据格式错等。若希望计算机能及时处理各种故障，而不必停机，中断技术是最好的办法。

3. 中断优先权

在具有多个中断源的微型机中，不同的中断源对服务的要求紧迫程度是不一样的。在这样的微机系统中，需要按中断源的轻重缓急来安排对它们的服务。举日常生活中的例子来说，假如医院的急诊医生就是 CPU，在其值班时，一个患感冒的病人和一个因车祸大出血的病人同时进入急诊室，则医生一定会首先抢救更加危重的病人，待大出血的病人处理过后再来诊治患感冒的病人。另一种情况是医生正在对患感冒的病人进行诊断，这时抬进来因车祸大出血的病人，则医生一定会暂时放下患感冒的病人而去处理更加危重的病人，待危重病人处理结束后再来继续为感冒患者服务。

中断优先权又称中断优先级。为使系统能及时响应并处理发生的所有中断，系统根据引起中断事件的重要性和紧迫程度，将中断源分为若干个级别，称作中断优先级。

引入多级中断是为了使系统能及时地响应和处理所发生的紧迫中断，同时又不至于发生中断信号丢失。计算机发展早期在设计中断系统硬件时，根据各种中断的轻重缓急在线路上做出安排，从而使中断响应能有一个优先次序。

多级中断的处理原则：当多级中断同时发生时，CPU 按照中断优先级由高到低的顺序响应。

4．中断允许标志位

在 CPU 的 FLAGS 寄存器中，有一个中断允许标志位（Interrupt Flag，IF）。对于可屏蔽中断 INTR 来说，IF=0，关中断；IF=1，开中断。IF 标志是 CPU 是否响应 INTR 中断请求的总开关。

5．中断系统的功能

为了实现各种情况下的中断功能，中断系统应该具备如下功能：

① 实现中断及返回。
② 实现中断优先权排队。
③ 实现中断嵌套。

对于可屏蔽中断来说，上述功能显然需要 CPU、接口、外设三方面共同完成。

7.1.2　中断源的识别

计算机系统中，引起中断有内部原因和外部原因。中断原因不同，调用的中断服务程序也就不同。中断源识别的主要任务是确定应该处理哪一个中断源引起的中断，形成该中断源的中断服务程序的入口地址，并调用相应的中断服务程序。常用的中断源识别方法有查询识别和向量识别。

1．查询识别

微型机系统中，引入中断请求的信号线有一根或少量几根。若系统只设置一根中断请求线，而中断源一般有多个，当 CPU 收到中断请求信号时，首先要查找是哪个中断源发出的，以便为它提供服务。在多个中断源同时申请中断时，则判断各中断源的优先级别，可用软件查询和硬件查询两种方法。

① 软件查询中断。软件查询中断是执行一段程序，逐个查询中断源（每个中断源都设置一位中断标志位），查询的顺序是按系统事先安排的中断源的先后次序进行的。若查到某个外围设备有中断请求，CPU 就能去执行该外围设备的服务程序，如图 7-1 所示。其中，先查询到的中断源优先级别高，后查到的优先级别低，依此类推。

软件查询中断源的优点是硬件结构简单，成本低；缺点是查询时间较长，速度慢。

② 硬件查询中断。为了提高查询中断源的速度，常采用一种链式电路进行硬件查询，如图 7-2 所示。CPU 发出的中断响应信号以串行方式依次查询每个外围设备。如果设备无中断请求，就把中断响应信号传递到下一级的外围设备；若该设备有中断请求，则该设备截获

中断响应信号，不传递到下一级外围设备。同时，CPU 执行为该设备服务的处理程序。

上述硬件查询中断源的速度比软件查询要快得多，它只需要各级门电路的延迟时间之和。但是，对优先权最低的外设的响应时间还是太长。要提高响应速度，还需要采用硬件并行中断优先权排队电路。

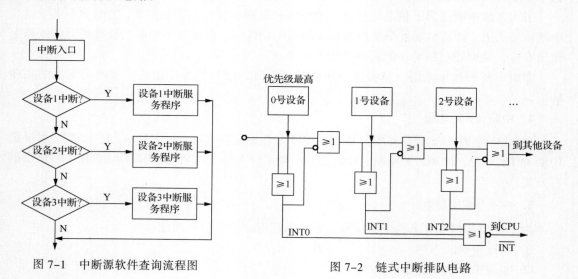

图 7-1　中断源软件查询流程图　　　　图 7-2　链式中断排队电路

2. 向量识别

中断处理过程实质上是程序切换的过程，程序切换时，需要将被中断的原程序的断点地址（CS:IP）及程序状态字（PSW 或 FLAGS）保存在堆栈中，而将中断服务程序的入口地址送往 CS:IP，完成程序的切换，使 CPU 转去执行中断服务处理程序。这种处理中断的方法叫作中断向量法。

用向量法寻找中断源不需要花费时间去查询中断状态位，所以中断响应快，处理器工作速率高；同时灵活、方便。所以，现行处理器通常使用中断向量法处理中断。

这需要一个中断控制器。在其中，有并行中断优先权排队电路。并行中断优先权排队方法中，中断源识别速度最快。

7.1.3　中断嵌套

前面介绍了中断优先权的问题，下面提出中断优先级的控制问题。

中断优先级控制应当解决这样两种可能出现的情况：①当不同优先级的多个中断源同时提出中断请求时，CPU 首先响应最高优先级的中断源；②当 CPU 正在对某一中断源服务时，有比它优先级更高的中断源提出中断请求时，CPU 能够中断正在执行的中断服务程序，而去对优先级更高的中断源进行服务。服务结束后再返回原优先级较低的中断服务程序继续执行。

上面的第②种情况，就是优先级高的中断源可以中断优先级低的中断服务程序，这就形成了中断服务程序中套中断服务程序的情况，这就是所谓的中断嵌套。

嵌套可以在多级上进行，形成多级中断嵌套，其示意图如图 7-3 所示。

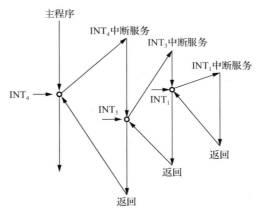

图 7-3　中断嵌套示意图

在这种情况下，中断服务程序有两种形式：一种是非屏蔽中断的中断服务程序；另一种是允许中断的中断服务程序。两种形式的服务程序框图分别如图 7-4（a）、（b）所示。

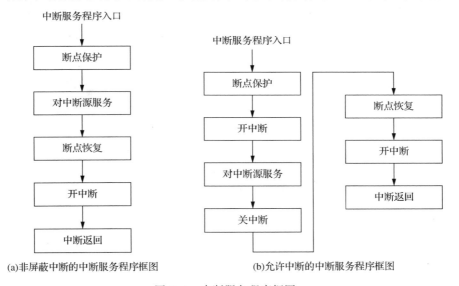

(a)非屏蔽中断的中断服务程序框图　　　(b)允许中断的中断服务程序框图

图 7-4　中断服务程序框图

由图 7-4 可以看出，两种中断服务程序的区别仅在于非屏蔽中断的中断服务程序一直是关中断的，仅在中断返回前开中断，则整个中断服务程序均不会影响中断。而允许中断的中断服务程序中有开中断指令，则允许中断。

对于图 7-4，读者必须记住并理解中断服务程序的基本框架：开始必须有断点保护，这就是前面提到的由程序员利用指令完成的那一部分；必然要有中断源的具体服务；服务完后必定要有断点恢复；最后则是中断返回。这个基本框架设计人员必然遵循，十分重要。

当微型机系统需要中断嵌套工作时，需要编写前面提到的允许中断的中断服务程序。同时，要特别注意，每一次嵌套都要利用堆栈来保护断点，使堆栈内容不断增加。因此，要充分估计堆栈的大小，不要使堆栈发生溢出。

7.2　8086 中断系统

　　8086/8088 CPU 有一个简单而灵活的中断处理系统，能处理 256 种不同的中断类型，且处理方法简便灵活。8086/8088 的 256 种中断（源）类型分两大类：外部中断和内部中断，如图 7-5 所示。

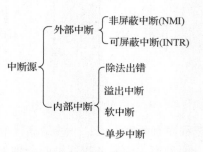

视频 32　内部中断、外部中断

图 7-5　中断源的分类

7.2.1　外部中断

　　外部中断是由外部硬件中断源引起的中断。外部中断分为非屏蔽中断和可屏蔽中断。其中由 NMI 引脚输入的是非屏蔽中断请求，而由 INTR 引脚输入的中断请求为可屏蔽中断请求。由于外部中断都是通过中断控制的接口硬件电路产生的，因此常称外部中断为硬件中断。8086/8088 中断源类型如图 7-6 所示。

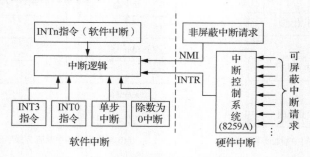

图 7-6　8086/8088 中断源类型

1．非屏蔽中断

　　PC 系统中非屏蔽中断（Non Maskable Interrupt，NMI）请求信号与 8086/8088 CPU 的 NMI 引脚相连。当 NMI 引脚收到一个由低变高的上升边沿触发信号时，将产生一个中断类型号为 2 的中断请求，其中断向量存放在 00008～0000BH 四个相邻单元中。

　　非屏蔽中断不受 IF 标志影响，常用于一些紧急处理的事件。例如 PC 系统中，当协处理器异常、内存 RAM 的奇偶检验错或 I/O 检查出错等紧急事件将引起非屏蔽的中断请求。非屏蔽中断的优先级别高于可屏蔽中断请求的中断优先级，一旦 NMI 信号产生，CPU 必须予以响应。

2．可屏蔽中断 INTR

PC 系统中，可屏蔽中断是由各种外围设备请求中断产生的。当 CPU 处于开中断状态（即状态标志 IF=1）时，CPU 能响应外围设备的中断请求；当 CPU 处于关中断状态（即状态标志 IF=0）时，CPU 不能响应外围设备的中断请求。8086/8088 PC 系统中，可屏蔽的中断请求信号是通过中断控制逻辑 8259A 进行优先权控制后，由 8259A 向 CPU 送中断请求信号 INTR 和中断类型号。

在 CPU 响应中断过程中，CPU 执行两个总线周期发出两个中断响应信号 $\overline{INTA}$。在第二个中断响应信号 $\overline{INTA}$ 发出后，中断源通过 8259A 将中断类型号送上数据总线，CPU 获得中断类型号后且当前指令执行完，则可以转去执行中断服务程序。

7.2.2　内部中断

由 CPU 本身启动的中断或者执行软中断命令 INT n 启动的中断称为内部中断。总之，中断源都在 CPU 内部。下面将介绍几种内部中断及内部中断所具有的特点和响应中断的过程。

1．专用中断命令产生的内部中断

（1）除法出错中断（Divide Error Interrupt，中断类型号为 00H）

当微机处理器执行 DIV（无符号数除法）指令或 IDIV（有符号数除法）指令时，若出现除数为 0 或者商超出了机器表示的最大值，则产生 0 号中断

（2）单步中断（Single-Step 或 Trap Interrupt，中断类型号为 01H）

若微处理器在执行一条指令前检测到 TF=1，则在该指令执行完后立即停止，即产生 1 号中断。单步执行方式为系统提供一种方便的测试手段，能逐条地观察指令的执行结果。例如，DEBUG 调试程序中的跟踪命令 T，则是将标志 TF 置 "1"；执行完一条指令，则进入单步中断，执行其中断服务程序。中断服务程序执行的结果，将本条指令执行后 CPU 内部寄存器内容、指令指示器内容、标志寄存器的状态等通过显示器显示。这样就能逐条跟踪程序的执行结果及时修正程序中的错误。

值得注意的是，8086/8088 CPU 指令系统中没有专门能使 TF 置 "1" 或清 "0" 的指令，但可通过指令系统中的 PUSHF、POPF 和 OR、AND 指令来实现 TF 置 "1" 或清 "0"。表 7-1 所示为使 TF 置 "1" 或清零程序段。

表 7-1　使 TF 置 1 或清零程序段

将 TF 置 "1"		将 TF 清 "0"	
PUSHF		PUSHF	
POP	AX	POP	AX
OR	AX,0100H	AND	AX,0FEFFH
PUSH	AX	PUSH	AX
POPF		POPF	

（3）断点中断（Breakpointer Interrupt，中断类型号为 03H）

当微处理器在执行程序时，若当前指令机器码为 CCH（即软中断指令 INT 03H）时，则

引起 03H 号中断。断点执行方式为调试程序带来方便。若需检查程序中某一段程序执行正确与否，可在程序适当位置插入 INT 03H 指令，插入 INT 03H 指令处便称为断点（在 DEBUG 调试程序中，通过 G 命令设置多达 10 个断点）。程序执行到断点处，停止正常的执行过程，使程序员依据此执行结果分析前一段程序执行正确与否，是否需要修改。

（4）溢出中断（Overflow Interrupt，中断类型号为 04H）。

当微处理器执行某算术运算指令其运行结果产出溢出时，使 OF 标志置"1"。当 CPU 检测到 OF=1 时，就能在执行一条 INTO 指令后产生 4 号中断。4 号中断为程序员提供一种处理算术运算出现溢出的手段，它通常和算术指令配合使用。

2. 软件中断——n 型中断

CPU 执行 INT nH 指令引起的内部中断。除了断点中断指令 INT 03H 外，均为双字节指令。指令的第二字节即为中断类型号。共有三大类的软件中断：ROM-BIOS 中断、DOS 中断和应用程序中断。

ROM-BIOS 中断占用中断类型号 10H ~ 1FH（扩充 BIOS 中断类型号 40 ~ 5FH）。这些类型的中断包括对 I/O 设备的控制，提供对系统的实用服务程序和中断服务程序运行所需要的参数等。它们包括 I/O 设备控制程序、BIOS 实用服务程序、BIOS 特殊中断、BIOS 专用参数中断等服务程序。

DOS 中断占用中断类型号 20H ~ 3FH，这些中断类型提供了 DOS 系统的主要功能。包括：公开的 DOS 专用中断、未公开的 DOS 专用中断、DOS 中断系统功能调用中断等，其中系统功能调用中断是 DOS 中断的内核，以 INT　21H 指令供用户程序直接调用。

应用程序中断供应用程序员编程使用。

3. 软件中断的特点

① 中断类型号在指令中指定。

② CPU 不必发回 $\overline{\text{INTA}}$ 响应信号。

③ 除单步中断外，内部中断不能用软件禁止。

④ 除单步中断外，内部中断比外部中断具有更高的中断优先权。

4. 软中断的应用

软中断的应用包括 ROM-BIOS 调用和 DOS 系统功能调用，这是用户使用系统资源的重要方法和基本途径。

① ROM-BIOS 中断。ROM-BIOS 是固化在只读存储器（ROM）中的一组独立于 PC-DOS 的 I/O 服务例行子程序，称为基本输入/输出系统（BIOS）。它在系统硬件的上一个层次，直接对系统中的输入/输出设备进行设备级控制，并以软中断形式向上一级软件（如 DOS 内核的设备驱动程序）或用户程序提供输入/输出服务，供上层软件和用户程序调用。

② INT　21H 软中断。DOS 系统功能调用提供了大量的中断例行子程序。其中，INT　21H 是一个极其重要而庞大的中断例行子程序，它是 PC-DOS 的内核。INT　21H 指令包含了 00 ~ 0CH 功能子程序，可供程序软件和应用程序调用，故称为系统功能调用。DOS 和 BIOS 的继续发展，将使新的服务和选项成为可能。

7.2.3　中断向量表

1．中断向量的基本概念

（1）中断类型码

8086/8088 PC 最多支持 256 个中断源。这 256 个中断源，根据其中断向量在中断向量表中的位置，计算机系统给予每个中断源一个编号，叫作中断类型码（Interrupt Type Code），取值为 00H～FFH。

（2）中断向量

中断向量（Interrupt Vector）是中断服务程序的入口地址。每一个中断服务程序都有一个入口地址，它由中断服务程序所在段的段基址 CS 及其所在段内的偏移地址 IP 两部分组成，共有 4 个字节的内容。中断向量即 CS：IP 的值形成的入口地址。

（3）中断向量表

计算机系统为了统一管理，将所有中断源的中断向量集中存放在存储器的低地址区域。系统中存放中断向量的存储区域称为中断向量表（Interrupt Vector Table，也称 Interrupt Pointer Table）或中断服务程序入口地址表（386 以上采用中断描述符表）。8086/8088 系列 PC 在存储区的 00000H～003FFH 共 1 024 个地址单元存放了 256 个中断向量，如图 7-7 所示。

每个中断向量所占的 4 个字节，分别是 IPL、IPH、CSL 和 CSH。

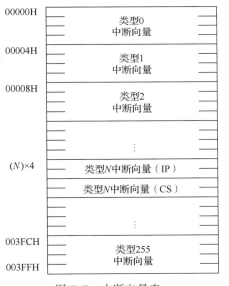

图 7-7　中断向量表

（4）中断向量指针

中断类型号是按向量表所处单元地址从小到大排列，顺序为 0～255，每一个类型号为 N 又对应一个中断向量。每一个中断向量在向量表中的存放地址称为中断向量指针，中断向量指针与中断类型号 N 之间的关系是 $4 \times N \sim 4 \times N+3$。

2．由中断类型码转中断服务子程序

如 PC/XT 机中键盘的软中断指令为 INT　09H，它的中断向量为 CS:IP=F000H:E987H，

中断类型号 $N=9$。当处理中断时，CPU 根据其中断类型号 09Hx4 得到中断向量指针 0024H。根据此指针，CPU 可以从中断向量表中 0024 ~ 0027H 四个字节单元中获取中断向量，从而转向中断服务。INT 09H 软中断指令执行过程如图 7-8 所示。

说明：中断类型号是固定不变的，是按它在中断向量表中所处位置决定的。而中断号所对应的中断向量是可以改变的，这为用户共享系统中断资源提供了很大的方便。但是，系统中的专用中断，不允许用户随意修改。在 8086/8088 系列 PC 中，Intel 公司定义和保留了 32 个类型号，其余 224 个由系统设计人员和系统用户选用和定义。

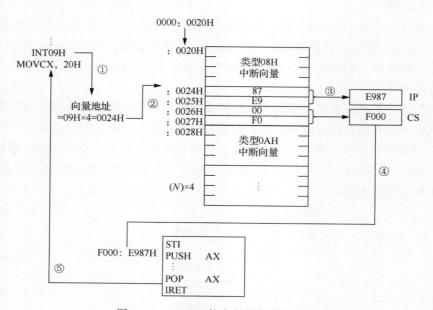

图 7-8　INT 09H 软中断指令执行过程

7.2.4　8086 CPU 中断控制过程

微型计算机系统的中断控制过程大体可以分为以下几个步骤：中断请求、中断响应和中断处理。中断处理又包括现场保护、执行中断服务程序、恢复现场和中断返回等步骤，如图 7-9 所示。

视频 34　中断过程

1. 中断请求的产生

中断请求（Interrupt Request）通常由中断控制器芯片实现，如图 7-10所示。

（1）设置中断请求触发器

每一个中断源要能发出中断请求，并且这个信号要能保持住，直到 CPU 响应这个中断后，才可以清除中断请求。因此，在中断控制器芯片要设置一个中断请求触发器。

（2）设置中断屏蔽触发器

由于系统通常有多个中断源，但并不是在任何情况下都允许每一个中断源发出中断请求，为了有条件地开放外围设备的中断请求，通常每个外围设备的接口逻辑有一个中断屏蔽（允许）触发器，用于屏蔽或开放该设备的中断请求。因此，外围设备产生请求的条件是：

该设备有中断请求，中断请求寄存器置"1"，且系统允许该设备中断请求，中断屏蔽寄存器
清"0"。中断屏蔽寄存器的状态通常由软件设置进行管理，图 7-10 所示为中断接口原理图。

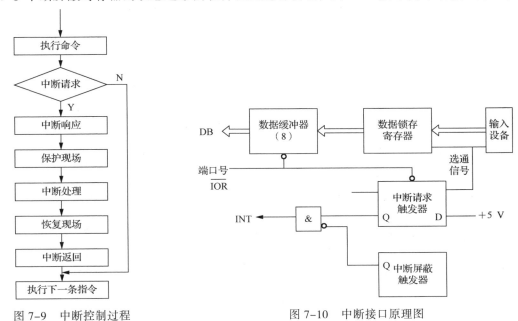

图 7-9　中断控制过程　　　　　　　图 7-10　中断接口原理图

2. 中断响应

四类中断源的中断优先权由高到低如下排列：软件中断（单步除外）、NMI、INTR、单步中断。8086 中的各种中断的响应（Interrupt　Acknowledgement）和处理过程是不相同的，但是主要区别在于如何获取中断类型码。软件中断由 INT n 中 n 给出，NMI 请求使得 CPU 自动产生 02H，INTR 则需要中断控制器通过数据总线传给 CPU，而单步中断则在每一条指令执行完，引起一个类型号为 01H 的中断，如图 7-11 所示。

INTR 的中断响应由 CPU 内部的中断逻辑和中断控制接口共同完成（硬件）。

当外围设备要求 CPU 为它服务时，都要发送一个"中断请求"信号通过接口电路传送给 CPU 进行中断申请。CPU 有权决定是否对外部的中断申请予以响应。若允许申请，则用 STI 指令开中断（IF=1）；若不允许申请，则用 CLI 指令关中断（IF=0）。

如果说 IF 是 INTR 的总开关，则中断屏蔽寄存器显然是局部开关。

对于可屏蔽中断请求，当外围设备发出中断请求后，其请求信号线 INT 连至 CPU 的 INTR 引脚。如果 CPU 中断已开放（IF=1），且现行指令周期内无总线请求和不可屏蔽中断请求，当 CPU 执行完当前执行指令后，响应中断，进入中断响应周期。在中断响应周期内完成以下几件事情：

① 在相邻两个总线周期内，发出两个中断响应回答信号 $\overline{\text{INTA}}$；在第二个 $\overline{\text{INTA}}$ 时间里，CPU 从数据总线上获得中断类型号。

② 保护断点标志：将 FLAGS、CS、IP 寄存器内容进栈保护，以保证中断服务程序执行完后正确返回原断点。

③ 关中断。使状态标志 TF、IF 清 "0"。清除 IF 标志的目的是避免在响应中断过程或进入中断例行子程序之后受到其他中断源的干扰，只有在中断处理程序中出现了 STI 指令后才允许 CPU 接受更高级别的外围设备的中断请求，从而实现中断嵌套。

④ CPU 根据获取的中断类型号，查中断向量表，将其中断服务程序的入口地址（段基址和偏移地址）装入 CS 和 IP 寄存器，以实现程序的转移。

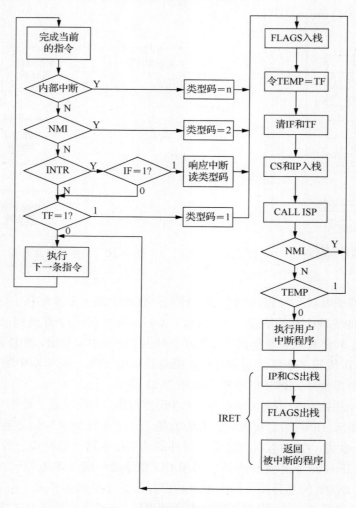

图 7-11   8086 中断处理顺序

⑤ 断点（Break-Point）地址：CPU 接到中断请求时，要转中断服务子程序。现行程序中下一条要执行的指令的地址（CS：IP 值）称为断点地址。这个地址也是中断服务子程序最后返回的地址。

3. 中断服务

中断服务由 CPU 执行中断服务子程序（ISR）实现（软件）。

（1）保护现场

微处理器在中断响应过程中，为了能返回原程序中的断点处继续执行原程序，对标志寄存器状态（FLAGS 的内容）及 CS 和 IP 的内容进行了保护。为了使微处理器在执行中断服务程序之前，保存原程序执行的中间结果和微处理器的状态，还必须保护微处理器中其他寄存器的内容。

所谓现场信息就是那些在原程序中使用，同时在中断服务程序中也要使用的那些寄存器中的内容。

保护现场通常使用 PUSH 指令实现，将需要保护的寄存器内容压入堆栈。

（2）中断服务

不同的中断源，需要处理的对象及所完成的操作不尽相同，这段程序的功能必须依据中断源发出中断申请的目的来决定要完成何种处理操作，满足外部中断源的要求。

（3）恢复现场

恢复现场是在执行中断处理程序后，执行中断返回指令之前，将保护在堆栈中的原程序执行的中间结果和微处理器状态信息以 POP 指令弹回到相应的寄存器中。

现场保护、中断服务程序和现场恢复共同实现中断服务。如果在执行中断服务程序过程中能响应更高优先级的中断请求，就必须在保护现场后写一条 STI 指令，以实现中断嵌套。

（4）中断返回

中断服务结束后，微处理器执行中断服务子程序的最后一条指令，中断返回指令（IRET），就会将保存在堆栈中的断点地址及标志状态先后还原给 IP、CS 及 FLAGS 寄存器，使程序返回到断点处继续原程序的执行。

7.3　中断控制器 8259A

8259A 是 Intel 公司专为 8086/8088 CPU 设计开发的可编程中断控制器（Programmable Interrupt Controller，PIC）。其功能如下：

接受和扩充外设的中断请求，并行中断优先级排队，提供中断类型号，屏蔽或允许中断，接受 CPU 命令或返回当前工作状态。

一片 8259A 可直接管理 8 级中断，通过级联可扩展至 64 级中断。允许 1 个主片，1 ~ 8 个从片构成主从系统。

通过对 8259A 进行编程，可设置多种工作方式，以满足不同中断系统的需要。

7.3.1　8259A 的内部结构

可编程中断控制器 8259A 是 28 引脚双列直插式芯片，单一 + 5 V 电源供电。其内部结构及引脚信号如图 7-12 所示。

视频 35　8259
内部结构

8259A 的内部结构由 5 个功能模块组成。分别是：数据总线缓冲器、读/写控制逻辑、级联缓冲/比较器、中断处理部件、中断控制逻辑。中断处理部件包括：中断请求寄存器（IRR）、中断屏蔽寄存器（IMR）、中断服务寄存器（ISR）、优先权判决器（PR）。

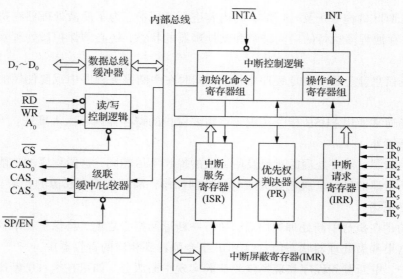

图 7-12　8259A 内部结构及引脚信号

1. 数据总线缓冲器

数据总线缓冲器是一个 8 位双向三态缓冲器，用于 8259A 同 CPU 数据总线的连接。CPU 对 8259A 的读/写操作，都经由它完成。

2. 读/写控制逻辑

读/写控制逻辑用来接收 CPU 系统总线的读/写控制信号、片选信号和端口地址选择信号 A_0，用于控制对内部寄存器的读/写操作。

3. 级联缓冲/比较器

级联缓冲/比较器使得 8259A 既可以工作于单片方式，也可以工作于多片级联方式。级联方式硬件连接如图 7-13 所示。级联缓冲/比较器提供多片的管理和选择功能，其中一片为主片，其余为从片。

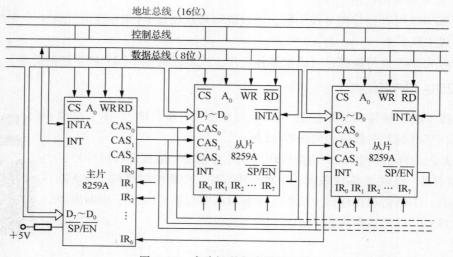

图 7-13　多片级联方式硬件连接

4．中断控制逻辑

中断控制逻辑按照编程设置的工作方式管理中断。负责向片内各部件发送控制信号，向 CPU 发送中断请求信号 INT 和接收 CPU 回送的中断响应信号 $\overline{\text{INTA}}$ ，控制进入中断管理状态。

5．中断处理部件

中断处理部件主要由中断请求寄存器 IRR、中断屏蔽寄存器 IMR、中断服务寄存器 ISR 以及中断优先权判决器 PR 组成。进行中断优先权排队及向 CPU 发中断请求。

（1）中断请求寄存器（IRR）

IRR 是一个 8 位寄存器，用于保存外部中断请求。其中 $D_7 \sim D_0$ 分别与外部中断请求信号 $IR_7 \sim IR_0$ 相对应。当 IR_i（$i = 0 \sim 7$）有请求（电平或边沿触发）时，IRR 中的相应位 D_i 置 "1"，在中断响应信号 $\overline{\text{INTA}}$ 有效时， D_i 被清除。

（2）中断屏蔽寄存器（IMR）

IMR 是一个 8 位寄存器，用来存放 $IR_7 \sim IR_0$ 的中断屏蔽标志。它的 8 个屏蔽位 $D_7 \sim D_0$ 与外部中断请求 $IR_7 \sim IR_0$ 相对应，用于控制 IR_i 的请求是否允许进入。当 IMR 中的 M_i 位为 1 时，对应的 IR_i 请求被屏蔽；当 IMR 中的 M_i 位为 0 时，则允许对应的中断请求进入。它可以由软件设置或清除，通过编程设置屏蔽字，可以改变原来的优先级别。

（3）中断服务寄存器（ISR）

ISR 是一个 8 位寄存器，用于记录 CPU 当前正在服务的中断标志。当外部中断 IR_i（$i = 0 \sim 7$）的请求得到 CPU 响应进入服务时，由 CPU 发来的第一个中断响应脉冲 $\overline{\text{INTA}}$ 将 ISR 中的相应位 D_i（$i = 0 \sim 7$）置 1，而 ISR 的复位则由中断结束方式决定。若定义为自动结束方式，则由 CPU 发来的第二个中断响应脉冲 $\overline{\text{INTA}}$ 的后沿将 D_i 复位为 "0"；若定义为非自动结束方式，则由 CPU 发送来的中断结束命令将其复位。

（4）优先权判决器（PR）

优先权判决器对 IRR 中记录的内容与当前 ISR 中记录的内容进行比较，并对它们进行排队判优，以便选出当前优先级最高级的中断请求。如果 IRR 中记录的中断请求的优先级高于 ISR 中记录的中断请求优先级，则由中断控制逻辑向 CPU 发出中断请求信号 INT，中止当前的中断服务，进行中断嵌套。如果 IRR 中记录的中断请求的优先级低于 ISR 中记录的中断请求的优先级，则 CPU 继续执行当前的中断服务程序。

7.3.2　8259A 的外部引脚

8259A 引脚信号如图 7-14 所示。

1．外部引脚

① $D_7 \sim D_0$（Bidirectional Data Bus）：双向、三态数据线，与系统数据总线的低 8 位连接。

② $\overline{\text{RD}}$（Read）：读信号，输入，低电平有效。当 $\overline{\text{RD}}$ 有效时，CPU 对其进行读操作。

③ $\overline{\text{WR}}$（Write）：写信号，输入，低电平有效。当 $\overline{\text{WR}}$ 有效时，CPU 对其进行写操作。

④ A_0（Address line）：端口地址选择信号，输入，由片内译码，选择内部寄存器。

⑤ $\overline{\text{CS}}$（Chip Select）：片选信号，输入，低电平有效。当 $\overline{\text{CS}}$ 有效时芯片被选中。

⑥ $\overline{\text{SP}}/\overline{\text{EN}}$（Slave Program/Enable Buffer）：为双功能引脚。双向信号线，用于从片选择或总线驱动器的控制信号。当工作于非缓冲方式时， $\overline{\text{SP}}/\overline{\text{EN}}$ 作为输入信号线，用于从片

选择。级联中的从片 $\overline{SP}/\overline{EN}$ 接低电平，主片 $\overline{SP}/\overline{EN}$ 接高电平。当工作于缓冲方式时，$\overline{SP}/\overline{EN}$ 作为输出信号线，用作系统总线驱动器的控制信号。

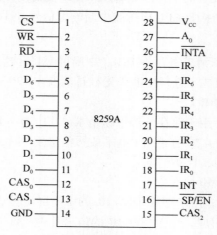

图 7-14　8259A 引脚信号

⑦ $CAS_2 \sim CAS_0$（Cascade lines）：级联信号线。作为主片与从片的连接线，主片为输出，从片为输入，主片通过 $CAS_2 \sim CAS_0$ 的编码选择和管理从片。

⑧ INT（Interrupt）：中断请求信号。与 CPU 的中断请求信号 INTR 相连。

⑨ $\overline{INTA}$（Interrupt Acknowledge）：中断响应信号。与 CPU 的中断应答信号相连。

⑩ $IR_7 \sim IR_0$（Interrupt Requests）：中断请求输入信号，由外设输入。

⑪ V_{CC}：+5 V 电源输入信号。

⑫ GND：电源接地。

2. 端口分配

有关寄存器的端口地址分配及读/写操作功能如表 7-2 所示。

表 7-2　端口地址分配及读/写操作功能

$\overline{CS}$	$\overline{WR}$	$\overline{RD}$	A_0	D_4	D_3	功　能
0	0	1	0	1	×	写 ICW_1
0	0	1	1	×	×	写 ICW_2
0	0	1	1	×	×	写 ICW_3
0	0	1	1	×	×	写 ICW_4
0	0	1	1	×	×	写 OCW_1
0	0	1	0	0	0	写 OCW_2
0	0	1	0	0	1	写 OCW_3
0	1	0	1	×	×	读 IMR
0	1	0	0	×	×	读 IRR
0	1	0	0	×	×	读 ISR
0	1	0	0	×	×	读状态寄存器

注：D_4、D_3 为对应寄存器中的标志位。

3. PC 与 8259A 的连接

图 7-15 所示为 PC 的系统总线与 8259A 的连接。其中，$D_7 \sim D_0$ 直接连到 8259A 的 $D_7 \sim$

D_0 引脚。$\overline{IOR}$ 和 $\overline{IOW}$ 分别与 $\overline{RD}$ 和 $\overline{WR}$ 相连。A_0 连到 8259A 的 A_0 引脚去区分片内的寄存器端口地址。高位地址线译码之后连到片选上。

INTR 和 $\overline{INTA}$ 分别同 INT 和 $\overline{INTA}$ 相连，各中断源分配如图 7-15 所示。

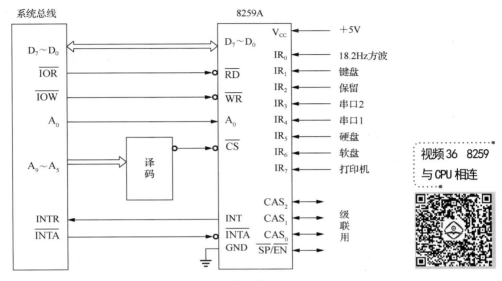

图 7-15 PC 与 8259A 的连接

7.3.3 8259A 的工作过程

图 7-16 所示为 8259A 内部的并行中断优先权排队电路。

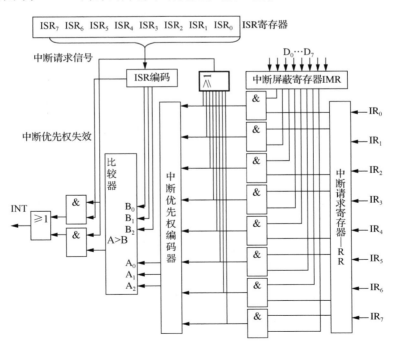

图 7-16 并行中断优先权排队电路

工作原理介绍如下：

1. 单片 8259A 工作时，每次中断处理过程

① 如果 $IR_7 \sim IR_0$ 上有中断请求，则 IRR 中相应的位置 1。

② 若中断屏蔽寄存器 IMR 中的对应位为 0，表示对此中断未加屏蔽。让其通过编码器之后进入 PR。

③ PR 把新进入的中断请求与 ISR 中的正在服务的优先级比较，若高于当前的服务级别，则通过 INT，向 CPU 发中断请求。

④ 若 CPU 的 IF=1 允许中断，则在当前指令结束后连续发出 2 个中断应答信号 $\overline{INTA}$，进行中断响应。每个信号持续 2 个时钟周期。

⑤ CPU 根据取得的中断类型码，转入相应的中断服务子程序进行处理。

在中断响应机器周期，CPU 的第一个 $\overline{INTA}$：

① 使 IRR 的锁存功能失效，直到第二个 $\overline{INTA}$ 到来。

② 使 ISR 中的对应位置 1。

③ 使 IRR 中的对应位清 0。

第二个 $\overline{INTA}$：

① 将 ICW_2（中断类型寄存器）中的类型码经数据线送 CPU。

② 若 8259 采用"中断自动结束方式"（由 ICW_4 决定），则自动将 ISR 中的对应位清 0。否则，在中断程序中要通过命令将其清 0。

2. 对于多片级联的系统

主片：第一个 $\overline{INTA}$：

① 使 IRR 的锁存功能失效，直到第 2 个 $\overline{INTA}$ 到来。

② 使 ISR 中的对应位置 1。

③ 使 IRR 中的对应位清 0。

④ 发出被响应的从片的编码。

从片：在第一个 $\overline{INTA}$：①②③。

在第二个 $\overline{INTA}$：将 ICW_2（中断类型寄存器）中的类型码送 CPU。若采用中断自动结束方式（由 ICW_4 决定），则自动将 ISR 中的对应位清 0。否则，在中断程序中要通过命令将其清 0。

3. 优先权排队电路原理分析提示

如图 7-16 所示，如果 ISR=0000000B，则优先权失效为 1，如果 ISR≠0000000B，则优先权失效为 0。另外，如果 IRR=0000 1110B，编码器输出 $A_2A_1A_0$=001，输出优先权大的编码。同理，A 与 B 比大小，比的也是优先权的大小。

7.3.4 8259A 的工作方式

8259A 的中断管理功能很强，单片可以管理 8 级外部中断，在多片级联方式下最多可以管理 64 级外部中断，并且具有中断优先权判优、中断嵌套、中断屏蔽和中断结束等多种中断管理方式，如图 7-17 所示。

图 7-17　8259A 的工作方式

1．中断优先权方式

中断优先权的管理方式有优先权固定方式和优先权循环方式两种。

（1）优先权固定方式

在优先权固定方式中，$IR_0 \sim IR_7$ 的中断优先权的级别是由系统确定的。

它们由高到低的优先级顺序是：IR_0，IR_1，IR_2，$\cdots$，IR_7。其中，IR_0 的优先级最高，IR_7 的优先级最低。当有多个 IR_i 请求时，优先权判决器（PR）将它们与当前正在处理的中断源的优先权进行比较，选出当前优先权最高的 IR_i，向 CPU 发出中断请求 INT，请求为其服务，如图 7-18 所示。

在固定优先权方式中，包含普通全嵌套和特殊全嵌套方式。

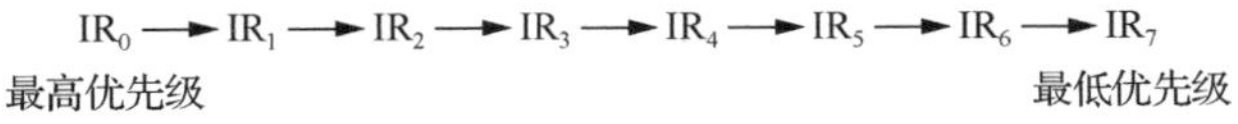

$$IR_0 \longrightarrow IR_1 \longrightarrow IR_2 \longrightarrow IR_3 \longrightarrow IR_4 \longrightarrow IR_5 \longrightarrow IR_6 \longrightarrow IR_7$$
最高优先级　　　　　　　　　　　　　　　　　　　　　最低优先级

图 7-18　$IR_7 \sim IR_0$ 固定优先权方式

（2）优先权循环方式

在优先权循环方式中，$IR_0 \sim IR_7$ 优先权级别是可以改变的。

其变化规律是：当某一个中断请求 IR_i 服务结束后，该中断的优先权自动降为最低，而紧跟其后的中断请求 $IR_{(i+1)}$ 的优先权自动升为最高，$IR_7 \sim IR_0$ 优先权级别按图 7-19 所示的右循环方式改变。

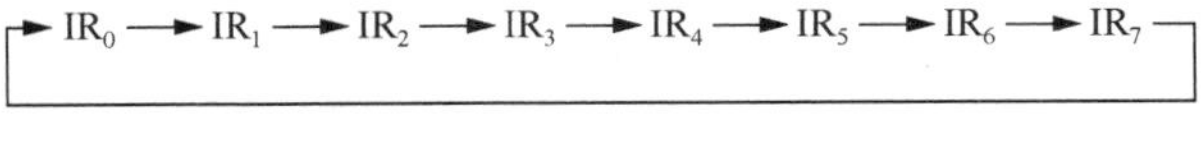

$$IR_0 \longrightarrow IR_1 \longrightarrow IR_2 \longrightarrow IR_3 \longrightarrow IR_4 \longrightarrow IR_5 \longrightarrow IR_6 \longrightarrow IR_7$$

图 7-19　$IR_7 \sim IR_0$ 自动循环优先权方式

假设在初始状态 IR_0 有请求，CPU 为其服务完毕，IR_0 优先权自动降为最低，排在 IR_7 之后，而其后的 IR_1 的优先权升为最高，其余依此类推。这种优先权管理方式，可以使 8 个中断请求都拥有享受同等优先服务的权利。

在优先权循环方式中，按确定循环时的最低优先权的方式不同，又分为普通循环方式和特殊循环方式两种。

① 普通循环方式的特点：$IR_0 \sim IR_7$ 中的初始最高优先级由系统指定，即指定 IR_0 的优先级最高，以后按右循环规则进行循环排队，如图 7-20 所示。

② 特殊循环方式的特点：$IR_0 \sim IR_7$ 中的初始最低优先级，由用户通过置位优先权命令指定。

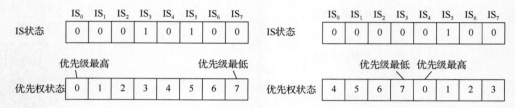

图 7-20　普通循环优先权方式

2. 中断嵌套方式

8259A 的中断嵌套方式分为普通全嵌套和特殊全嵌套两种。

（1）普通全嵌套方式

普通全嵌套方式（Full Nested Mode，默认方式）简称全嵌套方式，是在初始化时自动进入的一种最基本的优先权管理方式，如图 7-21 所示。其特点是：中断优先权管理为固定方式，即 IR_0 优先权最高，IR_7 优先权最低。在 CPU 中断服务期间（即执行中断服务子程序过程中），若有新的中断请求到来，只允许比当前服务的中断请求的优先权"高"的中断请求进入。对于"同级"或"低级"的中断请求禁止响应。

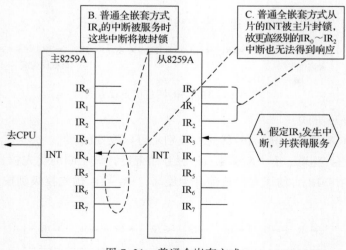

图 7-21　普通全嵌套方式

（2）特殊全嵌套方式

特殊全嵌套方式（Special Full Nested Mode）是在多片级联方式下使用的一种最基本的优先权管理方式，如图 7-22 所示。其特点是：中断优先权管理为固定方式，$IR_7 \sim IR_0$ 的优先顺序与全嵌套规定相同。与全嵌套方式不同之处是在 CPU 中断服务期间，除了允许高级中断请求进入外，还允许同级高优先级的中断请求进入。从而实现了对同级中断请求的特殊嵌套。

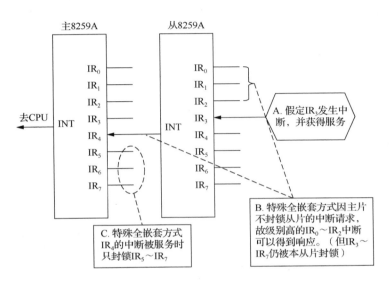

图 7-22　特殊全嵌套方式

在级联方式下，主片通常设置为特殊全嵌套方式，从片设置为全嵌套方式。当主片为某一个从片的中断请求服务时，从片中的 $IR_7 \sim IR_0$ 请求都是通过主片中的某个 IR_i 请求引入的。因此，从片的 $IR_7 \sim IR_0$ 对于主片 IR_i 来说属于同级，只有主片工作于特殊全嵌套方式时，从片才能实现完全嵌套。

3．中断结束方式

中断结束方式是指 CPU 为某个中断请求服务结束后，应及时清除中断服务标志位。否则，就意味着中断服务还在继续，致使比它优先级低的中断请求无法得到响应。

中断服务标志位存放在中断服务寄存器（ISR）中。

8259A 利用中断服务寄存器（ISR）进行判断：

① 某位为 1，表示正在进行中断服务。

② 该位为 0，就是该中断结束服务。

如何使 ISR 某位（ISRn）为 0，就是中断结束（End of Interrupt，EOI），不反映 CPU 的工作状态。

8259A 提供了以下 3 种中断结束方式：

（1）自动中断结束方式

自动中断结束方式是利用中断响应信号 $\overline{INTA}$ 的第二个负脉冲的后沿，将 ISR 中的中断服务标志位清除。这种中断服务结束方式是由硬件自动完成的。需要注意的是：ISR 中为"1"

位的清除是在中断响应过程中完成的，并非中断服务子程序真正结束，若中断服务子程序的执行过程中有另外一个比当前中断优先级低的请求信号到来，因并没有保存任何标志来表示当前服务尚未结束，致使低优先级中断请求进入，打乱正在服务的程序，因此这种方式只适合于没有中断嵌套的场合。

（2）普通中断结束方式

普通中断结束方式是通过在中断服务子程序中编程写入操作命令字 OCW_2，向 8259A 传送一个普通 EOI 命令（不指定被复位的中断的级号）来清除 ISR 中当前优先级别最高位（软件结束）。

由于这种结束方式是清除 ISR 中优先权级别最高的那一位，适合于完全嵌套方式下的中断结束。因为在完全嵌套方式下中断优先级是固定的，总是响应优先级最高的中断，保存在 ISR 中的最高优先级的对应位，一定对应于正在执行的服务程序。

（3）特殊中断结束方式

特殊中断结束方式是通过在中断服务子程序中编程写入操作命令字 OCW_2，向 8259A 传送一个特殊 EOI 命令（指定被复位的中断的级号）来清除 ISR 中的指定位（软件结束）。

由于在特殊 EOI 命令中明确指出了复位 ISR 中的哪一位，不会因嵌套结构出现错误。因此，它可以用于完全嵌套方式下的中断结束，更适用于嵌套结构有可能遭到破坏的中断结束。

4．中断屏蔽方式

中断屏蔽方式是对 8259A 的外部中断源 $IR_7 \sim IR_0$ 实现屏蔽的一种中断管理方式，有普通屏蔽方式和特殊屏蔽方式两种。

（1）普通屏蔽方式

普通屏蔽方式是通过 8259A 的中断屏蔽寄存器（IMR）来实现对中断请求 IR_i 的屏蔽。由编程写入操作命令字 OCW_1，将 IMR 中的 D_i 位置 "1"，以达到对 IR_i（$i = 0 \sim 7$）中断请求的屏蔽。

IMR 的某位为 1，则禁止相应的中断请求；为 0，则允许。这种方式下，由于优先权判别器（PR）的作用，只有级别高的中断源才允许中断。

（2）特殊屏蔽方式

特殊屏蔽方式允许低优先级中断请求中断正在服务的高优先级中断。这种屏蔽方式通常用于级联方式中的主片，对于同一个请求 IR_i 上连接有多个中断源的场合，可以通过编程写入操作命令字 OCW_3 来设置或取消。

在特殊屏蔽方式中，可在中断服务子程序中用中断屏蔽命令来屏蔽当前正在处理的中断，同时可使 ISR 中的对应当前中断的相应位清 "0"，这样不仅屏蔽了当前正在处理的中断，而且真正开放了较低级别的中断请求。

在这种情况下，虽然 CPU 仍然继续执行较高级别的中断服务子程序，但由于 ISR 中对应当前中断的相应位已经清 "0"，如同没有响应该中断一样。所以，此时对于较低级别的中断请求，8259A 仍然能产生 INT 中断请求，CPU 也会响应较低级别的中断请求。

5．中断触发方式

8259A 中断请求输入端 $IR_7 \sim IR_0$ 的触发方式有电平触发和边沿触发两种，由初始化命令字 ICW_1 中的 LTIM 位来设置。

① 当 LTIM 设置为 1 时，为电平触发方式，检测到 IR_i（$i = 0 \sim 7$）端有高电平时产生中断。在这种触发方式中，要求触发电平必须保持到中断响应信号 $\overline{INTA}$ 有效为止，并且在 CPU 响应中断后，应及时撤销该请求信号，以防止 CPU 再次响应，出现重复中断现象。

② 当 LTIM 设置为 0 时，为边沿触发方式。8259A 检测到 IR_i 端有由低到高的跳变信号时产生中断。

6．总线连接方式

8259A 数据线与系统数据总线的连接有缓冲和非缓冲两种方式。

（1）缓冲方式

如果 8259A 通过总线驱动器和系统数据总线连接，此时，应选择缓冲方式。当定义为缓冲方式后，$\overline{SP} / \overline{EN}$ 即为输出引脚。在 8259A 输出中断类型号时，$\overline{SP} / \overline{EN}$ 输出一个低电平，用此信号作为总线驱动器的启动信号。

（2）非缓冲方式

如果 8259A 数据线与系统数据总线直接相连，那么 8259A 工作在非缓冲方式。

7.3.5　8259A 的控制字

在 8259A 的中断控制逻辑中，有两组寄存器。一组为初始化命令字（Initialization Command Word）寄存器，用于存放 CPU 写入的初始化命令字 $ICW_1 \sim ICW_4$；另一组为操作命令字（Operation Command Word）寄存器，用于存放 CPU 写入的操作命令字 $OCW_1 \sim OCW_3$。

1．初始化命令字 ICW 的格式

8259A 由地址线 A_0 控制访问两个端口地址：一个为偶地址，一个为奇地址。

8259A 的初始化命令字有 4 个（$ICW_1 \sim ICW_4$）。必须按顺序填写，ICW_1 要写入偶端口地址。其余的初始化命令字填写到奇端口地址。8259A 是中断系统的核心器件，对它进行初始化编程要涉及中断系统的软、硬件的许多问题，而且一旦完成初始化，所有硬件中断源和中断处理程序都必须受其制约。

（1）ICW_1 的格式

ICW_1 的格式如图 7-23 所示。ICW_1 对应偶端口地址（即 $A_0=0$）。

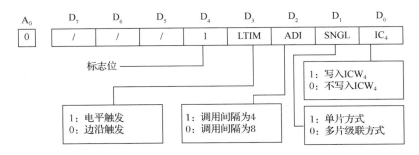

图 7-23　ICW_1 的格式

① IC4：指示在初始化时是否需要写入命令字 ICW_4。在 80x86 CPU 系统中需要定义 ICW_4，设 $IC_4 = 1$。

② SNGL：指示 8259A 在系统中使用单片还是多片级联。SNGL = 1 为单片，SNGL = 0 为多片级联。

③ ADI：设置调用地址间隔，在 8086 CPU 中无效。现在一般设置为 0。

④ LTIM：定义 IR_i 的中断请求触发方式。LTIM = 1 为电平触发，LTIM = 0 为边沿触发。

⑤ D_4：ICW_1 的标志位，恒为 1。

⑥ $D_5 \sim D_7$：未用，通常设置为 0。

（2）ICW_2 的格式

ICW_2 用于设置中断类型号，其格式如图 7-24 所示。ICW_2 对应奇端口地址（即 $A_0 = 1$）。

ICW_2 的高 5 位 $T_7 \sim T_3$ 是中断向量地址的高 5 位。由用户初始化编程时决定的。ICW_2 中的低 3 位 $ID_2 \sim ID_0$ 由中断请求输入端 IR_i（$i = 0 \sim 7$）的编码自动引入。若 ICW_2 写入 08H，则 $IR_0 \sim IR_7$ 对应的中断类型号为 08H ~ 0FH。8 个中断类型码是连续的，高 5 位均为 00001B。

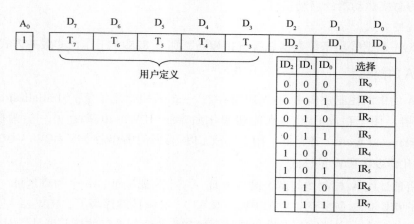

图 7-24　ICW_2 的格式

（3）ICW_3 的格式

ICW_3 是级联命令字，在级联方式下（ICW_1 中的 SNGL = 0）才需要写入。主片和从片所对应的 ICW_3 格式不同，主片 ICW_3 格式如图 7-25 所示。

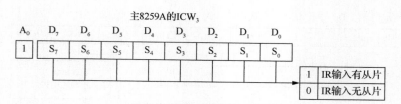

图 7-25　主片 ICW_3 的格式

$S_7 \sim S_0$ 与 $IR_7 \sim IR_0$ 相对应，若主片 IR_i（$i = 0 \sim 7$）引脚上接从片，则 $S_i = 1$，否则 $S_i = 0$。从片 ICW_3 的格式如图 7-26 所示。ICW_3 对应奇端口地址（即 $A_0 = 1$）。

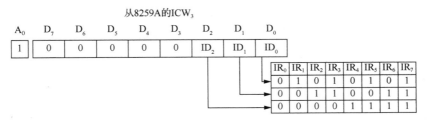

图 7-26 从片的 ICW_3 的格式

$ID_2 \sim ID_0$ 是从片接到主片 IR_i 上的标识码。例如，当从片的中断请求信号 INT 与主片的 IR_2 连接时，$ID_2 \sim ID_0$ 应设置为 010，$D_7 \sim D_3$ 未用，通常设置为 0。

在中断响应时，主片通过级联信号线 $CAS_2 \sim CAS_0$ 送出被允许中断的从片的标识码，各从片用自己的 ICW_3 和 $CAS_2 \sim CAS_0$ 进行比较，二者一致的从片被确定为当前中断源，可以发送该从片的中断类型码。

（4）ICW_4 的格式

ICW_4 控制字在对 8259A 进行初始化时不是总要写入，只有当 ICW_1 的 D_0 位为 1 时才需写入控制字 ICW_4（但是 8086/8088 系统必须使用）。控制字 ICW_4 的写入决定是普通全嵌套方式还是特殊全嵌套方式，是工作在缓冲方式还是非缓冲方式，中断结束方式是自动还是正常。因而又称 ICW_4 为方式选择控制字，其格式如图 7-27 所示。

ICW_4 对应奇端口地址（即 $A_0=1$）。

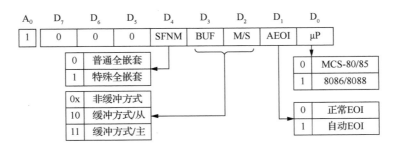

图 7-27 ICW_4 的格式

① D_0：微处理器选择位。选择当前工作在哪类 CPU 系统中。在 8086 中，D_0 位应该为 1。

② D_1：自动中断结束方式（Auto EOI）。选择结束中断的方式，就是使中断服务寄存器的相应位置 0，有自动（硬件完成）和正常（软件完成）两种方式。

③ D_2：主从（Master/Slave）选择位。此位仅在缓冲工作方式时有效。因为在缓冲工作方式时是由多片组成优先级中断系统，这样就有主和从之分，是主片还是从片通过 ICW_4 的 D_2 位为 1 还是为 0 来定。D_3 位为 1 时，D_2 位有效；D_3 位为 0 时，D_2 位无效。

④ D_3：用来设置是否选用缓冲方式。缓冲方式或非缓冲方式使得 $\overline{SP}/\overline{EN}$ 引脚有不同的作用和意义。缓冲方式下，通过数据总线驱动器与数据总线相连，这时 $\overline{SP}/\overline{EN}$ 做输出用，启动总线驱动器。非缓冲方式下，不通过数据总线驱动器与数据总线相连，这时 D_3（BUF）位应设置为 0。需要注意的是，在单片系统中，$\overline{SP}/\overline{EN}$ 端须接高电平。

⑤ D_4：嵌套方式选择位。在级联方式下，主 8259A 一般设置为特殊全嵌套工作方式，从 8259A 设置为普通全嵌套工作方式。

⑥ $D_5 \sim D_7$：特征位。当这 3 位为 000 时，表明当前送出的控制字是 ICW_4。

2. 操作命令字 OCW 的格式

8259A 操作命令字有 OCW_1、OCW_2 和 OCW_3。操作命令字可以在初始化后的任何时刻写入，写入顺序没有严格要求。但是，OCW_1 必须写入奇地址，OCW_2 和 OCW_3 则写入偶地址。

（1）OCW_1 的格式

OCW_1 为中断屏蔽字，写入中断屏蔽寄存器（IMR）中，对外部中断请求信号 IR_i 实行屏蔽，其格式如图 7-28 所示。OCW_1 对应奇端口地址。

$M_7 \sim M_0$ 用于屏蔽相应的 IR 信号，为 "1" 时置屏蔽，为 "0" 时允许相应中断请求。

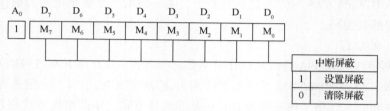

图 7-28　OCW_1 的格式

【例 7-1】已知 8259A 的端口地址为 20H、21H。若要屏蔽 IR_5、IR_4 和 IR_1 引脚上的中断请求，而不改变其余中断源原来的屏蔽情况，试给出对应的程序段。

```
IN    AL,21H              ;读取 IMR 的当前值
OR    AL,0011 0010B       ;IRQ5、IRQ4、IRQ1
OUT   21H,AL              ;写入 OCW1
```

【例 7-2】已知 8259A 的端口地址为 20H、21H。若要允许 IR_5、IR_4 和 IR_1 引脚上的中断请求，而不改变其余中断源原来的屏蔽情况，试给出对应的程序段。

```
IN    AL,21H              ;读取 IMR 的当前值
AND   AL,1100 1101B       ;IRQ5、IRQ4、IRQ1
OUT   21H,AL              ;写入 OCW1
```

提示：初始化完成后，OCW_1 就唯一地对应奇端口地址。

（2）OCW_2 的格式

OCW_2 用于设置中断优先级方式和中断结束方式，其格式如图 7-29 所示。OCW_2 对应偶端口地址（即 $A_0=0$）。

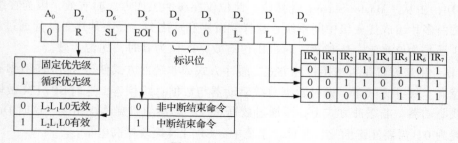

图 7-29　OCW_2 的格式

① $L_2 \sim L_0$：8 个中断请求输入端 $IR_7 \sim IR_0$ 的标志位，用来指定中断级别。

② SL：控制 $L_2 \sim L_0$ 指定的中断级别是否有效。当 SL = 1 时，$L_2 \sim L_0$ 定义有效；当 SL = 0 时，$L_2 \sim L_0$ 定义无效。

③ EOI（End of Interrupt）：中断结束命令。若 EOI = 1，在中断服务子程序结束时回送中断结束命令 EOI，以便使中断服务寄存器（ISR）中当前最高优先权位复位（普通 EOI 方式）。或由 $L_2 \sim L_0$ 表示的优先权位复位（特殊 EOI 方式）。

④ R（Rotation）：设置优先权循环方式位。R = 1 为优先权自动循环方式，R = 0 为优先权固定方式。

⑤ D_4、D_3=00 为 OCW_2 标志位。

R、SL、EOI 三位的组合含义如表 7-3 所示。

表 7-3　R、SL、EOI 三位的组合含义

R	SL	EOI	功　能　说　明
0	0	1	普通 EOI 命令，全嵌套方式
0	1	1	特殊 EOI 命令，全嵌套方式，$L_2 \sim L_0$ 指定的 ISR 位清 0
1	0	1	普通 EOI 命令，优先级自动循环
1	0	0	自动 EOI 时，优先级自动循环
0	0	0	自动 EOI 时，取消优先级自动循环
1	1	1	特殊 EOI 命令，优先级特殊循环。$L_2 \sim L_0$ 指定的 ISR 位清 0，且 $L_2 \sim L_0$ 指定的 IR 位为最低优先级
1	1	0	优先级特殊循环，$L_2 \sim L_0$ 指定优先级最低的 IR 位
0	1	0	无操作

【例 7-3】已知 8259A 的端口地址为 20H、21H。假如 $ICW_4.D_1$=0，代表正常 EOI（即程序中断结束）。向主片发 EOI 命令：

```
MOV    AL, 20H
OUT    20H, AL
```

同理，从片的中断服务子程序发 EOI 命令：

```
MOV    AL, 20H
OUT    0A0H,AL
OUT    20H, AL
```

（3）OCW_3 的格式

OCW_3 用于设置或清除特殊屏蔽方式和读取寄存器的状态，格式如图 7-30 所示。OCW_3 对应偶端口地址（即 A_0=0）。

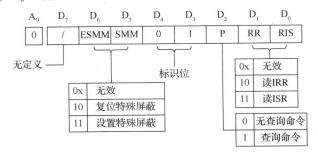

图 7-30　OCW_3 的格式

① RIS（Read Interrupt Register Select）：读中断寄存器选择位。

② RR（Read Register Command）：读 ISR 和 IRR 命令位。

当 RR = 1、RIS = 0 时，读取 IRR 命令；当 RR = 1、RIS = 1 时，读取 ISR 命令。在进行读 ISR 或 IRR 操作时，先写入读命令 OCW$_3$，紧接着执行读 ISR 或 IRR 的指令。

③ P（Poll Command）：为中断状态查询位。当 P = 1 时，可通过读入状态寄存器的内容，查询是否有中断请求正在被处理，如果有，则给出当前处理中断的最高优先级。中断状态寄存器如图 7-31 所示。

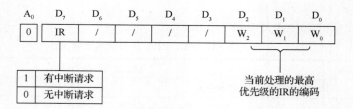

图 7-31　中断状态寄存器

④ ESMM（Enable Special Mask Mode）与 SMM（Special Mask Mode）组合可用来设置或取消特殊屏蔽方式。当 ESMM = 1、SMM = 1 时，设置特殊屏蔽；当 ESMM = 1、SMM = 0 时，复位特殊屏蔽。

【例 7-4】设 8259A 的两个端口地址为 20H 和 21H，请编程读出 IMR 的内容。

读取 IMR 内容的程序段为

```
IN      AL, 21H                 ;读 IMR 内容至 AL 中
```

【例 7-5】设 8259A 的两个端口地址为 20H 和 21H。OCW$_3$、ISR 和 IRR 共用一个地址 20H，请编程读出 IRR 或 ISR 的内容。

读取 IRR 内容的程序段为

```
MOV     AL, 00001010B
OUT     20H, AL                 ;读 IRR 命令写入 OCW₃
IN      AL, 20H                 ;读 IRR 内容至 AL 中
```

读取 ISR 内容的程序段为

```
MOV     AL, 00001011B
OUT     20H, AL                 ;读 ISR 命令写入 OCW₃
IN      AL, 20H                 ;读 ISR 内容至 AL 中
```

【例 7-6】设 8259A 的两个端口地址为 20H 和 21H，请编程读取中断状态字。

在读取中断状态字时，先写入中断查询命令，然后读取中断状态字。

```
MOV     AL, 00001100B
OUT     20H, AL                 ;读中断状态字命令写入 OCW3
IN      AL, 20H                 ;读中断状态字
```

【例 7-7】设 8259A 的两个端口地址为 20H 和 21H，请编程设置特殊屏蔽。

只需要 D6D5=11 即可：

```
MOV     AL, 01101000B
OUT     20H, AL                 ; 设置特殊屏蔽的命令写入 OCW₃
```

7.3.6　8259A 的初始化编程

8259A 的初始化编程需要写入初始化命令字 $ICW_1 \sim ICW_4$，对它的连接方式、中断触发方式和中断结束方式进行设置。但由于 $ICW_1 \sim ICW_4$ 使用两个端口地址，即 ICW_1 用 $A_0 = 0$ 的端口，ICW_2、ICW_3、ICW_4 使用 $A_0 = 1$ 的端口，因此初始化程序应严格按照系统规定的顺序写入，即先写入 ICW_1，接着写 ICW_2、ICW_3、ICW_4（顺序法）。

8259A 的初始化流程如图 7-32 所示。

在初始化完成之后，再写入的就是 OCW。

操作命令字 $OCW_1 \sim OCW_3$ 的写入比较灵活，没有固定的格式，可以在主程序中写入，也可以在中断服务子程序中写入，视需要而定。下面通过例子说明如何编写 8259A 的初始化程序。

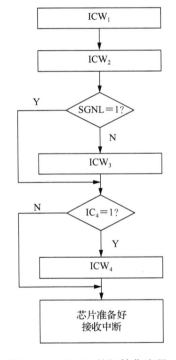

视频 38　8259 初始化

图 7-32　8259A 的初始化流程

【例 7-8】IBM PC/XT 机中，仅用单片 8259A。中断请求采用边沿触发，中断类型号为 08H ~ 0FH，普通全嵌套，缓冲方式，非自动中断结束方式。8259A 的端口地址为 20H 和 21H。请按上述要求对 8259A 进行初始化编程。

根据题意，写出 ICW_1、ICW_2 和 ICW_4 的格式，按图 7-32 所示的顺序写入。

```
MOV    AL,  00010011B    ;ICW₁:_____
OUT    20H, AL
MOV    AL,  00001000B    ;ICW₂:_____
OUT    21H, AL
MOV    AL,  00001101B    ;ICW₄: 全嵌套
OUT    21H, AL
```

【例 7-9】某微机系统使用主、从两片 8259A 管理中断，从片中断请求 INT 与主片的 IR_2 连接。设主片工作于特殊全嵌套、非缓冲和非自动结束方式，中断类型号为 40H，端口地址为 20H 和 21H；从片工作于全嵌套、非缓冲和非自动结束方式，中断类型号为 70H，端口地址为 80H 和 81H。试编写主片和从片的初始化程序。

根据题意，写出 ICW_1、ICW_2、ICW_3 和 ICW_4 的格式，按图 7-32 所示的顺序写入。

主片的初始化程序如下：

```
MOV     AL,  00010001B          ;级联，边沿触发，需要写 ICW₄
OUT     20H,  AL                ;写 ICW₁
MOV     AL,  01000000B          ;中断类型号 40H
OUT     21H,  AL                ;写 ICW₂
MOV     AL,  00000100B          ;主片的 IR₂ 引脚接从片
OUT     21H,  AL                ;写 ICW₃
MOV     AL,  00010001B          ;特殊完全嵌套、非缓冲、非自动结束
OUT     21H,  AL                ;写 ICW₄
```

从片初始化程序如下：

```
MOV     AL, 00010001B           ;级联，边沿触发，需要写 ICW₄
OUT     80H,  AL                ;写 ICW₁
MOV     AL,  01110000B          ;中断类型号 70H
OUT     81H,  AL                ;写 ICW₂
MOV     AL,  00000010B          ;接主片的 IR₂ 引脚
OUT     81H,  AL                ;写 ICW₃
MOV     AL,  00000001B          ;完全嵌套、非缓冲、非自动结束
OUT     81H,  AL                ;写 ICW₄
```

对 8259A 读操作的总结：

① 直接对奇地址读（IN　AL, 21H），读出的就是 IMR，即 OCW_1。

② 对偶地址的读（IN　AL, 20H）操作，需要先输出 OCW_3，然后再输入，先写后读。读出的内容可能是 IRR、ISR 或者查询字。

对 8259A 写操作的总结：

① 直接对奇地址写（OUT　21H, AL），初始化时，对应 ICW_2、ICW_3、ICW_4。初始化之后，就写到了 OCW_1 寄存器中。

② 对偶地址的写（OUT　20H, AL）操作，由 D_4D_3 特征位区分，会写入不同的寄存器中。可能是 ICW_1（$D_4D_3=1\times$）、OCW_2（$D_4D_3=00$）或者 OCW_3（$D_4D_3=01$）。

7.4　8259A 的应用

7.4.1　8259A 与系统总线的连接

在 Intel 80486 CPU 系统中，使用两片 8259A 管理中断，系统采用级联方式。主片中的 8 个中断请求 $IR_7 \sim IR_0$ 除 IR_2 扩展从片以外，其他均为系统使用，从片中的 8 个中断请求 $IR_7 \sim IR_0$ 供用户使用，共支持 15 个中断源。8259A 与 80486 CPU 的硬件连接如图 7-33 所示。

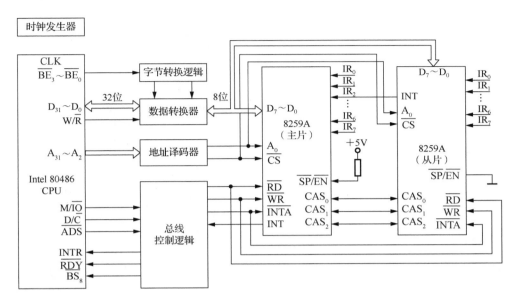

图 7-33　8259A 与 80486 CPU 的硬件连接

系统的工作过程：当 80486 CPU 响应中断请求 INT 时，向 8259A 回送中断响应信号 $\overline{INTA}$，自动进入中断响应总线周期，进行中断处理。

$\overline{INTA}$ 由 M/$\overline{IO}$、D/$\overline{C}$ 和 W/$\overline{R}$ 信号通过总线控制逻辑产生，其编码如表 7-4 所示。

表 7-4　M/$\overline{IO}$、D/$\overline{C}$、W/$\overline{R}$ 三个信号编码

M/$\overline{IO}$	D/$\overline{C}$	W/$\overline{R}$	总线周期内容
0	0	0	中断响应
0	0	1	空闲
0	1	0	读 I/O 数据
0	1	1	写 I/O 数据
1	0	0	读存储器代码
1	0	1	停止/关机
1	1	0	读存储器数据
1	1	1	写存储器数据

当 M/$\overline{IO}$、D/$\overline{C}$、W/$\overline{R}$ 的编码是 000 时，为中断响应周期。$\overline{INTA}$ 时序如图 7-34 所示。

在第一个 $\overline{INTA}$ 周期，CPU 向 8259A 发送第一个 $\overline{INTA}$ 脉冲，表示响应 INT 请求，并利用这个信号将 8259A 的请求信号 IR_i 复位，同时使总线锁存信号 $\overline{LOCK}$ 有效，以禁止其他总线主控设备争用总线。在第二个 $\overline{INTA}$ 周期，将中断类型号 n 通过数据总线送至 CPU，由 CPU 自动完成中断向量表地址 $4n$ 运算后，从中断向量表中取出相应的中断向量送入 CS:IP 中，继而转去执行中断服务子程序。同时，8259A 还利用第二个 $\overline{INTA}$ 周期的后沿将 INT 复位。在自动结束方式中，也是利用这个后沿，将 ISR 中的中断服务标志位清除。

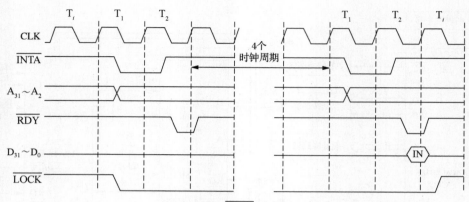

图 7-34　$\overline{\text{INTA}}$ 时序图

7.4.2　中断程序设计

若要以中断方式实现 CPU 与外设之间的数据交换，用户需要完成主程序和中断服务子程序的设计。其中，主程序对中断系统的软硬件进行初始化。例如，中断向量表初始化、设置 8259A 的工作方式等。中断服务程序：实现数据输入/输出及相关控制。

视频39　中断程序设计

1. 主程序

① 关中断，给 DS、SS、SP 赋初值。

② 中断向量表初始化。

③ 8259 初始化。

④ 设置 IMR。

⑤ 其他。

记住关键的②③④三步。

2. 中断服务子程序设计

① 保护现场，用 PUSH 指令实现。

② 开中断，用 STI 指令实现。

③ 数据输入/输出，核心部分。

④ 关中断，用 CLI 指令实现。

⑤ 恢复现场，用 POP 指令实现。

⑥ 中断返回，用 IRET 指令实现。

3. 特别说明

① 中断向量表初始化：做习题或实验，用到几个中断源，就要编写几段向量表初始化程序。

② 8259A 初始化程序：用到几个 8259A 芯片，就要写几段 8259A 初始化程序。

7.4.3 设置中断向量表的 3 种方法

【例 7-10】已知某输入设备数据准备好，通过 8259 的 IR_3 发中断请求。IR_3 的中断类型号为 0BH。中断服务子程序的名字为 PROG3，请设计中断向量表初始化的程序段。

视频40 中断向量表的设置

方法 1：

```
PUSH    DS
MOV     AX,0                    ; 设置中断向量表段基址为 0
MOV     DS,AX
MOV     AX,OFFSET PROG3         ; 中断子程序偏移地址
MOV     [002CH],AX             ; IR3 中断类型号 0BH，
                               ; 中断向量表中位置为 4×0BH=2CH
MOV     AX,SEG  PROG3          ; 中断子程序段地址
MOV     [002EH],AX             ; 4×0BH+2=2EH
POP     DS
```

方法 2：

```
PUSH    DS
MOV     AX, SEG  PROG3         ; 设置中断向量
MOV     DS, AX
MOV     DX, OFFSET PROG3       ; 偏移地址
MOV     AX, 250BH             ; IR3 中断类型号为 0BH，
INT     21H
POP     DS
```

方法 3：

```
PUSH    ES
MOV     AX, 0
MOV     ES, AX
MOV     DI, 002CH
MOV     AX, OFFSET PROG3
CLD
STOSW
MOV     AX, SEG PROG3
STOSW
POP     ES
```

7.4.4 中断应用举例

【例 7-11】设计一个中断处理程序。要求中断请求信号以跳变方式由 IR_2 引入（可为任意定时脉冲信号），当 CPU 响应 IR_2 请求时，输出字符串 "THIS IS A 8259A INTERRUPT!"，中断 10 次，主机不再响应中断请求，并且显示 "PROGRAM TERMINATED NORMALLY!" 程序退出（设 8259A 的端口地址为 20H 和 21H，中断类型号为 40H）。

8259A 中断处理程序如下：

```
DATA    SEGMENT
MESS1   DB 'THIS IS A 8259A INTERRUPT! ', 0AH, 0DH, '$'
MESS2   DB 'PROGRAM TERMINATED NORMALLY! ', 0AH, 0DH, '$'
COUNT   DB  10                      ;计数值为 10
DATA    ENDS
```

```
STACK   SEGMENT   PARA STACK 'STACK'
STA     DB 100H  DUP(?)
TOP     EQU LENGTH  STA
STACK   ENDS
CODE    SEGMENT
        ASSUME    CS:CODE, DS:DATA, SS:STACK
MAIN:   CLI
        MOV       AX,    DATA
        NOV       DS,    AX
        MOV       AX,    STACK
        MOV       SS,    AX
        MOV       SP,    TOP
INIT0:  PUSH      DS                            ;中断向量表初始化
        MOV       AX,    SEG    INTDISP         ;
        MOV       DS,    AX                     ;中断服务子程序入口段基址送 DS
        MOV       DX,    OFFSET INTDISP         ;中断子程序入口偏移地址送 DX
        MOV       AL,    42H                    ;IR_2 的中断类型号 42H 送 AL
        MOV       AH,    25H                    ;25H 功能调用
        INT       21H
        POP       DS
INIT1:  MOV       AL,    13H                    ;8259A 初始化
        OUT       20H,   AL                     ;单片，边沿触发
        MOV       AL,    40H                    ;中断类型号 40H
        OUT       21H,   AL
        MOV       AL,    01H                    ;非自动结束
        OUT       21H,   AL
INIT2:  IN        AL,    21H                    ;读 IMR
        AND       AL,    0FBH                   ;允许 IR_2 请求中断
        OUT       21H,   AL                     ;写中断屏蔽字 OCW1
WAIT1:  STI                                     ;开中断
        CMP       COUNT, 0                      ;判断 10 次中断是否结束
        JNZ       WAIT1                         ;未结束，等待
        MOV       AX,    4C00H                  ;结束，返回 DOS
        INT       21H
INTDISP PROC                                    ;中断服务子程序
        PUSH      AX
        PUSH      DX                            ;保护现场
        STI                                     ;开中断
        MOV       DX,    OFFSET MESS1
        MOV       AH,    09H
        INT       21H
        DEC       COUNT                         ;控制 10 次循环
        JNZ       NEXT
        IN        AL,    21H                    ;读 IMR
        OR        AL,    04H                    ;屏蔽 IR_2 请求
        OUT       21H,   AL
        MOV       DX,    OFFSET MESS2

        MOV       AH,    09H
        INT       21H
```

```
NEXT:     CLI                              ;关中断
          MOV      AL,    20H              ;写 OCW₂，送中断结束命令 EOI
          OUT      20H,   AL
          POP      DX                      ;恢复现场
          POP      AX
          IRET                             ;中断返回
INTDISP   ENDP
CODE      ENDS
          END      MAIN
```

习　题

综合题

1. 什么是中断类型码？什么是中断向量？什么是中断向量表？什么是中断向量地址？它们之间有何关系？

2. 8259A 内部中断请求寄存器 IRR、中断屏蔽寄存器 IMR、当前中断服务寄存器 ISR 以及中断优先级裁决器 PR，各自的功能是什么？

3. 简述 8086/8088CPU 可屏蔽中断的工作过程。

4. 8259A 的工作过程是怎样的？

5. 8259A 的有哪几个初始化命令字？功能分别是什么？

6. 8259A 的操作命令字有哪几个？功能分别是什么？

7. 在多片级联的系统中，主片、从片以及与 CPU 连接的主要控制信号有哪些？

8. 8259A 的级联控制信号 $CAS_0 \sim CAS_2$ 有什么作用？何时为输出？何时为输入？

9. 简述 8086 CPU 得到中断类型码后，如何找到中断服务程序的入口地址？

10. 在微型计算机系统中采用中断技术有哪些好处？

11. 8259 的普通全嵌套工作方式和特殊全嵌套方式有什么区别？

12. 为什么在主程序和中断服务程序中都要安排开中断指令？如果开中断指令安排在中断服务程序的末端，会产生什么后果？

13. 8259A 有几种结束中断处理的方式，各自应用在什么场合？

14. 单片 8259A 能够管理多少级中断源？两片级联可管理多少级可屏蔽中断？三片主从级联呢？

15. 有 8 个中断源，其中断类型码为 08H ~ 0FH，在 RAM 的 0000:002CH 单元中依次存放 20H、FFH、20H 和 E0H。问该中断源对应的中断类型码是多少？中断服务子程序的入口地址又是多少？

16. 编程为中断类型号 15H、中断处理程序首地址 ROUT15 的中断源进行向量表初始化。

17. 某 8259A 初始化时，$ICW_1=1BH$，$ICW_2=30H$，$ICW_4=01H$，试说明 8259A 的工作情况。

18. 若 8259A 的端口地址为 20H 和 21H，系统中只有一片 8259A，8 个中断源边沿触发，不需要缓冲，以普运全嵌套方式工作，中断类型码为 40H，试编写初始化程序。

19. 某系统有单片 8259A 中断控制器，若要允许 IR_4、IR_6 和 IR_7 引脚上的中断请求，又不改变原有中断源的屏蔽情况，请编程实现。

20. 某系统中有 3 片 8259A 级联使用，1 片为主片，2 片为从片，从片接入主片的 IR$_2$ 和 IR$_5$ 端，并且当前 8259A 主片的 IR$_3$ 及两片 8259A 从片的 IR4 各接有外部中断源。中断类型号分别为 80H、90H、A0H，中断入口段基址为 2000H，偏移地址分别为 1800H、2800H、3800H，主片 8259A 的端口地址为 CCF8H、CCFAH。一片 8259A 从片的端口地址为 FEE8H、FEEAH，另一片为 FEECH、FEEEH。中断采用电平触发，全嵌套工作方式，普通 EOI 结束。要求：

（1）画出硬件连接图。

（2）编写初始化程序（包括中断向量表初始化、8259A 初始化和操作命令字写入）。

第 **8** 章

并 行 接 口

CPU 与外设间的数据传送都是通过接口来实现的。CPU 与接口的数据传输总是并行的，即一次传输 8 位或者 16 位，而接口与外设间的数据传输则可分为两种情况：串行传送与并行传送。串行传送是数据在一根传输线上一位一位地传送，而并行传送是数据在多根传输线上一次以 8 位或 16 位为单位进行传送。与串行传送相比，并行传送需要较多的传输线，成本较高，但传输速度快，尤其适用于高速近距离的场合。

能实现并行传送的接口称为并行接口，通常，一个并行接口可设计为输出接口，如连接一台打印机；也可设计为输入接口，如连接键盘；还可设计成双向通信接口，既作为输入接口又作为输出接口，如连接磁盘驱动器这样的需双向通信的设备。

并行接口分为不可编程并行接口与可编程并行接口。不可编程并行接口通常由三态缓冲器及数据锁存器等搭建而成，这种接口的控制比较简单，但要改变其功能必须改变硬件电路。可编程接口的最大特点是其功能可通过编程设置和改变，因而具有极大的灵活性。

本章主要介绍了 8 位可编程并行接口芯片 8255A。通过对 8255A 的外部引脚、内部结构、工作方式等基础知识的介绍，举例说明不同工作方式下 8255A 的具体应用。

学习目标：

- 能够说出并行通信的特点。
- 能够列出并行接口 8255A 的内部结构、工作方式。
- 能够根据需要选择 8255A 的工作方式，并能对芯片进行初始化及数据传送控制。

8.1 并行接口电路 8255A

Intel 8255A 是一种通用的可编程并行接口芯片（A 的意思是修正了其中的 Bug），它有 3 个 8 位 I/O 端口，可通过编程设置多种工作方式，通用性强，使用方便，价格低廉。通过 8255A，CPU 可以和大多数并行传送的外设直接连接，也可以直接与 Intel 系列的芯片连接使用，在中小系统中有着广泛的应用。

8.1.1　8255A 的内部结构

8255A 是通用的 8 位并行输入/输出接口芯片，使用灵活，功能强大。它具有如下特点：

① 8255A 具有 3 个 8 位的数据口(A 口、B 口和 C 口)，其中 C 口还可当作两个 4 位口来使用。3 个数据口均可用来输入或输出。

② 8255A 具有 3 种工作方式：方式 0、方式 1 和方式 2，可适应 CPU 与外设间的多种数据传输方式，如无条件传送方式、查询传送方式、中断方式等。

视频41　8255A 的内部结构

③ 8255A 的 C 口还具有按位置 0 与置 1 功能。

8255A 的内部结构图如图 8-1 所示，它由如下几部分组成。

1. 与 CPU 的接口电路

8255A 与 CPU 的接口电路由数据总线缓冲器和读/写控制逻辑电路组成。

（1）数据总线缓冲器

数据总线缓冲器是一个三态、双向、8 位寄存器，8 条数据线 $D_7 \sim D_0$ 与系统数据总线连接，构成 CPU 与 8255A 之间信息传送的通道，CPU 通过执行输出指令向 8255A 写入控制命令或向外设传送数据，通过执行输入指令读取外设输入的数据。

（2）读/写控制逻辑电路

读/写控制逻辑电路用来接收 CPU 系统总线的读信号 $\overline{RD}$，写信号 $\overline{WR}$，片选择信号 $\overline{CS}$，端口选择信号 A_1、A_0 和复位信号 RESET，用于控制 8255A 内部寄存器的读/写操作和复位操作。

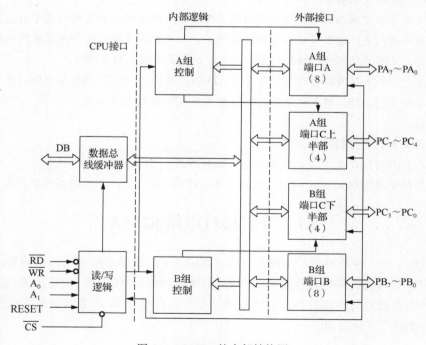

图 8-1　8255A 的内部结构图

2．内部控制逻辑电路

内部控制逻辑包括 A 组控制与 B 组控制两部分。A 组控制寄存器用来控制 A 口 $PA_7 \sim PA_0$ 和 C 口的高 4 位 $PC_7 \sim PC_4$；B 组控制寄存器用来控制 B 口 $PB_7 \sim PB_0$ 和 C 口的低 4 位 $PC_3 \sim PC_0$。它们接收 CPU 发送来的控制命令，对 3 个端口 A、B、C 的输入/输出方式进行控制。

3．输入/输出接口电路

8255A 片内有 3 个 8 位并行端口 A、B、C，A 口和 B 口分别有一个 8 位的数据输出锁存/缓冲器和一个 8 位数据输入锁存器，C 口有一个 8 位数据输出锁存/缓冲器和一个 8 位数据输入缓冲器，用于存放 CPU 与外围设备交换的数据。

对于 8255A 的 3 个数据端口和 1 个控制端口，数据端口既可以写入数据又可以读出数据，控制端口只能写入命令而不能读出，读/写控制信号（$\overline{RD}$、$\overline{WR}$）和端口选择信号（$\overline{CS}$、A_1 和 A_0）的状态组合可以实现 3 个端口 A、B、C 和控制端口的读/写操作。8255A 的端口分配及读/写功能如表 8-1 所示。

表 8-1　8255A 的端口分配及读/写功能

A_1	A_0	$\overline{RD}$	$\overline{WR}$	$\overline{CS}$	功　　能
0	0	0	1	0	端口 A→数据总线
0	1	0	1	0	端口 B→数据总线
1	0	0	1	0	端口 C→数据总线
1	1	0	1	0	非法操作
0	0	1	0	0	数据总线→端口 A
0	1	1	0	0	数据总线→端口 B
1	0	1	0	0	数据总线→端口 C
1	1	1	0	0	命令写入控制寄存器

8.1.2　8255A 的外部引脚

8255A 是 40 引脚双列直插式芯片，采用单一+5 V 电源供电，8255A 的引脚分布如图 8-2 所示。

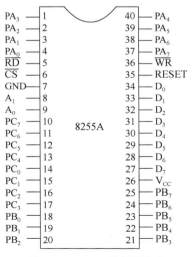

图 8-2　8255A 的引脚分布

① $D_7 \sim D_0$：三态双向数据线，与系统数据总线连接。

② $\overline{CS}$：片选信号线，低电平有效时，8255 芯片被选中，才能接受 CPU 的读/写。

③ A_1、A_0：端口地址选择线，用来选择 8255A 的 3 个数据端口和 1 个控制端口。

④ $\overline{RD}$：读信号线，低电平有效，允许 CPU 从 8255A 读取各端口的数据和状态。

⑤ $\overline{WR}$：写信号线，低电平有效，CPU 可以向 8255A 写入数据或控制字。

⑥ RESET：复位信号线，高电平有效，将所有内部寄存器（包括控制寄存器）清 0。

⑦ $PA_7 \sim PA_0$：A 口与外围设备连接的 8 位数据线，由 A 口的工作方式决定这些引脚用作输入/输出或双向。

⑧ $PB_7 \sim PB_0$：B 口与外围设备连接的 8 位数据线，由 B 口的工作方式决定这些引脚用作输入/输出。

⑨ $PC_7 \sim PC_0$：C 口 8 位输入/输出数据线，这些引脚的用途由 A 组、B 组的工作方式决定。

⑩ V_{cc}：+5 V 电源线。

⑪ GND：地线。

8.1.3　8255A 的工作方式

8255A 有 3 种工作方式：基本输入/输出方式、单向选通输入/输出方式和双向选通输入/输出方式。

1. 方式 0：基本输入/输出

方式 0 是 8255A 的基本输入/输出方式，其特点是与外设传送数据时，不需要设置专用的联络（应答）信号，可以无条件地直接进行 I/O 传送。

A、B、C 这 3 个端口都可以工作在方式 0。

A 口和 B 口工作在方式 0 时，只能设置为以 8 位数据格式输入/输出。

C 口工作在方式 0 时，可以高 4 位和低 4 位分别设置为数据输入或数据输出方式。

方式 0 常用于与外设无条件数据传送或查询方式数据传送。

视频42　8255 的工作方式0

2. 方式 1：单向选通输入/输出

方式 1 是一种带选通信号的单方向输入/输出工作方式，其特点是：与外设传送数据时，需要联络信号进行协调，允许用查询或中断方式传送数据。

由于 C 口的 PC_0、PC_1 和 PC_2 定义为 B 口工作在方式 1 的联络信号线，PC_3、PC_4 和 PC_5 定义为 A 口工作方式 1 的联络信号线，因此只允许 A 口和 B 口工作在方式 1。

视频43　8255 的工作方式1

（1）方式 1 的输入

A 口和 B 口工作在方式 1，当数据输入时，C 口的引脚信号定义如图 8-3 所示。PC_3、PC_4 和 PC_5 定义为 A 口的联络信号线 $INTR_A$、$\overline{STB}_A$ 和 IBF_A，PC_0、PC_1 和 PC_2 定义为 B 口的联络信号线 $INTR_B$、IBF_B 和 $\overline{STB}_B$，剩余的 PC_6 和 PC_7 仍可以作为基本 I/O 线，工作在方式 0。

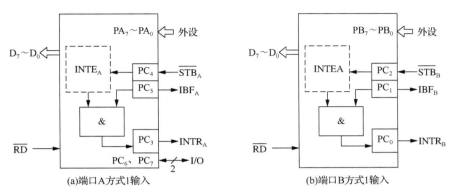

图 8-3 当数据输入时，C 口的引脚信号定义

方式 1 输入联络信号的功能如下：

① $\overline{\text{STB}}$（Strobe Input）：选通信号，输入，低电平有效。此信号由外设产生输入，当 $\overline{\text{STB}}$ 有效时，选通 A 口或 B 口的输入数据锁存器，锁存由外设输入的数据，供 CPU 读取。

② IBF（Input Buffer Full）：输入缓冲器满指示信号，输出，高电平有效。当 A 口或 B 口的输入数据锁存器接收到外设输入的数据时，IBF 变为高电平，作为对外设 $\overline{\text{STB}}$ 的响应信号，CPU 读取数据后 IBF 被清除。

③ INTR：中断请求信号，输出，高电平有效，用于请求以中断方式传送数据。

④ 为了能实现用中断方式传送数据，8255A 内部设有一个中断允许触发器 INTE，当触发器为 "1" 时允许中断，为 "0" 时禁止中断。A 口的触发器由 PC_4 置位或复位，B 口的触发器由 PC_2 置位或复位。

端口 A 和端口 B 方式 1 数据输入的时序图如图 8-4 所示。

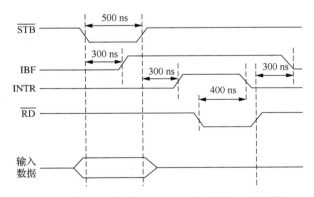

图 8-4 端口 A 和端口 B 方式 1 数据输入的时序图

当外设的数据准备就绪后，向 8255A 发送 $\overline{\text{STB}}$ 信号以便锁存输入的数据，$\overline{\text{STB}}$ 的宽度至少为 500 ns，在 $\overline{\text{STB}}$ 有效之后的约 300 ns，IBF 变为高电平，并一直保持到 $\overline{\text{RD}}$ 信号由低电平变为高电平，待 CPU 读取数据后约 300 ns 变为低电平，表示一次数据传送结束。INTR 是在中断允许触发器 INTE 为 1，且 IBF 为 1（8255A 接收到数据）的条件下，在 $\overline{\text{STB}}$ 后沿（由低变高）之后约 300 ns 变为高电平，用于向 CPU 发出中断请求，待 $\overline{\text{RD}}$ 变为低电平后约 400 ns，INTR 被撤销。

（2）方式 1 的输出

A 口和 B 口工作在方式 1，当数据输出时，C 口的引脚信号定义如图 8-5 所示。

PC_3、PC_6 和 PC_7 定义为 A 口联络信号线 $INTR_A$、$\overline{ACK}_A$ 和 $\overline{OBF}_A$，PC_0、PC_1 和 PC_2 定义为 B 口联络信号线 $INTR_B$、$\overline{OBF}_B$ 和 $\overline{ACK}_B$，剩余的 PC_4 和 PC_5 仍可以作为基本 I/O 线，工作在方式 0。

方式 1 输出联络信号的功能如下：

① $\overline{OBF}$（Output Buffer Full）：输出缓冲器满指示信号，输出，低电平有效。$\overline{OBF}$ 信号由 8255A 发送给外设，当 CPU 将数据写入数据端口时，$\overline{OBF}$ 变为低电平，用于通知外设读取数据端口中的数据。

② $\overline{ACK}$（Acknowledge Input）：应答信号，输入，低电平有效。$\overline{ACK}$ 信号由外设发送给 8255A，作为对 $\overline{OBF}$ 信号的响应信号，表示输出的数据已经被外设接收，同时清除 $\overline{OBF}$ 信号。

③ INTR：中断请求信号，输出，高电平有效，用于请求以中断方式传送数据。

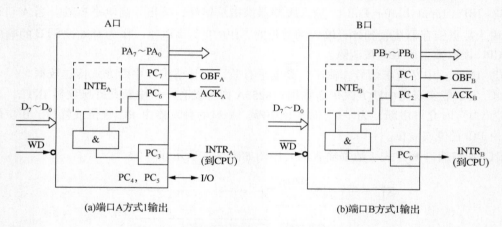

图 8-5　当数据输出时，C 口的引脚信号定义

方式 1 数据输出的时序图如图 8-6 所示。

当 CPU 向 8255A 写入数据时，$\overline{WR}$ 信号上升沿后约 650 ns，$\overline{OBF}$ 有效，发送给外设，作为外设接收数据的选通信号。当外设接收到送来的数据后，向 8255A 回送 $\overline{ACK}$ 信号，作为对 $\overline{OBF}$ 信号的应答。$\overline{ACK}$ 信号有效之后约 350 ns，$\overline{OBF}$ 变为无效，表明一次数据传送结束。INTR 信号在中断允许触发器 INTE 为 1 且 $\overline{ACK}$ 信号无效之后约 350 ns 变为高电平。

若用中断方式传送数据，通常把 INTR 连到的请求输入端 IR_i。

（3）方式 1 状态字格式

当 8355A 设置为方式 1 或方式 2 时，读 C 口便可以输入相应的状态字。以便让 CPU 了解 8255A 的状态。方式 1 时，状态字的格式如图 8-7 所示。

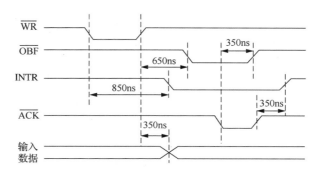

图 8-6 端口 A 和端口 B 方式 1 数据输出的时序图

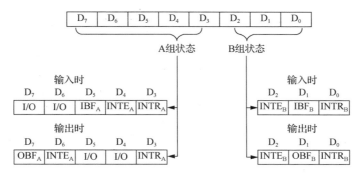

图 8-7 方式 1 状态字的格式

可以这样理解：A 口工作于方式 1 输入时，B 口可以工作于方式 0、方式 1 输入以及方式 1 输出 3 种情况。同理，A 口工作于方式 1 输出时，B 口也可以工作于方式 0、方式 1 输入以及方式 1 输出 3 种情况。

3．方式 2：双向选通输入/输出

方式 2 为双向选通输入/输出方式，是方式 1 输入和输出的组合，即同一端口的信号线既可以输入又可以输出。由于 C 口的 $PC_7 \sim PC_3$ 定义为 A 口工作在方式 2 时的联络信号线，因此只允许 A 口工作在方式 2，引脚信号定义如图 8-8 所示。

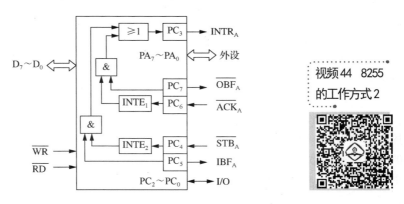

图 8-8 端口 A 方式 2 引脚信号定义

由图 8-8 可以看出，$PA_7 \sim PA_0$ 为双方向数据端口，既可以输入数据，又可以输出数据。

（1）联络信号

C 口的 $PC_7 \sim PC_3$ 定义为 A 口的联络信号线，其中 PC_4 和 PC_5 作为数据输入时的联络信号线，PC_4 定义为输入选通信号 $\overline{STB}_A$，PC_5 定义为输入缓冲器满 IBF_A。

PC_6 和 PC_7 作为数据输出时的联络信号线，PC_7 定义为输出缓冲器满 $\overline{OBF}_A$，PC_6 定义为输出应答信号 $\overline{ACK}_A$；PC_3 定义为中断请求信号 $INTR_A$。

注意：输入和输出共用一个中断请求线 PC_3，但中断允许触发器有两个，即输入中断允许触发器为 $INTE_2$，由 PC_4 写入设置；输出中断允许触发器为 $INTE_1$，由 PC_6 写入设置；剩余的 $PC_2 \sim PC_0$ 仍可以作为基本 I/O 线，工作在方式 0。

（2）方式 2 状态字格式

方式 2 是一种双向工作模式。如果某并行设备既可以进行输入操作，又可以进行输出操作，并且输入/输出动作又不会同时进行，就可以让它工作于方式 2。

当 A 口工作于方式 2 双向方式时，读 C 口便可以输入相应的状态字。以便让 CPU 了解 8255A 的状态。同时，B 口可以工作于方式 0、方式 1 输入以及方式 1 输出 3 种情况。相应的方式 2 状态字格式如图 8-9 所示。

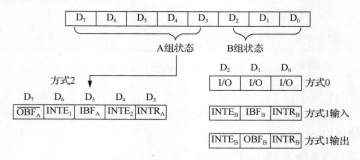

图 8-9　方式 2 状态字格式

利用方式字，可以让 8255A 以查询方式工作。当 8255A 以方式 2 工作于中断方式时，也可以在中断服务子程序中，输入状态字，来判定是输入中断还是输出中断，从而执行正确的中断服务程序。

8.1.4　8255A 的编程

8255A 工作时首先要初始化，即要写入控制字来指定其工作方式。如果需要中断，还要用 C 口按位置位/复位控制字将中断标志 INTE 置 1 或置 0。初始化完成后，就可对 3 个数据端口进行读/写。

控制字用来设置 8255A 的工作方式，8255A 有两个控制字，方式选择控制字和 C 口按位置位/复位控制字。方式控制字用于设置端口 A、B、C 的工作方式和数据传送方向；置位/复位控制字用于设置 C 口的 $PC_7 \sim PC_0$ 中某一条口线 PC_i（$i = 0 \sim 7$）的电平。两个控制字共用一个端口地址，由控制字的最高位作为区分这两个控制字的标志位。

视频45　8255
方式字

1. 方式控制字的格式

8255A 工作方式控制字的格式如图 8-10 所示。

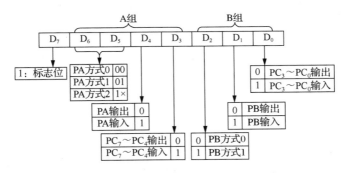

图 8-10　8255A 工作方式控制字的格式

例如，若将 8255A 的 A 口设置为工作方式 0 输入，B 口设置为工作方式 1 输出，C 口没有定义，则工作方式控制字为 10010100B。

2. C 口置位/复位控制字的格式

8255A C 口置位/复位控制字的格式如图 8-11 所示。

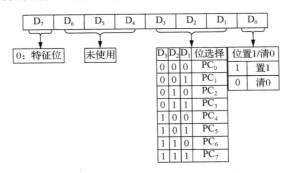

图 8-11　8255A C 口置位/复位控制字的格式

8255A 的 C 口置位/复位控制字用于设置 C 口的某一位 PC_i（$i = 0 \sim 7$）输出为高电平（置位）或低电平（复位），对各端口的工作方式没有影响。

① $D_3 \sim D_1$：8 种状态组合 000 ~ 111 对应表示 $PC_0 \sim PC_7$。

② D_0：用来设置指定口线 PC_i 为高电平还是低电平。当 $D_0 = 1$ 时，指定口线 PC_i 输出高电平；当 $D_0 = 0$ 时，指定口线 PC_i 输出低电平。

③ $D_6 \sim D_4$：没有定义，状态可以任意，通常设置为 0。D_7 位作为标志位，恒为 0。例如，若把 PC_2 口线输出状态设置为高电平，则置位/复位控制字为 00000101B。

3. 8255A 初始化编程

8255A 的 A、B、C 三个端口的工作方式是在初始化编程时，通过向 8255A 的控制端口写入控制字来设置的。

8255A 的初始化编程比较简单，只需要将工作方式控制字写入控制端口即可。另外，C 口置位/复位控制字的写入只是对 C 口指定位输出状态起作用，对 A 口和 B 口的工作方式没有影响，因此只有需要在初始化时指定 C 口某一位的输出电平时，写入 C 口置位/复位控制字。

【例 8-1】设 8255A 的 A 口工作在方式 0，数据输出，B 口工作在方式 1，数据输入，编写初始化程序。

```
MOV    DX, 0FF86H          ;假设控制端口地址为 FF86H
MOV    AL, 10000110B        ;A 口方式 0，数据输出，B 口方式 1，数据输入
OUT    DX, AL              ;将控制字写入控制端口
```

【例 8-2】将 8255A 的 C 口中 PC_0 设置为高电平输出，PC_5 设置为低电平输出，编写初始化程序。

```
MOV    DX, 0FF86H          ;假设控制端口地址为 FF86H
MOV    AL, 00000001B        ;使 PC0=1
OUT    DX, AL              ;将控制字写入控制端口
MOV    AL, 00001010B        ;使 PC5=0
OUT    DX, AL              ;将控制字写入控制端口
```

8.2　8255 的应用

8.2.1　8255A 在 PC 上的应用

在 IBM PC/XT 机中用一片 8255A 来做三项工作：一是管理键盘；二是控制扬声器；三是输入系统配置开关的状态。占用的 I / O 端口地址空间为 60H ~ 63H。

在 IBM PC/XT 机中，8255A 工作在基本输入/输出方式：端口 A 为方式 0 输入，用来读取键盘扫描码；端口 B 为方式 0 输出，控制扬声器发声等；端口 C 为方式 0 输入，读取系统状态和配置。系统的初始化编程如下：

```
MOV  AL,10011001B    ;8255 方式控制字 99H
OUT  63H,AL          ;设置 A 口和 C 口为方式 0 输入，B 口为方式 0 输出
```

【例 8-3】 PC 的扬声器发声线路图如图 8-12 所示。扬声器的发声控制系统由 8255A PB 口的 D_0、D_1 位与 8253 计数器的计数通道 2 共同控制。8255A 的端口地址为 60H ~ 63H，8253 的端口地址为 40H ~ 43H。

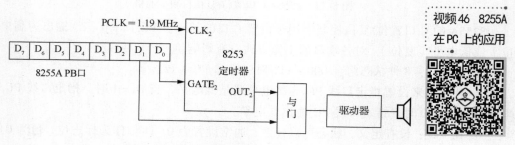

图 8-12　PC 的扬声器发声线路图

扬声器发声有两种方式：

① 直接对 8255A 的 B 口的 D_1 位交替输出 0 和 1，使扬声器交替地接通与断开，推动扬声器发声。这种方式发声频率不好控制，只能用于简单发声。

② 定时器控制发声：让 8255A 的 PB 口中的 D_1、D_0 位输出 1，对 8253 编程，使其在 OUT_2 上输出指定频率的方波，以驱动扬声器发声。这种方式方便控制发声频率，可满足较复杂的发声要求（但 PC 中未提供控制音量的手段）。

由于扬声器总是随时可用的，故 CPU 可用无条件传送方式对其操作。

采用第一种方式时 PC 的发声程序如下：

```
            MOV     DX,100H         ;扬声器开关次数
            IN      AL,61H          ;读取 B 口的内容
            MOV DL, AL              ;保存原 B 口的内容，以便退出时恢复
            AND     AL,11111100B    ;将 B 口第 0、1 位置 0，即关定时器门
SOUND:      XOR     AL,2            ;B 口的 D₁ 位置反，打开或关闭扬声器的门
            OUT     61H,AL          ;输出到 B 口
            MOV     CX,2000H        ;发声时间控制，机器不同，设置的循环次数不同
DELAY:      LOOP    DELAY
            DEC     DX
            JNZ     SOUND
            MOV     AL, DL
            OUT     61H,AL          ;恢复原 B 口内容，即重置为扬声器的原状态
```

8.2.2　8255A 方式 0 的应用

下面通过应用实例进一步说明 8255A 的应用。

【例 8-4】如图 8-13 所示，假设 8255A 的端口 A、B、C 的地址分别为 FF80H、FF82H 和 FF84H，控制端口的地址为 FF86H。编程设置 8255A 的 3 个数据端口均工作于方式 0，A 口输出，B 口输出，C 口高 4 位输入、低 4 位输出。然后读入开关 S 的状态，若 S 断开，则使发光二极管熄灭；若 S 闭合，则使发光二极管点亮。

```
            MOV     AL,88H          ;8255 方式控制字
            MOV     DX,0FF86H
            OUT     DX,AL
            MOV     DX,0FF84H
            IN      AL,DX           ;读入 C 口内容
            TEST    AL,20H          ;测试 PC5
            JZ      L1              ;PC5 = 0，说明开关 S 是闭合状态
            MOV     AL,0            ;设置 PB6 = 0，使发光二极管熄灭
            JMP     NEXT
L1:         MOV     AL,40H          ;设置 PB₆ = 1，使发光二极管点亮
NEXT:       MOV     DX,0FF82H       ;输出到 B 口，控制发光二极管的亮灭
            OUT     DX,AL
DONE:       HLT
```

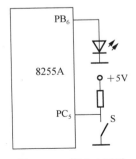

图 8-13　例 8-4 图示

视频 47　8255A 方式 0

8.2.3　8255A 方式 1 的应用

以下以双机并行通信接口为例，说明 8255A 的应用。

【例 8-5】要求在甲乙两台微机之间并行传送 1 KB 数据。甲机发送，乙机接收。甲机一侧的 8255A 采用工作方式 1 工作，乙机一侧的 8255A 采用工作方式 0，两个 CPU 与接口之间都采用查询方式交换数据。

根据要求，双机均采用可编程并行接口芯片 8255A 构成接口电路，只是 8255A 的工作方式不同。根据上述要求，接口电路的连接如图 8-14 所示。

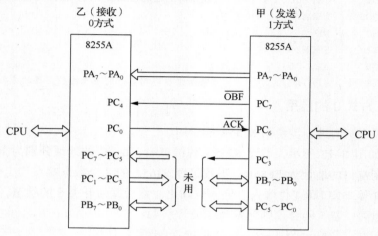

图 8-14　利用 8255A 进行并行通信

分析：甲机 8255A 为方式 1 发送（输出），因此，把 PA 口指定为输出，发送数据，PC_7 和 PC_6 引脚由方式 1 规定作为联络线 $\overline{OBF}$ 和 $\overline{ACK}$。乙机 8255A 为方式 0 接收（输入），把 PA 口指定为输入，接收数据，联络信号自行选择，可选择 PC_4 和 PC_0 作为联络线，PC_4 输入，PC_0 输出。虽然，两侧的 8255A 都设置了联络信号，但是它们是不同的，甲机 8255A 工作在方式 1，其联络信号 PC_7 和 PC_6 是由方式 1 规定的；而乙机的 8255A 工作在方式 0，其联络信号是可以选择的。

设分配给两片 8255A 的端口地址均为 FF80H、FF82H、FF84H 和 FF86H，则源程序如下。

甲机发送程序：

```
MOV  DX,0FF86H              ;8255A 控制端口
MOV  AL,10100000B           ;设置方式字
OUT  DX,AL                  ;输出方式字
MOV  AL,0DH                 ;PC₆ 置 1，即置中断允许 INTEₐ=1
OUT  DX,AL
MOV  AX,30H                 ;发送数据首地址
MOV  ES,AX
MOV  BX,00H
MOV  CX,3FFH                ;置发送字节数
MOV  DX,0FF80H              ;8255A 的 A 口地址
MOV  AL,ES:[BX]             ;取第一个发送数据
OUT  DX,AL                  ;输出第一个数
INC  BX                     ;指向下一个数
```

```
        DEC  CX                      ;字节数减 1
NEXT:   MOV  DX,0FF84H               ;8255A 的 C 口地址
        IN   AL,DX                   ;输入状态
        AND  AL,80H                  ;检查发送缓冲器满 OBF 的状态
        JZ   L                       ;若无中断请求则等待
        MOV  DX, 0FF80H
        MOV  AL,ES: [BX]             ;取数据
        OUT  DX,AL
        INC  BX
        DEC  CX
        JNZ  NEXT                    ;未发送完循环
        MOV  AX,4C00H
        INT  21H                     ;发送完，返回 DOS
```

乙机接收程序：

```
        MOV  DX, 0FF86H              ;8255A 控制端口
        MOV  AL,10011000B            ;A 口方式 0，PC₄ 输入，PC₀ 输出
        OUT  DX,AL                   ;输出方式字
        MOV  AL,00000001H            ;PC₀ 置 1
        OUT  DX,AL                   ;输出使 ACK =1
        MOV  AX,40H                  ;接收区数据首地址
        MOV  ES,AX
        MOV  BX,00H
        MOV  CX,3FFH                 ;置字节数
NEXT:   MOV  DX,0FF84H               ;8255A 的 PC 口
        IN   AL, DX                  ;查甲机的 OBF =0？（PC₄=0？）
        AND  AL,10H                  ;若结果为 0，表示 PC₄=0，即甲机准备好
        JNZ  L1                      ;无数据则等待
        MOV  DX,0FF80H               ;8255A 数据口地址
        IN   AL,DX                   ;输入数据
        MOV  ES: [BX],AL             ;存入内存
        MOV  DX,0FF84H
        MOV  AL,00000000B            ;PC₀ 置 0
        OUT  DX,AL                   ;产生 ACK 信号
        NOP
        NOP                          ;延时
        MOV  AL,00000001B            ;PC0 置 1
        OUT  DX,AL                   ;ACK 信号变高
        INC  BX
        DEC  CX
        JNZ  NEXT                    ;未接收完，循环
        MOV  AX,4C00H
        INT  21H                     ;接收完，返回 DOS
```

8.3 LED 数码管及其接口

在专用的微机控制系统、测量系统及智能化仪器仪表中，为了缩小体积和降低成本，往往采用简易的字母数字显示器来指示系统的状态和报告运行的结果。

测控系统中经常要显示多位数字。这时，如果每一个数码管占用一个独立的输出端口，

那么将占用太多的通道，而且，驱动电路的数目也很多。这不仅增大了显示器的体积也增加了成本，同时还会大大增加系统的功耗。为此，要从硬件和软件两方面想办法节省硬件电路。

1. LED 数码管的结构与原理

① LED 数码管的结构。8 段 LED 显示器的每一段均由一个或几个 LED 组成，依靠段的组合来显示所需的数字或字符。段的标记一般采用字母 a、b、c、d、e、f、g、h 来表示，如图 8-15（a）所示。

8 段 LED 显示器有共阴极和共阳极两种接法，如图 8-15（b）、（c）所示。

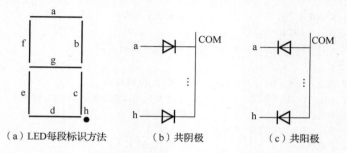

（a）LED每段标识方法　　　（b）共阴极　　　　（c）共阳极

图 8-15　8 段 LED 显示器

② 显示原理。8 段 LED 显示器与微机的接口比较简单，只要将一个 8 位并行口与显示器的引脚对应相接即可，由 8 位并行口输出不同的字节数据，显示出不同的数字或字符。

控制 LED 显示出不同的数字或字符的 8 位字节数据称为"段选码"。共阴极 LED 与共阳极 LED 的段选码互为补码。设 8 位并行口与 LED 数码管各段的连接如下：

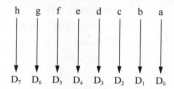

则常用字符的段选码如表 8-2 所示。

表 8-2　常用字符的段选码

显 示 字 符	共 阴 极	共 阳 极	显 示 字 符	共 阴 极	共 阳 极
0	3FH	C0H	A	77H	88H
1	06H	F9H	b	7CH	83H
2	5BH	A4H	C	39H	C6H
3	4FH	B0H	d	5EH	A1H
4	06H	99H	E	79H	86H
5	6DH	92H	F	71H	8EH
6	7DH	82H	U	3EH	C1H
7	07H	F8H	Y	6EH	91H
8	7FH	80H	8.	FFH	00H
9	6FH	90H	全灭	00H	FFH

【例 8-6】利用 8255A 的 A 口与 8 段共阳极 LED 连接电路实现循环显示数码 0～9。

本段程序利用查表指令 XLAT 实现。设 8255A 端口 A 地址为 PORTA，控制端口地址为 PORTD。

```
DATAS SEGMENT
     TAB DB 0C0H,0F9H,0A4H,0B0H,99H,92H,82H,0F8H,80H,90H     ;0～9的8段码表
DATAS ENDS
CODES SEGMENT
ASSUME CS:CODES, DS:DATAS
START:  MOV  AX,DATAS
        MOV  DS, AX
        MOV  AL, 10000000B          ;8255A的初始化，设置A口为方式0输出
        OUT  PORTD,AL               ;控制端口为PORTD
        LEA  BX,TAB                 ; BX指向数码缓冲区首地址
DISPLAY:MOV  AH,0                   ;从0开始显示
NEXT:   MOV  AL,AH
        XLAT                        ;查表转换，得到显示代码: AL←DS:[BX+AL]
        OUT  PORTA,AL               ;将当前的数据输出到A口显示输出
        MOV  CX,6000H               ;软件延时
DELAY:  NOP
        LOOP DELAY
        INC  AH                     ;准备下一个数据
        CMP  AH,0AH
        JNZ  NEXT                   ;内循环，显示数码0～9
        JMP  DISPLAY                ;外循环，实现循环显示
        MOV  AH,4CH
        INT  21H
CODES   ENDS
        END  START
```

2. 多位 LED 显示器的显示方式

将多个 LED 显示块组合在一起就构成了多位 LED 显示器。每个 LED 显示器的段引脚称为段选线，公共端称为位选线。段选线控制显示的字符，位选线控制该 LED 的亮和灭。显示器的工作方式不同，位选线和段选线的连接方法也不同。

LED 显示器有静态显示和动态显示两种方式：

① 静态显示。所谓静态显示，就是当显示器显示某一个字符时，相应的发光二极管恒定地导通或截止。例如，8 段显示器的 a、b、c、d、e、f 导通，g 截止，则显示 0。

这种显示方式，每一位都需要由一个 8 位输出口控制，所以占用硬件多，一般用于显示器位数较少（很少）的场合。当位数较多时，用静态显示所需的 I/O 端口太多，一般采用动态显示方法。

② 动态显示。所谓动态显示，就是将所有各位的段选线并联在一起，由一个 8 位并行口控制，而各位的公共端 COM 分别由相应的 I/O 端口线控制。要使各位显示出不同的字符，需要采用扫描的方法，一位一位地轮流点亮各位显示器（扫描）。对于每一位显示器来说，每隔一段时间点亮一次。

显示器的点亮既与点亮时的导通电流有关，也与点亮时间和间隔时间的比例有关。调整电流和时间的参数，可实现亮度较高、比较稳定的显示。

【例 8-7】 利用 8255A 实现 LED 显示接口。

一种常用的多位 LED 数码管显示接口电路如图 8-16 所示。

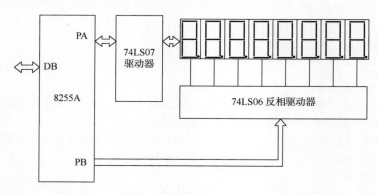

图 8-16　8255A 与 8 位共阴极 LED 数码管显示接口电路

在这种方案中，LED 数码显示器为共阴极接法。CPU 通过 8255A 控制显示器。将 8255A 端口 A 的 $PA_7 \sim PA_0$ 引脚通过 74LS07 同相驱动器与数码显示器相连，用来输出显示字符的 8 段 LED 代码，即 8255A 的 A 端口为 LED 数码显示器的段控制端口。通常在系统中把显示字符的 LED 代码组成一个 7 段代码表，存放在存储器中。若存储变量 TABLE 为 LED 显示代码表的首地址，十六进制数的 7 段代码依次存放在变量 TABLE 开始的单元中，则要显示数字的 7 段代码在内存中的地址就是起始地址与数字值之和。例如，要显示 "A"，则 "A" 所对应的显示代码就在起始地址加 0AH 为地址的单元中。利用换码指令 XLAT，可方便地实现数字到显示 7 段代码的转换。用 8255A 端口 B 的 $PB_7 \sim PB_0$ 引脚通过反相驱动器 74LS06 与 LED 位驱动线相连，控制 LED 的显示位，8255A 的端口 B 为 LED 数码显示器的位控制端口。当 B 口中一位输出为 "1" 时，经反相驱动，便在相应数码管的阴极加上了低电平，这个数码管就可以显示数据。但具体显示什么数码，则由另一个端口，即控制端口决定。控制端口由 8 个数码管共用，因此当 CPU 送出一个显示代码时，各数码管的阳极都收到了此代码。但是，只有位控制码中高位对应的数码管才能导通而显示数字，其他数码管并不发光。

对显示器采用动态扫描法控制显示。对于每一位数码管来说，每隔一段时间点亮一次。端口 A 依次输出 LED 7 段代码，端口 B 依次选中一位 LED，便可以在各位上显示不同的数据。每个数码管显示数字，并不断地重复显示。由于人的视觉暂留作用，当重复频率达到一定程度，不断地向 8 位 LED 输送显示代码和扫描各位时，就可以实现稳定的数字显示。显而易见，重复频率越高，每位数码管延时显示的时间越长，数字显示得就越稳定，显示亮度也就越高。数码显示器显示流程图如图 8-17 所示。

利用图 8-17 编写程序时，需要在内存中开辟一个缓冲区，本例缓冲区首地址为 BUF，用来存放将要在 8 个 LED 数码管上显示的字符数据。假定要显示数字 0、1、2、3、4、5、6 和 7，则必须事先把待显示的数据存放在显示缓冲区内。本例 LED 字符显示代码表存放于首地址为 TABLE 的内存区，设 8255A 端口 A 地址为 PORTA，端口 B 地址为 PORTB。下面就是一段实现 8 位数码管依次显示一遍的子程序。实际应用中，只要按一定频率重复调用它，就可以获得稳定的显示效果。

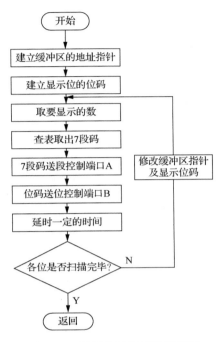

图 8-17 数码显示器显示流程图

```
DISP   PROC
       MOV    SI,    OFFSET BUF      ;SI 指向数码缓冲区首地址
       MOV    CL,    80H             ;位码送 CL, 从最左边开始
DISI:  MOV    BL,    [SI+0]          ;要显示的数送 BL
       PUSH   BX
       POP    AX
       MOV    BX,    OFFSET TABLE    ;显示代码表首地址送 BX
       XLAT                          ;得到显示代码: AL←CS:[BX+AL]
       MOV    DX,    PORTA           ;取 8255A 端口 A 地址
       OUT    DX,    AL              ;从 A 口送出段码
       MOV    AL,    CL              ;取出位显示代码送 AL
       MOV    DX,    PORTB           ;取 8255A 端口 A 地址
       OUT    DX,    AL              ;从 B 口送出位码
       CALL   DELAY                  ;实现数码管延时显示
       CMP    CL,    01H             ;是否指向最后一个数码管
       JZ     QUIT                   ;是的, 8 个 LED 已显示一遍, 退出
       INC    SI
       SHR    CL,    1               ;位码右移一位, 指向下一个数码管
       JMP    DISI
QUIT:  RET
DISP   ENDP

DATA   SEGMENT
       TABLE   DB  3FH, 06H, 5BH, 4FH, 66H, 6DH, 7DH, 07H
       DB  7FH, 6FH, 77H, 7CH, 39H, 5EH, 79H, 71H
```

```
                                        ;0~F 七段码表
            BUF      DB  8  DUP (?)       ;留 8 个字节缓冲区
            TIMER=10                     ;延时常量（可根据实际情况确定具体数值）
     DATA   ENDS
     DELAY  PROC                         ;软件延时子程序
            PUSH  BX
            PUSH  CX
            MOV   BX, TIMER              ;外循环，TIMER 确定循环次数
     DELAY1: XOR  CX, CX
     DELAY2: LOOP DELAY2                 ;内循环，2^16 次循环
            DEC   BX
            JNZ   DELAY1
     DELAY  ENDP
```

本延时子程序仅仅是一个示例。内循环执行了 2^{16} 次 LOOP 指令，外循环次数是 TIMER。因为不同的处理器执行 LOOP 指令需要的时间不同，所以产生的延时时间也不相同。这段程序的延时约为

$$延时 = \frac{TIMER \times 2^{16} \times LOOP指令的时钟周期}{微处理器的工作频率}$$

通过在内循环中加入其他指令（如空操作指令 NOP）及改变外循环次数，可以调整这段程序的延时时间。为了得到较准确的延时时间，PC 可以采用硬件延时，如 INT 15H 的 86H 子功能。

习　题

综合题

1. 8255A 的 3 个端口在使用上有什么不同？

2. 8255A 的 3 种工作方式，各适用于哪种传送方式？

3. 8255 芯片中有几个控制字？共用一个端口地址吗？如何区分？

4. 当数据从 8255A 的 C 端口读到 CPU 时，8255A 的控制信号 $\overline{CS}$、$\overline{RD}$、$\overline{WR}$、A_1、A_0 分别是什么电平？

5. 图 8-18 是为外设设计的译码器，地址高 5 位 $A_9 \sim A_5$ 参加译码，8255A 接在译码器的输出端 $\overline{Y_3}$，请指出 8255A 的口地址范围是多少。

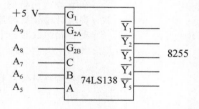

图 8-18　译码器引脚连线图

6. 设 8255A 的端口 A、B、C 和控制端口的地址为 210H、212H、214H、216H，编写满足下述要求的 4 段初始化程序。

（1）将 A 口和 B 口置成方式 0，A 口和 C 作为输入口，B 口作为输出口。

（2）将 A 口置成方式 2，B 口置成方式 1，B 口作为输出口。

（3）将 A 口置成方式 1 且作为输入，PC_7 和 PC_6 作为输出，B 口置成方式 1 且 B 口作为输入口。

（4）将 A 口置成方式 0 输出，B 口置成方式 1 输入，C 口上半部输入，下半部输出，且要求初始化时 $PC_6=0$。

（5）将 A 口置成方式 1 输出，B 口置成方式 0 输入，并且禁止 A 口中断。

7. 利用可编程并行接口芯片 8255A 完成下述功能：读入接于 A 口的 8 位开关状态（$K_7 \sim K_0$），将其低 4 位和高 4 位互换后从 B 口送出。设 8255A 的端口地址为 D0H~D3H。编写 8255A 的初始化程序及有关控制程序（无关位置为 0，不必是结构完整的汇编源程序）。

8. 用 8255A 作打印机接口的硬件连接和驱动程序如图 8-19 所示，分配给 8255A 的端口地址为 F0H~FFH。打印机利用负脉冲锁存数据，同时打印机送出高电平信号 BUSY，表示打印机忙；一旦 BUSY 变为低电平，表示打印机空闲，可以输出下一个数据。回答下列问题：

（1）CPU 与外设之间数据传送方式有哪几种？本设计采用的是哪一种？

（2）分析 8255A 的工作方式。

（3）编写 8255A 的初始化程序。

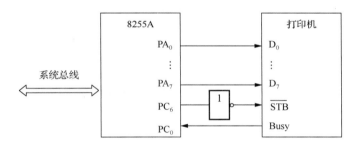

图 8-19　8255A 与打印机的系统连接图

9. 某 8086 微机系统以 8255A 作为接口，通过一个开关 S 控制一组发光二极管 $L_8 \sim L_1$（S 向上拨，灯亮；S 向下拨，灯灭），电路连接如图 8-20 所示。已知 8255A 的 A、B 两组均工作在方式 0。要求：

（1）写出 8255A 的工作方式控制字（要求无关项置 "0"）。

（2）画出实现给定功能的程序流程图，并编写程序。

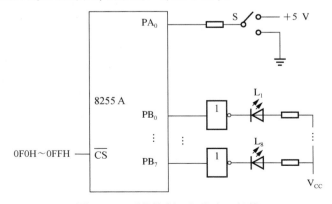

图 8-20　开关控制一组发光二极管

10. 由 8255 的 PA 口输出控制 8 只发光二极管，由 PC 口的 $PC_2 \sim PC_0$ 接入 3 个 DIP 开关的设置，如图 8-21 所示。根据开关设置值，点亮相应数码管。

$PC_2 \sim PC_0$ 输入为 110，则点亮第 6 只发光二极管（PA6 控制）；拨码开关为 ON 时表示信息 1。

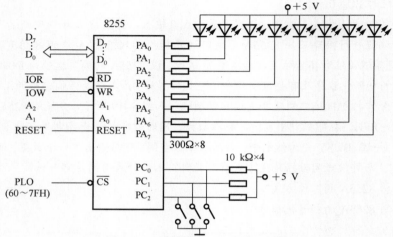

图 8-21　开关控制一组发光二极管

11. 若某微机系统的接口电路中，包含 1 个并行 I/O 的 8255A 和 1 个定时/计数器 8253。设 8255A 和 8253 的片选信号分别为 $\overline{CS_1}$、$\overline{CS_2}$，其片内地址线 A_1、A_0 分别接到地址总线的 A_2、A_1。要求完成：（设 $\overline{CS_1}$、$\overline{CS_2}$ 的编址范围分别为 218H ~ 21FH、200H ~ 207H）

（1）若 8255A 的 A 口和 B 口设为方式 0，且 A 口作输出口（A 口初始状态为全 0）、B 口作输入口，试完成该接口电路的初始化程序。

（2）设 8253 的 1 号、2 号计数器分别采取工作方式 0 和方式 3，1 号计数器的计数预置值为 8 位二进制数 M，2 号计数器的计数预置值为 4 位十进制数 L，试完成该接口电路的初始化程序。

12. 利用开关 $S_0 \sim S_7$ 和按钮 KK1-（$\overline{STB}$）模拟一个输入设备。编程，从端口 A 输入 10 次开关 $S_0 \sim S_7$ 的状态，并在端口 B 的 $L_0 \sim L_7$ 上显示出来。采用查询方式实现。

13. 向端口 B 输出 8 个数据，使得 $L_0 \sim L_7$ 从 L_0 到 L_7 依次点亮一遍。采用查询方式实现。

14. 从端口 A 输入 10 次开关 $S_0 \sim S_7$ 的状态，并在端口 B 的 $L_0 \sim L_7$ 上显示出来，采用中断方式实现。

15. LED 数码管显示器共阴极和共阳极的接法主要区别是什么？

16. 共阴极 LED 显示器通过 8255A 将 LED 显示器与 8086 CPU 相连。若片选信号 $A_9 \sim A_2 =$ 11111100 译码产生。问 PA 口、PB 口、PC 口和控制口的地址分别是多少？PA 口和 PB 口分别工作在什么方式？

17. 8255A 的 A 口与共阴极的 LED 显示器相连，若片选信号 $A_{10} \sim A_3 =$11000100，问 8255A 的端口地址是多少？A 口应工作在什么方式？画出 8255A、LS138、8086 CPU 微机总线接口图，写出 8255A 的初始化程序。

第 9 章

可编程定时器/计数器

本章主要介绍定时器/计数器 8254，学习 8254 的编程结构及外部引脚、定时和计数原理、控制字、状态字和编程原理。在掌握数字接口电路所具有共性的基础上，分别针对不同芯片的特点，进而掌握使其能根据实际要求设置相应控制字，编制初始化程序，最后达到能灵活应用不同的数字接口电路于不同应用场合的目的。最后能达到中断、定时和并行接口的综合应用。

学习目标：
- 能够说出定时、计数的基本概念。
- 能够根据不同需求选择 8254 的工作方式。
- 能够对 8254 进行初始化编程。

9.1 概　　述

在微型机应用系统中，常常需要为处理器和外围设备提供定时信号，用于计算机中的系统日历时钟、DRAM 的定时刷新、扬声器发声、定时中断、定时采样和控制等场合。在实时控制中，作为输出的周期采样信号或对外部事件进行计数。因此，定时器/计数器电路成为计算机外围电路的重要组成部分。

9.1.1　定时功能的实现方法

定时或计数控制一般采用 3 种方法：

① 软件控制。这种定时方法很准确，但要占用 CPU 的工作时间去延时等待，一般用在延时时间不长，且使用次数不多的场合。

② 简单硬件定时。分频器、单稳电路或简易定时电路。例如，采用小规模集成电路 555，外接电阻和电容。但是，定时值固定。

③ 采用专用芯片，通过编写初始化程序的方法，确定芯片的工作方式。这种芯片可为 CPU 或外围设备提供时间间隔标志，可对外部事件进行计数并将计数结果提供给 CPU。可编程定时器电路的定时值及其定时范围可以很容易地由软件来确定。所以，功能较强，使用灵活。

视频48　定时计数概述

9.1.2　定时

定时器（Timer）由数字电路中的计数电路构成，通过记录高精度晶振脉冲信号的个数，输出准确的时间间隔。例如，系统时钟的时分秒、日历的年月日。定时方式工作时，计数脉冲精确且频率已知。

9.1.3　计数

计数器（Counter）电路记录外设提供的具有一定随机性的脉冲信号时，它主要反映脉冲的个数（进而获知外设的某种状态），常称为计数器。例如，生产线上的计数、饮料瓶的数量。又如，汽车的测速。计数方式工作时，计数脉冲频率未知，需要去测量。

提示：定时和计数实质上都是计数。

本章将要介绍 Intel 公司研制的 I/O 产品——可编程计数器/定时器接口芯片 8254。

9.2　可编程定时器/计数器 8254

Intel 系列的计数器/定时器电路称为可编程间隔定时器（Programmable Interval Timer，PIT），型号为 8253，改进型为 8254。8254 具有单一+5 V 供电，24 引脚双列直插式封装。

8254 芯片增加了回读命令，最高工作频率比 8253 芯片高，但两者的引脚与功能完全相同，所以本章中有的应用讲解也以 8253 为例。

8254-PIT 具有如下功能：一个芯片具有 3 个独立的 16 位计数器通道。每个通道都可以按照二-十进制计数。最高计数频率可达 10 MHz。每个计数器通道有 6 种工作方式，可由程序设置和改变，所有的输入/输出都与 TTL 兼容。

9.2.1　8254 的内部结构

8254 采用单一的+5 V 电源供电，采用 NMOS 工艺制造，24 引脚 DIP 封装。其内部结构与引脚信号如图 9-1 所示。

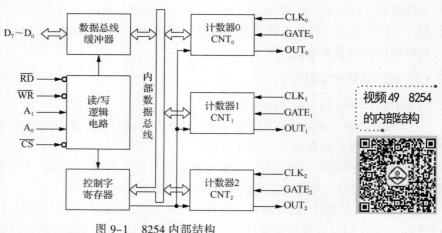

图 9-1　8254 内部结构

1. 数据总线缓冲器

数据总线缓冲器是 8 位双向三态的缓冲器。用 8 根数据线 $D_7 \sim D_0$ 同系统数据总线相连。

CPU 通过该缓冲器向 8254 写入控制字和计数初值，或者从 8254 读出状态以及当前计数值。

2．读/写逻辑电路

在片选信号 $\overline{\text{CS}}$ 有效的情况下，读/写控制逻辑从系统总线接收输入信号。经过译码，产生对 8254 各部分的控制。

3．控制字寄存器

在 8254 初始化编程时，由 CPU 写入控制字。控制字将决定计数器的工作方式、计数形式及输出方式，也能决定应如何装入计数器初值。控制字中最高两位用于指定当前的控制字是送给哪一个计数器的。

控制字寄存器只能写入，不能读取。

4．计数器

8254 有 3 个相互独立的 16 位计数器通道，分别称为计数器 0、计数器 1 和计数器 2。这 3 个计数器的功能是完全相同的。

每个计数器都是对输入脉冲 CLK 按二进制或 BCD 码进行计数。从预置的初值开始减 1 计数。当预置值减到 0 时，从 OUT 端输出一个信号。每个计数器通道有 6 种工作方式。计数器的内部结构如图 9-2 所示。

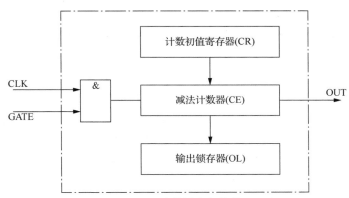

图 9-2　计数器内部结构

提示：工作方式是指时钟信号 CLK 和 GATE 怎样配合来控制计数器工作并产生 OUT 信号的。

其内部结构组成为：

① 计数初值寄存器（Counter Register，CR）：存放计数初值，由程序设置。

② 减法计数器（Counter Element，CE）：进行减 1 计数的部件。它的起始值从 CR 获得，当 GATE 有效时，按照 CLK 的频率减 1 计数。计数可以为 BCD 码格式或二进制格式。

③ 输出锁存器（Output Latch，OL）：当有"锁存命令"到来时，锁存当前 CE 的计数值，供 CPU 读取。之后，锁存器自动失锁。

9.2.2　8254 的外部引脚

8254 的外部引脚如图 9-3 所示。采用 24 引脚双列直插式封装，输入/输出均与 TTL 兼容。其主要引脚的功能如下：

① CLK$_0$~CLK$_2$：计数器的时钟信号输入引脚。在计数过程中，此引脚上每输入一个时钟信号（下降沿），计数器的计数值减 1

② GATE$_0$~GATE$_2$：门控信号，用于计数器的启动和停止。在不同的工作方式下，门控信号的有效使用是有异的。

③ OUT$_0$~OUT$_2$：计数器输出信号，在不同的工作方式中，输出不同的波形。

④ D$_7$ ~ D$_0$，双向、三态数据线。与系统数据总线的低 8 位连接。

⑤ $\overline{\text{RD}}$（Read）：读信号，输入，低电平有效。当 $\overline{\text{RD}}$ 有效时，CPU 对其进行读操作。

⑥ $\overline{\text{WR}}$（Write）：写信号，输入，低电平有效。当 $\overline{\text{WR}}$ 有效时，CPU 对其进行写操作。

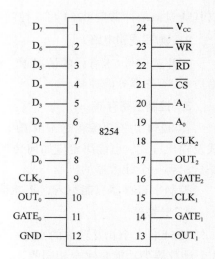

图 9-3　8254 的外部引脚

⑦ A$_1$A$_0$（Address Line）：端口地址选择信号，输入。由片内译码，选择内部寄存器。

⑧ $\overline{\text{CS}}$（Chip Select）：片选信号，输入，低电平有效。$\overline{\text{CS}}$ 有效时芯片被选中。片选信号 $\overline{\text{CS}}$ 通常由系统地址译码器产生。

端口选择信号 A$_1$ 和 A$_0$ 与系统地址总线的 A$_1$ 和 A$_0$ 连接，经 8254 内部译码器产生 4 个端口地址 00 ~ 11 依次分配给计数器 0、计数器 1、计数器 2 和控制字寄存器。

$\overline{\text{RD}}$ 和 $\overline{\text{WR}}$ 与系统总线的 I/O 信号线 $\overline{\text{IOR}}$ 和 $\overline{\text{IOW}}$ 连接以便决定 CPU 与 8254 之间数据传送的方向。当 CPU 执行写（OUT 指令）操作时，$\overline{\text{WR}}$ 信号有效；当 CPU 执行读（IN 指令）操作时，$\overline{\text{RD}}$ 信号有效。各个端口读/写操作的选择如表 9-1 所示。

表 9-1　8254 端口选择表

$\overline{\text{CS}}$	$\overline{\text{RD}}$	$\overline{\text{WR}}$	A$_1$	A$_0$	寄存器选择和操作	
0	1	0	0	0	CNT$_0$	OUT
0	1	0	0	1	CNT$_1$	
0	1	0	1	0	CNT$_2$	
0	1	0	1	1	控制字寄存器	
0	0	1	0	0	CNT$_0$	IN
0	0	1	0	1	CNT$_1$	
0	0	1	1	0	CNT$_2$	
0	1	1	1	1	无操作（3 态）	
0	1	1	×	×	无操作（3 态）	
1	×	×	×	×	无操作（3 态）	

9.2.3　与系统总线的连接

系统总线的 D$_7$ ~ D$_0$ 与芯片的 D$_7$ ~ D$_0$ 直接连。系统总线的 $\overline{\text{IOR}}$ 、$\overline{\text{IOW}}$ 和芯片的 $\overline{\text{RD}}$ 、

$\overline{WR}$ 直接连。系统总线的 A_1A_0 与片内地址线 A_1A_0 与相连。高位地址线译码之后连片选，如图 9-4 所示。

经分析 8254 的端口地址分别是 40H、41H、42H 和 43H。

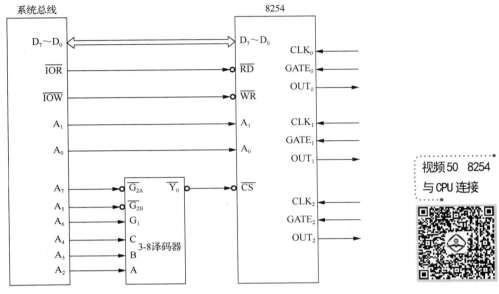

图 9-4　8254 与系统总线的连接

9.2.4　8254 的控制字

1. 控制字格式

在 8254 工作之前，必须对它进行初始化编程，也就是向 8254 的控制字寄存器写入一个控制字和向计数器赋计数初值。控制字的功能是：选择计数器，确定对计数器的读/写格式，选择计数器的工作方式以及确定计数的数制。8254 控制字的格式如图 9-5 所示。

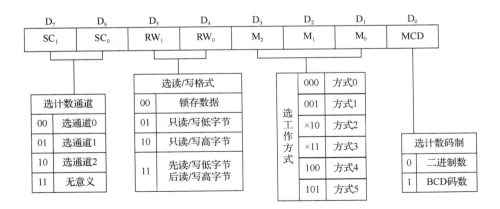

图 9-5　8254 控制字的格式

其中：

① D_7D_6 是计数通道选择位 SC_1SC_0。

② D_5D_4 是读/写格式选择位 RW_1RW_0。

RW_1RW_0=01，只读/写低字节，则高 8 位自动置 0（对应 8 位计数）。初值在 1～256。例如，低 8 位初值为 05H，则按照 00 05H 计数。高位字节自动为 00000000B。

RW_1RW_0=10，只读/写高字节，则低 8 位自动置 0（对应 16 位计数）。例如，高字节=09H，则按照 09 00H 计数，低字节自动为 00000000B。

RW_1RW_0=11，先读/写 LSB 字节，后读写 MSB 字节（对应 16 位计数）。

③ $D_3D_2D_1$ 是工作方式选择位 $M_2M_1M_0$。

④ D_0 位（BCD）是计数码制选择位。D_0=0 计数器通道按照二进制计数，因此其计数范围为 0000H～FFFFH，其中最小值为 00001H，最大是 0000H，代表 65536。D_0=1 计数器通道按照 BCD 计数，其计数范围为 0000～9999。

注意： 8254 内部的 3 个计数通道共用一个控制字寄存器端口地址，当前控制字对哪一个通道有效是由最高两位决定的。

如果需要读出当前计数器的值，必须先发控制字，令计数值锁存；然后在下一条指令才能读回已锁存的计数值。

【例 9-1】设 8254 的端口地址为 40H～43H，要使计数器 1 工作在方式 0，仅用 8 位二进制计数，计数值为 128，进行初始化编程。

分析：根据 8254 的控制字格式规定，符合题目要求的控制字为 01010000B，即 50H。

初始化程序代码为：

```
MOV     AL,     50H          ;01010000B
OUT     43H,    AL
MOV     AL,     80H
OUT     41H,    AL
```

【例 9-2】设 8254 的端口地址为 F8H～FBH，若用通道 0 工作在方式 1，按 BCD 码计数，计数值为 5080H，进行初始化编程。

分析：根据 8254 的控制字格式规定，符合题目要求的控制字为 0011 0011B，即 33H。

初始化程序代码为：

```
MOV     AL,     33H          ;0011 0011B
OUT     0FBH,   AL
MOV     AL,     80H
OUT     0F8H,   AL           ;先送低8位
MOV     AL,     50H
OUT     0F8H,   AL           ;再送高8位
```

【例 9-3】在计数器计数期间，CPU 还可从 OL 中读取当前计数值。设 8254 的端口地址为 40H～43H。

```
MOV     AL,     01000000B    ;先输出锁存命令
OUT     43H,    AL
IN      AL,     41H
MOV     CL,     AL
IN      AL,     41H
```

```
MOV    CH,    AL
```

2. 8254 的读回命令格式

读回控制字（Read-Back Command）是 8254 新增加的，要写入 CWR 端口，读回命令格式如图 9-6 所示。

如果需要读出当前计数器的值，必须先发控制字,令计数值锁存，然后在下一条指令中才能读回已锁存的计数值。

该读回控制字既能锁存当前计数值，又能锁存状态字供 CPU 读回。

① D_0 位恒为 0。

② $D_1D_2D_3$ 选择要锁存的计数器。$D_1=1$，选计数器 0；$D_2=1$，选计数器 1；$D_3=1$，选计数器 2。

③ D_4 为 0 表示锁存状态信息。

④ D_5 为 0 表示锁存计数值。

⑤ $D_7D_6=11$ 表示读回控制字。

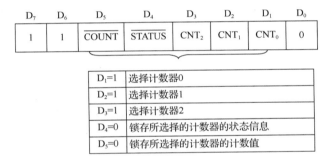

图 9-6 8254 读回命令格式

3. 8254 的状态字节

状态字节(Satatus Byte)是 8254 新增加的，每个计数器通道都有一个状态字节，如图 9-7 所示。

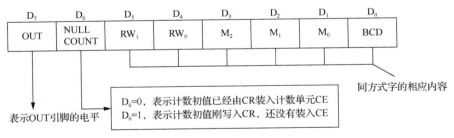

图 9-7 8254 的状态字节

其中：

① $D_5D_4D_3D_2D_1D_0$ 六位同方式控制字的相应内容。

② D_7（OUT）表示 OUT 引脚的电平。

③ D_6 位 NULL COUNT。$D_6=1$ 表示写入控制字以及计数初值，即计数初值刚写入 CR，还没有装入 CE；$D_6=0$ 表示计数初值已经由 CR 装入计数单元 CE。

状态字节从 CWR 端口读取，要先写读回命令字，后读状态部字节。

9.2.5 8254 的工作方式

可编程计数/定时器 8254 有两个基本功能，即定时和计数。除此之外，还可以作为频率发生器、分频器、实时时钟、单脉冲发生器等。这些功能是通过对 8254 编程，写入方式控制字来完成的。

视频52 8254
的工作方式

8254 有 6 种工作方式，由控制字确定。熟悉每种工作方式的特点才能根据实际应用问题选择正确的工作方式。

每种工作方式的过程类似：

① 设置工作方式。

② 设置计数初值。

③ 硬件启动。

④ 计数初值进入减 1 计数器。

⑤ 输入一个时钟计数器减 1 的计数过程。

⑥ 计数过程结束。

1. 方式 0：计数结束产生中断

在这种方式下，当控制字 CW（Control Word）写入控制字寄存器后。经一个时钟周期，在下一个时钟上升沿，输出端 OUT 变为低电平，并且计数过程中一直维持低电平。要开始计数，GATE 信号必须为高电平，并在写入计数初值后，通道开始计数，在计数过程中 OUT 线一直维持为低电平。直到计数到 "0" 时，OUT 输出变高电平，完成一次计数过程。其过程波形如图 9-8 所示。

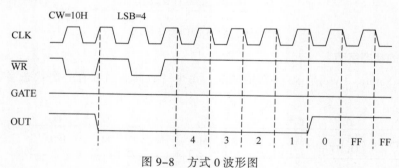

图 9-8 方式 0 波形图

其中，LSB=4 表示只写低 8 位，计数值为 4。最底下一行是计数器中的数值。

在方式 0 中，计数初值为一次性有效。若要继续计数，必须重新写入计数初值。门控信号 GATE 为电平触发计数方式。当 GATE 为高电平时，允许计数；当 GATE 为低电平时，暂停计数。由于在计数到达 "0" 时，OUT 端输出一个由低到高的跳变信号，因此可用此信号作为中断请求。

在计数过程中，GATE 变为低，则计数暂停，OUT 仍保持低电平，直到 GATE 为高。很显然，GATE 为电平触发方式。

2. 方式 1：硬件可重复触发单拍脉冲

当把方式 1 的控制字写入控制寄存器，输出端 OUT 变成高电平时，将计数初值写入初值寄存器，经过一个时钟周期，初值送入计数执行单元。此时计数执行单元并不计数，直到门控信号到来，经一个时钟周期后，在下一个时钟周期的下降沿才开始计数，输出 OUT 变为低电平。计数过程中 OUT 端一直维持低电平。方式 1 在门控信号的作用下才开始计数，计数过程波形如图 9-9 所示。

当计数减到 0 时，输出端 OUT 变为高电平，并一直维持高电平到下一次触发之前。

可重复触发。当计数到 0 时，不用再次写入计数初值，只要用 GATE 的上升沿重新触发一次计数器，即可产生一个同样宽度的负脉冲。

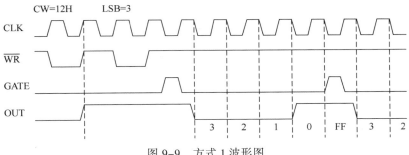

图 9-9　方式 1 波形图

3．方式 2：速率发生器

方式 2 是具有自动装入计数常数、GATE 为电平触发方式的分频器。

方式 2 下，写入控制字后，下一个时钟的上升沿，输出端 OUT 变为高电平。当计数初值被写入初值寄存器后，下一个时钟脉冲下降沿，计数初值被移入计数执行单元，开始减 1 计数。减到 1 时，输出端 OUT 变为低电平，减到 0 时，输出端 OUT 又变成高电平，同时按计数初值重新开始计数过程。

由图 9-10 可看出，采用方式 2 时，输出端不断输出负脉冲，其宽度等于一个时钟周期。两负脉冲间的宽度等于 $N-1$ 个时钟周期。整个计数过程不用重新写入计数值，OUT 端输出固定频率的脉冲，因此又称此方式下的计数器为分频器或频率发生器。

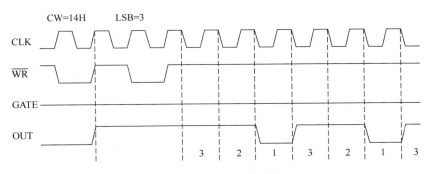

图 9-10　方式 2 波形图

4．方式 3：方波模式

方式 3 与方式 2 类似，也是一种具有自动装入计数常数的 N 分频方波发生器。GATE 为电平触发方式。

方式 3 计数过程分为奇、偶两种情况。

初始值为偶数时，写入控制字后，在时钟上升沿，输出端 OUT 变为高电平。当计数初值写入初值寄存器后，经过一个时钟周期，计数初值被移入计数执行单元。下一个时钟下降沿开始减 1 计数。减到 N/2 时，输出端 OUT 变为低电平，计数器执行单元继续执行减 1 计数，当减到 0 时，输出端 OUT 又变成高电平，计数器执行单元重新从初值开始计数。只要门控信号 GATE 为 1，此工作过程就一直重复下去。输出端得到方波信号，故称为方波发生器，如图 9-11 所示。

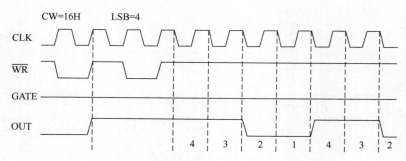

图 9-11　方式 3 计数值为偶数时的波形图

在初始值为奇数时，在门控信号一直为高电平的情况下，OUT 输出波形为连续的近似方波，高电平持续时间为(N+1)/2 个脉冲，低电平持续时间为(N−1)/2 个脉冲，如图 9-12 所示。

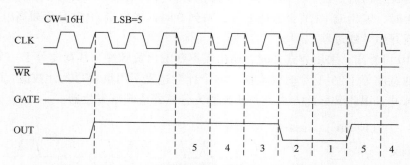

图 9-12　方式 3 计数值为奇数时的波形图

5．方式 4：软件触发的选通信号发生器

方式 4 是一种软件触发启动，无自动重复计数功能的计数方式。

工作在方式 4 下时，写入控制字后，在时钟上升沿，输出端 OUT 变成高电平。将计数初值写入初值寄存器中。经过一个时钟周期，计数初值被移入计数执行单元。下一个时钟下降沿开始减 1 计数，减到 0 时，输出端变低一个时钟周期，然后自动恢复成高电平。下一次启动计数时，必须重新写入计数值，如图 9-13 所示。

由于每进行一次计数过程必须重装初值一次，不能自动循环，所以称方式 4 为软件触发。又由于输出端 OUT 低电平持续时间为一个脉冲周期，常用此负脉冲作为选通信号，所以又称为软件触发选通方式。

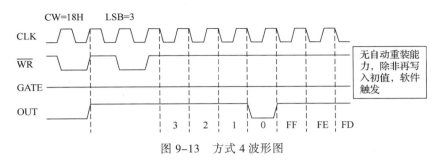

图 9-13　方式 4 波形图

6．方式 5：硬件触发的选通信号发生器

方式 5 为硬件触发启动、无自动重复计数功能的计数方式。

工作在方式 5 下时，写入控制字后，在时钟上升沿输出端 OUT 变成高电平，写入计数初值后，计数器并不开始计数。

当门控信号 GATE 的上升沿到来后，在下一个时钟下降沿，将计数初值移入计数执行单元，才开始减 1 计数。计数器减到 0，输出端 OUT 变为低电平，持续一个时钟周期又变为高电平，并一直保持高电平，直至下一个门控信号 GATE 的上升沿到来，如图 9-14 所示。

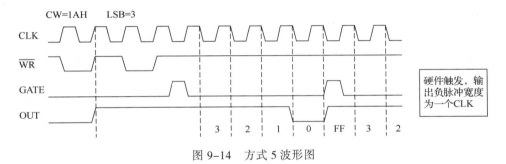

图 9-14　方式 5 波形图

因此，采用方式 5 循环计数时，计数初值可自动重装，但不计数。计数过程的进行是靠门控信号触发的，称方式 5 为硬触发。OUT 端输出低电平持续时间仅一个时钟周期，可作为选通信号。

以上介绍了 8253 的 6 种工作方式的主要特点及工作时序波形，可以看出门控信号和写入新的初值会影响计数过程的进行，不同的工作方式会得到不同的输出波形，在不同的应用场合可选择不同的工作方式。

总结：

（1）计数启动方式

① 软件启动：即 CPU 用输出指令向计数器赋予初值来启动计数。在软件启动方式下，门控信号变低电平只会对计数起暂停作用。

② 硬件启动：即 CPU 写入计数初值后并未启动计数，只有门控信号变为高电平，才开始计数。在硬件启动方式下，门控信号变低再变高将会使计数重新开始。

（2）计数开始的时刻

处理器写入 8253 的计数初值只是写入了初值寄存器 CR，之后到来的

视频53　8254工作方式选择方法

第一个 CLK 输入脉冲（需先由低电平变高，再由高变低）才将初值寄存器的初值送到减 1 计数器 CE。从第二个 CLK 信号的下降沿，计数器才真正开始减 1 计数。

（3）定时方式

只有 Mode2 和 Mode3 才是真正连续的输出。

9.3　8254/8253 的编程应用

9.3.1　8254 的初始化编程

1. 8254 初始化编程流程

8254 加电后的工作方式不确定，必须初始化编程，才能正常工作。

初始化编程的步骤：先写入每个通道的控制字，再写入每个通道的计数值。它们是通过两个不同的端口写入的，控制字写入控制字寄存器（8254 仅有一个控制字寄存器端口地址），而计数初值是分别写入各个通道的。具体如下：

① 写入通道控制字，规定各通道的工作方式。

② 写入计数值，分 3 种情况：

- 只写低 8 位，则高 8 位自动置 0（对应 8 位计数）。
- 只写高 8 位，则低 8 位自动置 0（对应 16 位计数）。
- 规定为 16 位计数，先写低 8 位，后写高 8 位（对应 16 位计数），如图 9–15 所示。

【例 9-4】设 8254 的端口地址为 04H～07H，若用通道 2 工作在方式 2，按二进制计数，计数值为 02F0H，进行初始化编程。

分析：根据 8254 的控制字格式规定，符合题目要求的控制字为 10110100B，即 0B4H。

初始化程序代码为：

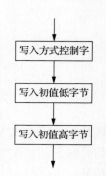

图 9–15　8254 初始化流程

```
MOV    AL,    0B4H    ;1011 0100B
OUT    07H,   AL
MOV    AL,    0F0H
OUT    06H,   AL      ;先送低 8 位
MOV    AL,    02H
OUT    06H,   AL      ;再送高 8 位
```

2. 读输出锁存器的顺序

为了对计数器的计数值进行实时检测，需将计数器中的计数值读回 CPU。编程顺序如下：

（1）输出锁存器锁存或停止计数以保存当前计数值

读出当前的计数值有两种方法：一种方法是把当前计数值输出到锁存器锁存，输出锁存器锁存是通过写入控制字，使 D_5、D_4 位为 00，使当前的计数值不受计数执行单元的变化而变化，保证 CPU 从锁存器读出一个稳定的计数值。此时计数执行单元做减 1 操作，计数过程不停止。另一种方法是通过 GATE 门控信号发一个低电平信号，使计数执行单元不做减 1 操作，计数过程停止。

（2）从输出锁存器读数

读输出锁存器的值，也有读 8 位和读 16 位的问题，若是读 16 位的数据，需分两次读出，先读低字节，再读高字节，即执行两次输入指令。

9.3.2　8254 的简单应用

1．初始化

【例 9-5】设 8254 的 0＃计数器地址 304H，工作于方式 0，二进制计数，计数初值 23ABH；1＃计数器地址 305H，工作于方式 1，二进制计数，计数初值 ABH；2＃计数器地址 306H，工作于方式 3，OUT 端输出 40 kHz 方波，已知 CLK_2 时钟频率 2 MHz，请编写程序。

分析：

CW0=0011 0000B

CW1=0101 0010B

CW2=1011 0110B

3 个通道计数初值分别为：

N0=23ABH

N1=0ABH

N2=?

分频系数为：2 MHz / 40 kHz = 50 = 0032H。

采用逐个对计数器初始化的程序段，如图 9–16 所示。

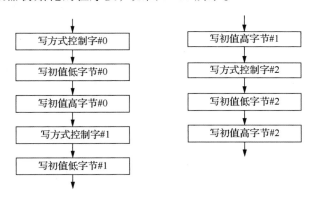

图 9–16　初始化方法举例

初始化程序代码为：

```
MOV     DX,  0307H              ;0＃计数器
MOV     AL,  0011 0000B
OUT     DX,  AL
MOV     DX,  0304H
MOV     AL,  0ABH               ;送初值低 8 位
OUT     DX,  AL
MOV     AL,  23H                ;送初值高 8 位
OUT     DX,  AL

MOV     DX,  0307H              ;1＃计数器
MOV     AL,  0101 0010B
OUT     DX,  AL
```

```
MOV      AL,   0ABH
MOV      DX,   0305H
OUT      DX,   AL

MOV      DX,   0307H          ;2#计数器
MOV      AL,   1011 0110B
OUT      DX,   AL
MOV      AL,   32H            ;送初值低8位
MQV      DX,   0306H
OUT      DX,   AL
MOV      AL,   00H            ;送初值高8位
OUT      DX,   AL
```

【例 9-6】用先写各个计数器方式字，再写入各计数器的计数值的方法，重新编写例 9-5 的程序，如图 9-17 所示。

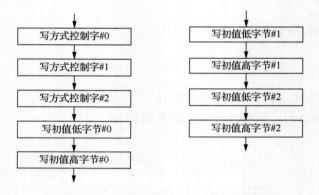

图 9-17 初始化方法举例

初始化程序代码为：

```
MOV      DX,   0307H
MOV      AL,   0011 0000B     ;CW0
OUT      DX,   AL
MOV      DX,   0307H
MOV      AL,   0101 0010B     ;CW1
OUT      DX,   AL
MOV      DX,   0307H
MOV      AL,   1011 0110B     ;CW2
OUT      DX,   AL

MOV      DX,   0304H
MOV      AL,   0ABH           ;N0L
OUT      DX,   AL
MOV      AL,   23H            ;N0H
OUT      DX,   AL

MOV      AL,   0ABH           ;N1L
MOV      DX,   0305H
OUT      DX,   AL
```

```
MOV      AL,   32H                    ;送初值低 8 位
MOV      DX,   0306H
OUT      DX,   AL
MOV      AL,   00H                    ;送初值高 8 位
OUT      DX,   AL
```

2．初值计算

【例 9-7】CPU 为 8086，用 8254 的通道 0，每隔 2 ms 输出一个负脉冲，设 CLK 为 2 MHz，完成软件设计。假设端口地址为 40H ~ 43H。

分析：时间常数的计算

$$N = \frac{f_{CLK}}{f_{out}} = \frac{T_{out}}{T_{CLK}} = T_{out} \times f_{CLK}$$

假设使用方式 2，时间常数：$N = 2 \times 10^{-3} \times 2 \times 10^{6} = 4 \times 10^{3} = 4\,000$

根据 8254 的控制字格式规定，符合题目要求的控制字为 0011 0100B，即 34H。时间常数的计算如图 9-18 所示。

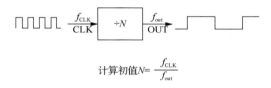

$$计算初值 N = \frac{f_{CLK}}{f_{out}}$$

图 9-18　时间常数的计算

初始化程序代码为：

```
MOV      AL,   34H             ;00110100B
OUT      43H,  AL
MOV      AX,   4000
OUT      40H,  AL              ;先送低 8 位
MOV      AL,   AH
OUT      40H,  AL              ;再送高 8 位
```

【思考】若定时 20 ms（即输出 50 Hz 的方波，设为工作方式 2），CLK 改为 4 MHz，CPU 为 8086，软硬件设计又该如何？

分析：$N = 4\ MHz \times 20\ ms = 80\,000$（超过 65 536，必须考虑用两个通道级连）即将第一级的 OUT 输出作为第二级的 CLK 输入。取第二级的 OUT 输出为最后结果，超过二级，依此类推。此时，只需将计算出的 N 分别为 N_1、N_2、……作为各级的计数初值即可。例如，本例可分解成 $4 \times 20\,000$，程序从略。

3．两通道级联

【例 9-8】以 2 MHz 作为输入频率，利用 8254 实现每 5 s 定时中断（设 8254 端口地址 40H ~ 43H）。

分析：一个通道计数初值最大为 0000H，即 65 536。CLK=2 MHz 时，可实现的最大间隔为：$65536/(2 \times 10^{6}) = 32.768\ ms$。所以，需要两个计数器级联，一个计数器的输出作为另一个计数器的输入。

将两个通道级联起来，当成一个黑匣子来看。则有

$N = N_0 \times N_1 = 5 \div [1/(2 \times 10^6)] = 10\ 000\ 000$

即 $N_0 \times N_1 = 10\ 000\ 000$。

这是一个不定式，所以让 $N_0 = 10\ 000$，$N_1 = 1\ 000$ 即可

CW0=00110100B=34H
CW1=01110100B=74H

编程如下：

```
MOV    AL,    34H
OUT    43H,   AL
MOV    AX,    10000
OUT    40H,   AL
MOV    AL,    AH
OUT    40H,   AL
MOV    AL,    74H
OUT    43H,   AL
MOV    AX,    1000
OUT    41H,   AL
MOV    AL,    AH
OUT    41H,   AL
```

【例 9-9】系统机外扩展实验台，连接关系如图 9-19 所示，8254 端口地址 0200H ~ 0203H。已知 CLK_0 输入的信号频率为 250 kHz。要求：

① CNT_0（计算器通道 0）工作于方式 3，其 OUT_0 输出连接到 CNT_1 的 CLK_1，作为 CNT_1 的脉冲输入源；若使 CNT_1 输出一个周期性的 1 s 钟脉冲信号，进行编程实现。

② 计算出计数初值；③写出 CNT_0 和 CNT_1 的初始化程序段。

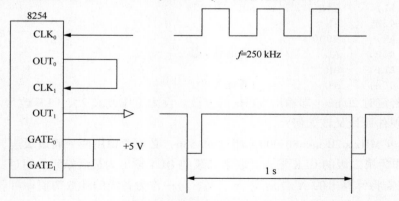

图 9-19　两个计数器级联应用

分析：控制字与计数初值如表 9-2 所示。

表 9-2　控制字与计数初值

通道 0	控制字 0	0011 0110B　=　36H
	计数初值 0	2500=09C4H
通道 1	控制字 1	0111 0100B = 74H
	计数初值 1	100=64H

初始化程序代码为:

```
MOV   DX,   0203H
MOV   AL,   36H
OUT   DX,   AL
MOV   DX,   0200H
MOV   AL,   0C4H
OUT   DX,   AL
MOV   AL,   09H
OUT   DX,   AL
MOV   DX,   0203H
MOV   AL,   74H
OUT   DX,   AL
MOV   DX,   0201H
MOV   AL,   064H
OUT   DX,   AL
MOV   AL,   00H
OUT   DX,   AL
```

9.3.3 8254/8253 的综合应用

1. PC/XT 中 8253 电路连接图（见图 9-20）

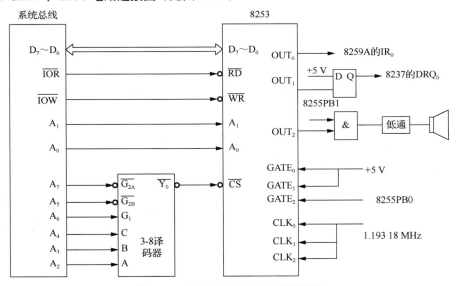

图 9-20 PC/XT 中 8253 电路连接图

在 IBM PC/XT 中，用 8253-5 作为定时器/计数器电路。它的 3 个通道的用途为：

① CNT_0 编程工作于定时方式，为系统的电子钟提供一个恒定的时间基准。端口地址 40H，控制字为 36H。工作于方式 3，二进制计数，计数初值 0000H（代表 65536）。

② CNT_1 编程用作动态 RAM 的刷新定时。

③ CNT_2 编程为方波输出。这个方波波形送到扬声器。用程序设置 CNT_2 输出波形的频率和延续时间，就能控制扬声器的音调和发声长短。端口地址 42H，控制字 B6H。工作于方式 3 二进制计数，计数初值根据频率要求设置。例如，设置初值为 533H 时，输出方波频率为 1 kHz。

2. 定时中断

【例 9-10】某实验平台主 8259 的地址为 20H 和 21H，其 MIR6、MIR7 开放供使用。若 IOY0 代表的端口地址为 0600H、0602H、0604H 和 0606H，如图 9-21 所示。以 1 MHz 作为输入频率，采用定时中断方式，定时 1 s。定时时间到，在屏幕上显示一轮信息。

分析：以 1 MHz 作为输入频率，一个通道定时不了 1 s，所以必须将通道 0 和通道 1 串联起来，达到目的。

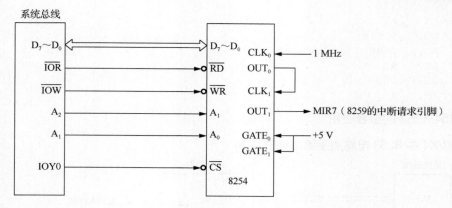

图 9-21　8254 与实验平台的连接

因此通道 0 工作在方式 3，二进制计数，16 位计数初值。

同样的，通道 1 工作在方式 2，二进制计数，16 位计数初值。

设通道 0 和通道 1 的计数初值分别是 N_0 和 N_1，则有

$$N_0 \times N_1 = 1000\ 000$$

所以，控制字和计数初值如表 9-3 所示。

表 9-3　控制字与计数初值

通道 0	控制字 0	0011 0110B = 36H
	计数初值 0	1000=03E8H
通道 1	控制字 1	0111 0110B = 76H
	计数初值 1	1000=03E8H

初始化程序代码为：

```
P8255A      EQU       06C0H
P8255B      EQU       06C2H
P8255C      EQU       06C4H
P8255M      EQU       06C6H
TIMER0      EQU       0600H
TIMER1      EQU       0602H
TIMER2      EQU       0604H
TIMERM      EQU       0606H
DATA        SEGMENT
```

```
DATA            ENDS

SSTACK          SEGMENT PARA  STACK  'STACK'
                DW      32  DUP(?)
SSTACK          ENDS
CODE            SEGMENT
                ASSUME  CS:CODE, DS:DATA,SS: SSTACK
START:          MOV     AX,DATA
                MOV     DS,AX
INITA:  NOP                             ; 8255 初始化
INITB:  PUSH            DS              ;8259MIR7
        CLI
        MOV     AX,     0000H
        MOV     DS,     AX
        MOV     AX,     OFFSET    MIR7
        MOV     SI,     003CH
        MOV     [SI],   AX
        MOV     AX,     CS
        MOV     SI,     003EH
        MOV     [SI],   AX
        POP     DS
INITC:  MOV     AL,     11H             ;主 8259A
        OUT     20H,    AL              ;ICW₁
        MOV     AL,     08H
        OUT     21H,    AL              ;ICW₂
        MOV     AL,     04H
        OUT     21H,    AL              ;ICW₃
        MOV     AL,     01H
        OUT     21H,    AL              ;ICW₄
        MOV     AL,     2FH             ;OCW₁，MIR₄用于串口，连接试验箱和计算机
        OUT     21H,    AL
        STI
AA1:    NOP
        JMP     AA1

INITD:  MOV     DX,     TIMERM          ;定时器芯片
        MOV     AL,     36H
        OUT     DX,     AL
        MOV     DX,     TIMER0          ;计数器 0
        MOV     AX,     1 000
        OUT     DX,     AL
        MOV     AL,     AH
        OUT     DX,     AL
        MOV     DX,     TIMERM
        MOV     AL,     76H
        OUT     DX,     AL
        MOV     DX,     TIMER1          ;计数器 1
        MOV     AX,     1 000
        OUT     DX,     AL
        MOV     AL,     AH
```

```
           OUT     DX,     AL
BEGIN:     NOP
AA2:       JMP     AA2
MIR7       PROC    NEAR
           PUSH    AX
           PUSH    DX
           MOV     AX,     0137H
           INT     10H
           MOV     AX,     0120H
           INT     10H
           MOV     AL,     20H
           OUT     20H,    AL
           POP     DX
           POP     AX
           IRET
MIR7       ENDP
MIR6       PROC    NEAR
           PUSH    AX
           PUSH    DX

           MOV     AL,     20H
           OUT     20H,    AL
           POP     DX
           POP     AX
           IRET
MIR6       ENDP
CODE       ENDS
           END START
```

习　题

综合题

1. 可编程定时器/计数器芯片 Intel 8254 有几个通道？每个通道具有哪几种工作方式？简述这些工作方式的主要特点。

2. 8254 的编程结构是怎样的？

3. 8254 中计数器的 3 个引脚 CLK、OUT、GATE 信号的作用是什么？

4. 8254 计数过程中的计数值是如何读出的？

5. 方式 2 中 OUT 输出频率如何计算？

6. 设 8254 三个计数器通道的端口地址为 70H、71H、72H，控制寄存器端口地址 73H。编写初始化程序片段，使：

   （1）计数器 0，工作模式 1，使用 16 位，初值为 1234，BCD 计数。

   （2）计数器 1，工作模式 4，使用低 8 位，初值为 100，二进制计数。

   （3）计数器 2，工作模式 2，使用 16 位，初值为 65536，二进制计数。

7. 8254 有几种工作方式，每种工作方式的特点是什么？

8. 设 8254 的地址为 F0H ～ F3H，CLK1 为 500kHz。欲让计数器 1 产生 50Hz 的方波输出，试进行初始化编程。

9. 某计算机系统用 8254 的通道 0 做频率发生器，输出频率 500 Hz，用通道 1 输出 1 000 Hz 的连续方波，输入的时钟信号为 1.193 18 MHz，8254 的端口地址为 40H~43H，试编写初始化程序。

10. 若某微机系统的接口电路中，包含 1 个并行 I/O 的 8255A 和 1 个定时/计数器 8254。设 8255A 和 8254 的片选信号分别为 $\overline{CS_1}$、$\overline{CS_2}$，其片内地址线 A_1、A_0 分别接到地址总线的 A_2、A_1 要求完成：

（1）设 $\overline{CS_1}$、$\overline{CS_2}$ 的地址范围分别为 218H~21FH、200H~207H，在表 9-4 对应的空格处填写各端口的编程地址。

（2）若 8255A 的 A 口和 B 口设为方式 0，且 A 口作输出口（A 口初始状态为全 0），B 口作输入口，试完成该接口电路的初始化程序。

（3）设 8254 的 1 号、2 号计数器分别采取工作方式 0 和方式 3，1 号计数器的计数预置值为 8 位二进制数 M，2 号计数器的计数预置值为 4 位十进制数 L，试完成该接口电路的初始化程序。

表 9-4　8254 与 8255 端口地址表

8254		8255	
端口	地址	端口	地址
CNT0		PA	
CNT1		PB	
CNT2		PC	
CW		CW	

11. 某 PC 系统中，8254 的端口地址是 40H~43H。当某一事件发生时（用指拨开关给出一个高电平），2 s 后向主机申请中断。若用 8254 实现此延时，请设计硬件电路图，并编写 8254 的初始化程序。

12. 8254 输入时钟频率为 2 MHz，现要求 8254 工作于定时方式，要 1 s 钟输出一个脉冲并使得 CPU 中断。请设计解决此问题的方案，具体要求如下：

（1）使用 8259A 和 8254 芯片，设计与系统连接的硬件接线图。

（2）设计题目要求的其他硬件接线图。

（3）编写 8254 的初始化程序。

13. 为了测量电机的转速，可以在电机轴上安装一个转盘，上面有 8 个均匀地小孔。转盘一侧是发光源，另一侧是光电转换电路，转盘上的小孔转到发光源的位置时，光透过线控产生一个正脉冲。通过记录正脉冲的个数并简单计算后，就可以得到电机的转速。

　　现在通过 8254 的通道 0 记录正脉冲的个数，通道 1 定时 1 s 向 8259A 发中断请求（输入时钟 2 MHz），计算转速。若通道 1 的 OUT_1 接 8259 的 IR4。假定 8259A 地址为 20H、21H，8254 地址为 40H~43H。请完成：

（1）写出 8254 的初始化程序。

（2）要求中断请求信号以边沿触发，不用 AEOI 结束方式，非缓冲方式，编写 8259A 的初始化程序。

（3）编写中断服务程序，并完成计算转速（r/min），存放到字变量 SPEED 中。

本章主要介绍可编程串行通信接口 8251A 的编程应用、8251A 的编程结构特点、串行发送和接收工作原理、控制字及编程原理。在上述知识学透之后，进一步学习编制初始化程序，简单应用。最后达到中断、定时和串行接口综合应用的目的。

学习目标：

- 能够说出串行通信的基本概念。
- 能够解释 8251A 的编程结构特点。
- 能够对 8251A 进行初始化编程。

10.1 串行通信基础

CPU 与外部信息交换即通信有两种基本方式：并行通信方式和串行通信方式。

并行通信方式的特点是 8 位、16 位甚至 32 位数据同时从一个设备传送到另一个设备。

串行通信方式的特点是在传输过程中，数据一位一位地沿着一条传输线从一个设备传到另一个设备。以传送 8 位数据 01101010 为例，并行传送与串行传送的过程如图 10-1 所示。

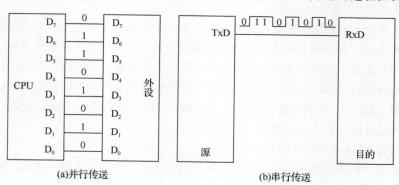

图 10-1 并行传送与串行传送

10.1.1　串行通信

串行通信（Serial Communication）：将数据的各位按时间顺序依次在一条传输线上传输。

串行通信的特点：数据的各位依次由源到达目的地，因而传输速度慢。但是，节省传输线，这是串行通信的主要优点。当用于远程通信时，可以极大地降低成本。

因而，串行通信适用于远距离设备之间的数据传送，也常用于速度要求不高的近距离数据传送。对于 PC 系列机上的外围设备（如键盘、鼠标、绘图仪、终端等），也常常采用串行方式与主机数据传送。

由此可见，串行通信适合于远距离传送，可以从几米到数千公里。对于长距离、低速率的通信，串行通信往往是唯一的选择。

微型计算机系统向外传送数据或者接收外面传送来的数据是以并行方式传送的，这是计算机内部数据所固有的特征。若要在计算机和外围设备之间进行串行通信，就需要一种接口电路，它具有把 CPU 传送来的并行数据转换为串行数据发送出去的功能，还具有把接收到外围设备传送来的串行数据转换成并行数据传送给 CPU 的功能。这种接口电路称为串行接口电路。

随着大规模集成电路的发展，已经可以将 UART 制作在一片集成电路上，例如 Intel 的8250、8251 等。

10.1.2　异步通信和同步通信

串行通信按通信约定的格式分为两种：异步通信方式和同步通信方式。

1．异步通信

异步通信（Asynchronous Data Communication，ASYNC）用一个起始位表示字符的开始，用停止位表示字符结束来构成一个字符帧。所采用的信息格式如图 10-2 所示。

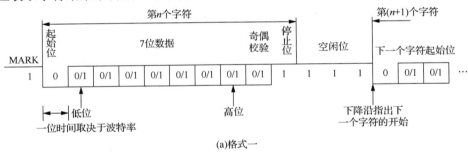

(a)格式一

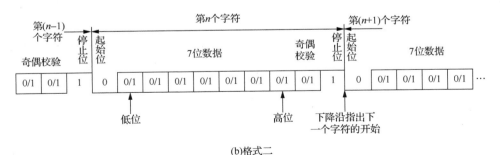

(b)格式二

图 10-2　异步通信的格式

在异步数据传送中，CPU 与外设之间必须遵循 3 项规定：

（1）字符帧格式

一个字符正式发送之前，先发送一个起始位，低电平，宽度为 1 位；结束时发一个停止位，高电平，宽度是 1 位、1.5 位或 2 位；数据位占 5～8 位，可在数据位之后设 1 位奇偶校验位。字符之间可有空闲位，它们都是高电平。

异步传送过程中的起始位和停止位起着重要的作用。起始位标志着每一个字符的开始，停止位标志着每一个字符的结束。由于串行通信采用起始位为同步信号，接收端总是在接收到每个字符的头部即起始位处进行一次重新定位，保证每次采样对应一个数位。所以，异步传送的发送器和接收器不必用同一个时钟，而是各有自己的本地时钟。只要是同一标称频率，略有偏差不会导致数据传送错误，如图 10-3 所示。

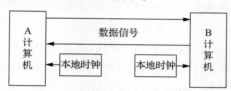

图 10-3　异步通信的本地时钟

（2）传送速率

传送速率是指每秒传送的二进制位数，通常称为波特率（Baud Rate），单位为 bit/s。

国际上规定了标准波特率系列。最常用的标准波特率是 110、300、600、1 200、1 800、2 400、4 800、9 600 和 19 200 bit/s。

例如，在某个异步串行通信系统中，数据传送速率为 960 字符/秒，每个字符包括 1 个起始位、8 个数据位和 1 个停止位，则波特率为 10×960=9 600 bit/s。

（3）发送时钟和接收时钟

在进行串行通信时，根据传送的波特率来确定发送时钟和接收时钟的频率。在异步传送中，每发送一位数据的时间长度由发送时钟决定。每接收一位数据的时间长度由接收时钟决定。它们和波特率之间有如下关系：

$$时钟频率 = k×波特率$$

式中，k 称为波特率系数或波特率因子。它的取值可以为 1、16、32 或 64。

2. 同步通信

同步通信（Synchronous Data Communication，SYNC）以一个数据块（帧）为传输单位。每个数据块的帧格式如图 10-4 所示。附加 1 个或 2 个同步字符，串行数据信息以连续的形式发送，每个时钟周期发送一位数据，数据信息间不留空隙，最后以 CRC 校验字符结束。

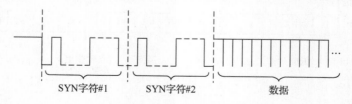

图 10-4　同步通信数据格式

与异步通信不同，不是用起始位来标识字符的开始，而是用一串特定的二进制序列，称为同步字符，去通知接收器串行数据第一位何时到达。

同步通信采用的同步字符的个数不同，存在着不同的格式结构，具有一个同步字符的数据格式称为单同步格式，具有两个同步字符的数据格式称为双同步格式，如图 10-4 所示。

在同步传送中，要求用统一的时钟来实现发送端与接收端之间的同步，如图 10-5 所示。

同步传送的速度高于异步，但它要求由统一的时钟来实现发送端与接收端之间的同步，故硬件复杂。但是，同步通信的效率高，因为其数据格式中非数据信息（起始位停止位）的比例小。

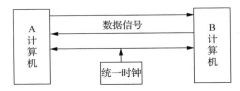

图 10-5　同步通信的统一时钟

同步同信，发送方在统一时钟的下降沿发送字符字节，而接收方在同一时钟的上升沿接收字符字节。字符发送时，先发最低有效位，然后顺序发送，最后是最高有效位。图 10-6 所示为同步通信数据位的检测图。

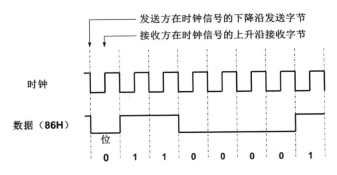

图 10-6　同步通信数据位的检测

10.1.3　数据传送的工作方式

在串行通信中，按照在同一时刻数据流的方向可分为 3 种基本传送模式：单工传送、半双工传送和全双工传送。

1．单工（Simplex）传送方式

单工传送方式仅支持在一个方向上的数据传送。采用该方式时，已经确定了通信两点中的一点为接收端，另一点为发送端，即由设备 A 传送到设备 B。在这种传送模式中，A 只作为发送器，B 只作为接收器；反之，不可行，如图 10-7 所示。

2．半双工（Half-Duplex）传送方式

半双工传送方式支持在设备 A 和设备 B 之间交替地传送数据。即设备 A 为发送器发送数据到设备 B，设备 B 为接收器；也可以设备 B 为发送器发送数据到设备 A，设备 A 为接收器。由于 A、B 之间仅有一根数据传送线，它们都有独立的发送器和接收器，所以在同一个

时刻只能进行一个方向的传送。半双工的连接方式如图 10-8 所示。

3. 全双工（Full-Duplex）方式

全双工传送方式支持数据在两个方向同时传送，即设备 A 可发送数据到设备 B，设备 B 也可以发送数据到设备 A，它们都有独立的发送器和接收器，并有两条传送线。全双工的连接方式如图 10-9 所示。

图 10-7　单工方式示意图　　　图 10-8　半双工方式示意图　　　图 10-9　全双工方式示意图

10.1.4　调制解调器

1. 调制与解调

远距离通信时需要通过普通电话网络传输。如果数字信号直接在公用电话网的传输线上传送，信号到了接收端后将发生严重畸变和失真。解决方案就是调制与解调。

（1）调制器

发送方使用调制器（Modulator），把要传送的数字信号调制转换为适合在模拟线路上传输的音频模拟信号。

（2）解调器

接收方则使用解调器（Demodulator）从线路上检测出这个模拟信号，并把该信号解调还原成数字信号。

（3）调制解调器

由于要进行全双工通信，所以要把调制器和解调器做在一起，称为调制解调器（MODEM）。

2. 串行通信的错误检测

（1）异步串行通信的错误检测

异步通信采用奇偶校验。接收方可以检测到的传输错误有：奇偶错 PE，传输中引起的某些数位的改变，会引起奇偶校验出现错误。溢出错误 OE（覆盖错误），CPU 没有及时取走数据，又有新数据送入。原因：CPU 检测接收数据就绪的速率小于串行接口从通信线上接收数据的速率。帧错误 FE：字符格式不符合规定，如在停止位检测到低电平，则会引起帧格式错。

（2）同步串行通信的错误检测

同步通信采用 CRC 循环冗余检验。CRC 校验是以数据块为对象进行校验的。采用 CRC 校验要比用奇偶校验的误码率低几个数量级。

10.2　串行通信接口 8251A

Intel 8251A 是一种可编程的通用同步/异步收发器（Universal Synchronous /Asynchronous Receiver/Transmitter，USART)。它可以管理信号变化范围很大的串行数据通信，可以用作 CPU

与串行外设的接口电路。因为由接口芯片硬件完成串行通信的基础进程，从而大大减轻了 CPU 的负担，被普遍应用于远距离通信体系及计算机网络。

8251A 通过编程可选择同步方式和异步方式。8251A 又称可编程通信接口。

10.2.1　8251A 的基本性能

可编程串行接口芯片有多种型号，常用的有 Intel 公司生产的 8251A，Motorola 公司生产的 6850、6952、8654，Zilog 公司生产的 SIO 及 TNS 公司生产的 8250 等。这些芯片结构和工作原理大同小异，不必一一介绍。下面以 Intel 公司生产的 8251A 为例介绍可编程串行通信接口的基本工作原理、编程结构、编程方法及应用实例。

8251A 是 8251 的改进型，具有同步、异步接收或发送功能。使用单一+5 V 电源，双列直插式 28 引脚封装形式。

8251A 的基本功能有：

① 可以工作在同步或异步方式下，两种方式下的字符位数为 5 ~ 8 位。

② 同步方式时传输速率可达 0 ~ 64 kbit/s，异步方式时传输速率可达 0 ~ 19.2 kbit/s。

③ 异步传输时可自动产生一个起始位，程序控制可产生 1 个、1.5 个、2 个停止位。

④ 具有奇偶错、数据丢失错和帧错误检测能力。

⑤ 同步方式时，可自动检测，插入同步字符。

视频 55　8251 基本功能

10.2.2　8251A 的内部结构

8251A 是一个通用串行输入/输出接口芯片，可用来将 CPU 传送给外设的信息以串行方式向外发送，或将外设输入给 CPU 的信息以串行方式接收，并转换成并行数据传送给 CPU。8251A 的结构如图 10-10 所示。

8251A 共由 7 大部分构成，即发送缓冲器、发送控制、接收缓冲器、接收控制、数据总线缓冲器、读/写控制逻辑、调制解调器控制。

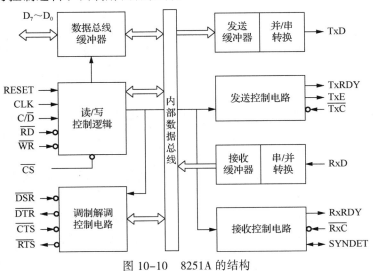

图 10-10　8251A 的结构

1. 发送器

发送器（Transmitter）和接收器是与外设交换信息的通道。以下对发送器和接收器的工作过程分别进行论述。发送器包含发送缓冲器（Transmit Buffer）、发送移位寄存器、发送控制（Transmit Control）3 部分。

工作过程如下：

① 接收到来自 CPU 的数据存入发送缓冲器。

② 发送缓冲器存有待发送的数据后，使引脚 TxRDY 变为低电平，表示发送缓冲器满。

③ 当调制解调器做好接收数据的准备后，向 8251A 输入一个低电平信号，使 $\overline{\text{CTS}}$ 引脚有效。

④ 在编写初始化命令时，使操作命令控制字的 TxEN 位为高电平，让发送器处于允许发送的状态下。

⑤ 满足以上②、③、④条件时，若采用同步方式，发送器将根据程序的设置自动送一个（单同步）或两个（双同步）同步字符，然后由移位寄存器从数据输出引脚 TxD 串行输出数据块；若采用异步方式，由发送控制器在其首尾加上起始位及停止位，然后从起始位开始，经移位寄存器从数据输出线 TxD 串行输出，如图 10-11 所示。

⑥ 待数据发送完毕，使 TxE 有效。

⑦ CPU 可向 8251A 发送缓冲器写入下一个数据。

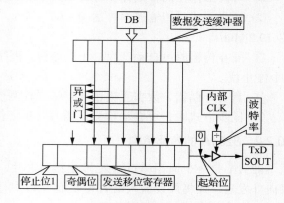

图 10-11　发送器异步工作方式

2. 接收器

接收器（Receiver）包括接收缓冲器（Receive Buffer）、接收移位寄存器及接收控制（Receive Control）3 部分。工作过程如下：

① 控制命令字的允许接收位 RxE 和数据终端准备好 $\overline{\text{DTR}}$ 有效时，接收控制器开始监视 RxD 线。无字符传送时，在 RxD 线为高电平，当出现低电平时，认为它是起始位到来。

② 外设数据从 RxD 端逐位进入接收移位寄存器中，接收中对同步和异步两种方式采用不同的处理过程。

异步方式时，当发现 RxD 线上的电平由高电平变为低电平时，认为是起始位到来，然后接收器开始接收一帧信息。接收到的信息经过删除起始位和停止位，把已转换成的并行数据置入接收数据缓冲器，如图 10-12 所示。

同步方式时，每出现一个数据位移位寄存器就把它移一位。把移位寄存器数据与程序设置的存于同步字符寄存器中的同步字符相比较，若不相等则重复上述过程，直到与同步字符相等后，则使 SYNDET=1，表示已达到同步。这时在接收时钟 RxC 的同步下，开始接收数据。RxD 线上的数据送入移位寄存器，按规定的位数将其组装成并行数据，再把它送至接收数据缓冲器中。

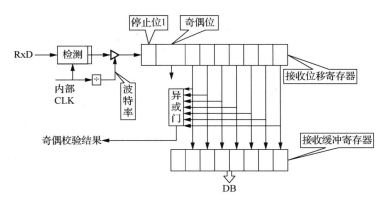

图 10-12　接收器异步工作方式

③ 当接收数据缓冲器接收到由外设传送来的数据后，发出接收准备就绪 RxRDY 信号，通知 CPU 取走数据，如图 10-13 所示。

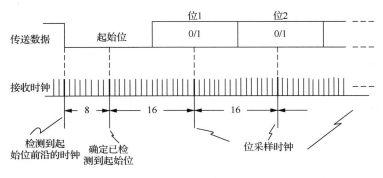

图 10-13　异步通信数据位检测（$K=16$）

3．数据总线缓冲器

数据总线缓冲器（Data Bus Buffer）是一个 3 态双向 8 位缓冲器。用于连接 8251A 与系统数据总线。CPU 通过 Output/Input 指令发送或接收数据。控制字、命令字或状态信息也通过 Data Bus Buffer 传输。其功能如下：

① 接收来自 CPU 的数据及控制字，传送数据给数据输出缓冲器。控制字也传送给数据输出缓冲器。缓冲器不保存控制字，接收到后立即发出相应控制，数据保存在输出缓冲器。当 $\overline{CTS}=0$、TxE=1 条件满足时，才传送数据到发送移位寄存器。

② 从数据输入缓冲器内读取数据传送给 CPU。

③ 从状态寄存器中读取状态字，确定 8251A 处于何种工作状态。

4．读/写控制逻辑

读/写控制逻辑（Read/Write Control Logic）是用来接收 CPU 送来的一系列控制信号。

对于 8 位的 8088 CPU 系统，$C/\overline{D}$ 端可直接连接到地址总线的 A_0 端。对于 16 位的 8086 CPU 系统，低 8 位数据总线上的数据访问偶地址端口或存储单元，高 8 位数据总线上的数据访问奇地址端口或存储单元。当 8 位的 8251A 的数据线连接到 CPU 低 8 位数据总线上，$C/\overline{D}$ 端连接到地址总线的 A_1 端，A_0 端不连接到 8251A 接口芯片上，保证 8086 CPU 发给 8251A 的地址数为连续的俩个偶地址，使 CPU 与 8251A 交换的数据信息是在低 8 位数据总线上。对于 8251A 接收到的两个连续的偶地址，必定一个使 C/$\overline{\text{D}}$ =0，一个使 C/$\overline{\text{D}}$ =1。

$\overline{\text{RD}}$ 、$\overline{\text{WR}}$：读、写控制信号。在执行 IN 指令时，$\overline{\text{RD}}$ 线有效，启动输入缓冲寄存器，数据总线上数据流方向由 8251A 流向 CPU。在执行 OUT 指令时，$\overline{\text{WR}}$ 线有效，启动输出缓冲寄存器，数据流方向由 CPU 流向 8251A。

$\overline{\text{CS}}$ 、C/$\overline{\text{D}}$ 、$\overline{\text{RD}}$ 、$\overline{\text{WR}}$ 信号配合起来可以决定 8251A 的操作，如表 10-1 所示。

表 10-1　8251A 读/写操作真值表

$\overline{\text{CS}}$	C/$\overline{\text{D}}$	$\overline{\text{RD}}$	$\overline{\text{WR}}$	功　　能
0	0	0	1	CPU 从 8251A 读数据
0	1	0	1	CPU 从 8251A 读状态
0	0	1	0	CPU 写数据到 8251A
0	1	1	0	CPU 写命令到 8251A
1	×	×	×	总线浮空（无操作）

5．调制解调器控制

在远距离通信时，8251A 提供了与调制解调器联络的信号；在近距离串行通信时，8251A 提供了与外设联络的应答信号。

与调制解调器控制电路有关的信号作用及控制方法如下：

发送方与接收方是相对数据将要传送方向而决定的。当 $\overline{\text{DTR}}$ 与 $\overline{\text{DSR}}$ 为一对握手信号时，8251A 为接收方，外设为发送方；当 $\overline{\text{RTS}}$ 与 $\overline{\text{CTS}}$ 为一对握手信号时，8251A 为发送方，外设为接收方。

实际应用时，$\overline{\text{DTR}}$ 、$\overline{\text{DSR}}$ 和 $\overline{\text{RTS}}$ 三个信号引脚可以悬空不用，$\overline{\text{CTS}}$ 引脚必须为低电平，当 8251A 仅工作在接收状态而不要求发送数据时，$\overline{\text{CTS}}$ 也可以悬空。

10.2.3　8251A 的外部引脚

8251A 可以作为 CPU 与外设或调制解调器间的接口，如 10-14 所示。它的接口信号可以分为两组：一组为与 CPU 接口的信号；另一组为与外设（或调制解调器）接口的信号。

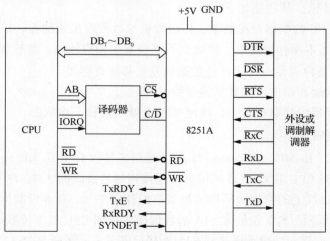

图 10-14　CPU 通过 8251A 与串行外设连接

1. 与 CPU 的接口信号

① $D_7 \sim D_0$：8251A 的外部三态双向数据总线，可以连到 CPU 的数据总线。CPU 与 8251A 的数据、命令信息以及状态信息都是通过这组数据总线传送的。

② CLK：为 8251A 提供时序。在同步方式时，CLK 的频率必须大于发送器输入时钟 $\overline{\text{TxC}}$ 和接收器输入时钟 $\overline{\text{RxC}}$ 频率的 30 倍；在异步方式时，CLK 的频率必须大于发送和接收时钟的 4.5 倍。

③ $\overline{\text{CS}}$：（Chip Select）片选信号，低电平有效。

④ $\overline{\text{RD}}$：（Read）读控制，低电平有效。

⑤ $\overline{\text{WR}}$：（Write）写控制，低电平有效。

⑥ $C/\overline{D}$：控制/数据信号（Control/Data），根据 $C/\overline{D}$ 信号是 1 还是 0，鉴别当前数据总线上信息流是控制字还是与外设交换的数据。当 $C/\overline{D}=1$ 时，传送的是命令、控制、状态等控制字；$C/\overline{D}=0$ 时，传送的是真正的数据。

⑦ TxRDY：发送器准备好信号（Transmitter Ready）。当 $\overline{\text{CTS}}=0$、TxEN=1 且 TxE=1 时，此信号有效，TxRDY=1。CPU 可以往 8251A 发送下一个数据。当用查询方式时，CPU 可从状态寄存器的 D_0 位检测这个信号，判断发送缓冲器所处状态。当用中断方式时，此信号作为中断请求信号。当 CPU 输出一个字符到 8251A 时，$\overline{\text{WR}}$ 的上升沿使得 TxRDY=0。

⑧ TxE：发送器空信号。TxE=0，发送移位寄存器满；TxE=1，发送移位寄存器空。CPU 可向 8251A 的发送缓冲器写入数据。在同步方式时，若 CPU 来不及输出新字符，则 TxE=1，同时发送器在输出线上插入同步字符，以填充传送间隙。

⑨ RxRDY：接收器准备好信号。RxRDY=1 表示接收缓冲器已装有输入的数据，通知 CPU 取走数据。若用查询方式，可从状态寄存器 D_1 位检测这个信号。若用中断方式，可用该信号作为中断申请信号，通知 CPU 输入数据。当 CPU 输入一个字符后，此信号复位。RxRDY=0 表示输入缓冲器空。

⑩ SYNDET：同步检测/终止字符检测信号，高电平有效。

对于同步方式，SYNDET 是同步检测信号，该信号既可工作在输入状态，也可工作在输出状态。内同步工作时，该信号为输出信号。SYNDET=1，表示 8251A 已经监测到所要求的同步字符。若为双同步，此信号在传送第二个同步字符的最后一位的中间变高，表明已经达到同步。外同步工作时，该信号为输入信号。当从 SYNDET 端输入一个高电平信号时，接收控制电路会立即脱离对同步字符的搜索过程，开始接收数据。

2. 与装置的接口信号

① $\overline{\text{DTR}}$：数据终端准备好信号（Data Terminal Ready）。输出，低电平有效。该信号可用软件编程方法控制，命令指令的 $D_1=1$，执行输出指令，使得 $\overline{\text{DTR}}$ 线输出有效的低电平。表示 CPU（即数据终端一方）准备就绪。

② $\overline{\text{DSR}}$：数据装置准备好信号（Data Set Ready）。输入，低电平有效，用于表示 MODEM 或外设方已经准备好。它是对 $\overline{\text{DTR}}$ 的回答信号，可通过执行输入指令，读入状态控制字，检测 D_7 位是否为 1。$\overline{\text{DTR}}$ 与 $\overline{\text{DSR}}$ 是一对握手信号。

③ $\overline{RTS}$：请求发送信号（Request to Send）。输出，低电平有效。可用软件编程方法，设置命令指令的 $D_5=1$，执行输出指令，使得 $\overline{RTS}$ 线输出有效的低电平。

④ $\overline{CTS}$：准许发送信号（Clear to Send）。输入，低电平有效。它是对 $\overline{RTS}$ 的回答信号，表示 MODEM 做好了接收数据的准备。当 $\overline{CTS}=0$ 时，命令控制字的 TxE=1，且发送缓冲器为空时，发送器可发送数据。$\overline{RTS}$ 与 $\overline{CTS}$ 是另一对握手信号。

⑤ $\overline{R \times C}$：接收器时钟信号（Receiver Clock）。输入，在同步方式时，$\overline{R \times C}$ 等于比特率；在异步方式时，可以是比特率的 1 倍、16 倍或 64 倍。

⑥ RxD：接收器数据（Receiver Data）。接收由外设输入的串行数据。

⑦ $\overline{T \times C}$：发送器时钟信号（Transmitter Clock），外部输入。对于同步方式，$\overline{T \times C}$ 的时钟频率应等于发送数据的比特率。对于异步方式，由软件定义的发送时钟可是发送比特率的 1 倍、16 倍或 64 倍。

⑧ TxD：发送器数据（Transmitter Data）。输出串行数据送往外围设备。

10.2.4　8251A 的控制字

8251A 芯片在工作前要先对其初始化编程，以确定其工作方式。工作中 CPU 要向 8251A 发出一些命令，确定其动作过程，并要求了解其工作状态，以保证在数据传送中协调 CPU 与外设的数据传送过程。这样就需要有 3 种控制字，分别为方式指令、命令指令和状态字。

1．方式指令格式

方式指令决定 8251A 是工作在异步方式还是同步方式。异步方式时，是关于传送的数据位的位数、停止位的位数、传送速率等约定；同步方式时，是双同步还是单同步等约定，都是通过执行输出指令由 CPU 向 8251A 写入一个方式指令来完成的。

方式指令各位的定义如图 10-15 所示。

① D_1、D_0 两位有 2 个作用：一个作用是确定通信方式是同步方式还是异步方式；另一个作用是确定异步通信方式的数据传输速率。例如，64×表示时钟频率是发送或接收比特率的 64 倍，其他类推。

② D_3、D_2 用来确定字符的位数。

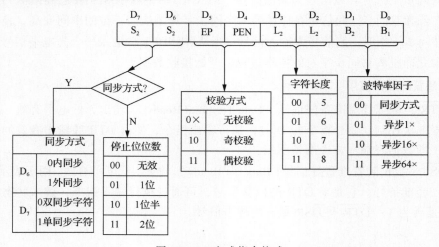

图 10-15　方式指令格式

③ D_5、D_4 用来确定奇偶校验的性质。其中，$D_4=0$ 无校验，$D_4=1$ 有检验。在 $D_4=1$ 时，D_5 位才有意义。$D_5=0$ 奇校验，$D_4=1$ 偶检验。

④ D_7、D_6 在同步方式和异步方式时的意义是不同的。异步时，用来规定停止位的位数；同步时，用来确定是内同步还是外同步，以及同步字符的个数。其中，$D_6=0$ 内同步，$D_6=1$ 外同步。其中，$D_7=0$ 双同步字符，$D_7=1$ 单同步字符。

2．命令指令格式

要使 8251A 处于发送数据或接收数据状态，通知外设准备接收数据或者发送数据，是通过 CPU 执行输出指令，发出相应的命令指令来实现的。

8251A 的命令指令格式如图 10-16 所示。

① TxEN（Transmit Enable）：发送允许，决定是否允许 TxD 线向外设串行发送数据。

② RxE（Receive Enable）：接收允许，决定是否允许 RxD 线接收外部输入的串行数据。

③ DTR、RTS 两位是调制解调器控制电路与外设的握手信号。当 8251A 作为接收数据方，并已准备好接收数据时，使 DTR 位为 1，将迫使 $\overline{\text{DTR}}$ 引脚输出有效信号；当 8251A 作为发送数据方，并已准备好发送数据时，使 RTS 位为 1，将迫使 $\overline{\text{RTS}}$ 引脚输出有效信号。

④ SBRK（Send BREAK Character）：发送终止字符位。SBRK=1，迫使 TxD 引脚一直发 MARK 信号，即输出连续的逻辑 1；SBRK=0，正常工作。正常通信时，SBRK 位应为 0。

⑤ ER（Error Reset）：清除错误标志位。该位是针对状态控制字的 D_3、D_4 和 D_5 位进行操作的。ER=1 将使得状态字的 PE、OE、FE 复位。

⑥ EH（Enter Hunt Mode）：跟踪方式位。跟踪方式是在接收数据时，针对同步方式而进行的操作。当采用同步工作方式时，允许接收位 RxE=1 时，还必须使 EH=1、ER=1。EH=1，使接收器进入搜索同步字符状态，监视由 RxD 引脚接收的数据。当接收器接收到同步字符号，确定下面接收的数据为真正的数据时，再把接收到的数据传送到移位寄存器。

⑦ IR（Internal Reset）：内部复位信号。IR=1，迫使 8251A 复位，使 8251A 回到接收方式指令的状态。

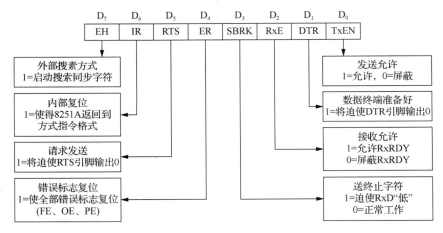

图 10-16　8251A 的命令指令格式

3. 状态字格式

CPU 通过输入指令读取状态控制字，了解 8251A 传送数据时所处的状态，做出是否发出命令，是否继续下一个数据传送的决定。状态字存放在状态寄存器中，CPU 只能读取状态寄存器，而不能对它写入内容。状态字各位所代表的意义如图 10-17 所示。其中 $D_7D_6D_2D_1$ 位同芯片引脚定义完全相同。

① D_0 位 TxRDY 位是发送准备好标志位，此状态位 TxRDY 与引脚 TxRDY 的意义有些区别。此状态位 TxRDY=1，反映当前发送缓冲器已空。而对于 TxRDY 引脚必须在发送缓冲器空，状态位 TxRDY=1，并且外设或调制解调器接收数据方可以接收下一个数据时，控制字中的 TxEN=1，才能使 TxRDY 引脚有效，即 TxRDY pin out= DB Buffer Empty · ($\overline{CTS}$=1) · (TxEN=1)。

② D_1 位 RxRDY=1 表明接收缓冲器已装有输入数据，CPU 可以取走该数据。引线端 RxRDY 为高，也表明接收缓冲器已装有输入数据，RxRDY 引脚可供 CPU 查询，也可作为对 CPU 的中断申请信号，申请 CPU 取走数据。

③ D_2 位的 TxE 和 D_6 位的 SYNDET 位与 8251A 的引脚的状态完全相同，可供 CPU 查询。

④ D_3 位 PE（Parity Error）为奇偶错。

⑤ D_4 位 OE(Overrun Error)为溢出错。

⑥ D_5 位 FE(Framing Error)为帧校验错（仅仅在异步方式有）。可通过命令指令的 ER 位对这 3 个标志位复位。

⑦ D_7 位 DSR(Data Set Ready)是数据装置准备好位。该位反映输入引脚 $\overline{DSR}$ 是否有效，即用来检测调制解调器或外设发送方是否准备好要发送的数据。

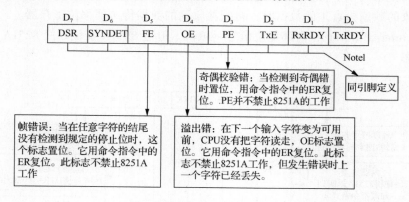

图 10-17　8251A 状态字格式

10.2.5　8251A 的初始化编程

在传送数据前要对 8251A 进行初始化，才能确定发送方与接收方的通信格式，以及通信的时序，从而保证准确无误地传送数据。由于 3 个控制字没有特征位，且方式指令和命令指令输出到同一个端口地址，因而要求按一定的顺序写入控制字，不能颠倒。初始化编程的流程如图 10-18 所示。

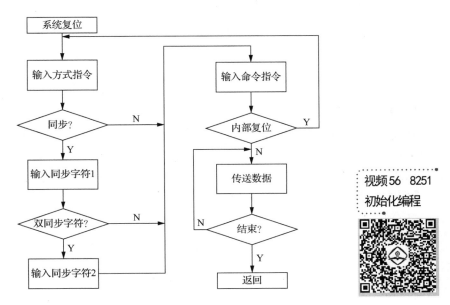

图 10-18 8251A 初始化编程的流程

视频56 8251
初始化编程

需要指出的是，方式指令必须跟在复位命令之后。复位命令可用硬件的方法从 RESET 引脚输入复位信号，也可通过软件方法发送复位命令。这样 8251A 才可重新设置方式指令，改变工作方式完成其他传送任务。

1. 异步方式

【例 10-1】编写通过 8251A 初始化程序段。要求传输时的格式为 7 个数据位、2 个停止位、1 个偶校验位、波特率因子 $K = 16$ 。设 8251 的奇地址端口为 3F2H。

分析： Mode Instruction=11111010 = FAH

Command Instruction=00110111B=37H　　（记住这 5 个 1）

初始化程序为：

```
MOV     DX, 03F2H
MOV     AL, 0FAH
OUT     DX, AL          ;先写入模式指令
MOV     AL, 37H
OUT     DX, AL          ;再写入命令指令
...                      ;数据传输
```

2. 同步方式

【例 10-2】8251A 在同步方式的初始化编程。要求传输时的格式为 7 个数据位、同步字符 2 个 16H、内同步模式、校验方式为偶校验。设 8251 的奇地址端口为 3F2H。

分析： Mode Instruction=00111000B = 38H

Command Instruction=1011 0111B=B7H　　（记住这 5 个 1，最高位多了一个）

初始化程序为：

```
MOV     DX,  3F2H
MOV     AL,  38H
OUT     DX,  AL          ;先写入模式指令
```

```
MOV      AL, 16H
OUT      DX, AL              ;再写入 2 个同步字符均为 16H
OUT      DX, AL
MOV      AL, 0B7H
OUT      DX, AL              ;最后写入命令指令
...                         ;数据传输
```

3. 写恢复时间

特别值得注意的是每次对 8251A 进行一次写操作，都需要有写恢复时间（大约延时 16 个时钟周期）。但是，向 8251A 写入数据字符就不需要延时。因为 8251A 要等到前面一个字符移出之后，才能写入新的字符。移位所需的时间要远远大于写恢复时间。

【例 10-3】将例子 10-1 按照实际应用编写。

```
REVTIME:    PUSH        CX
            MOV         CX, 0002H
A4:         PUSH        AX
            POP         AX
            LOOP        A4
            POP         CX
            RET
            ...
INITA:      MOV         AL, 00H         ;初始化 8251 子程序
            MOV         DX, 03F2H       ;控制寄存器
            OUT         DX, AL
            CALL        REVTIME
            OUT         DX, AL
            CALL        REVTIME
            OUT         DX, AL
            CALL        REVTIME
            MOV         AL, 40H         ;D6=IR=1,内部复位
            OUT         DX, AL
            CALL        REVTIME
INITB:      MOV         DX, 03F2H
            MOV         AL,0FAH
            OUT         DX,AL           ;先写入模式字
            CALL        REVTIME
            MOV         AL, 37H
            OUT         DX, AL          ;再写入命令字
            CALL        REVTIME
            ...                         ;数据传输
```

10.3   8251A 应用举例

10.3.1   8251A 的简单编程

【例 10-4】编写通过 8251A 采用查询式接收数据的程序段。将 8251A 定义为异步传送方式，比特率系数为 64，采用偶校验，1 位停止位，7 位数据位。

设 8251A 数据口地址为 04A0H，控制口地址为 04A2H。

分析：Mode Instruction=0111 1011B=7BH

Command Instruction=00110110B=36H

程序段如下：

```
        MOV    DX,04A2H
        MOV    AL,7BH              ;写方式指令
        OUT    DX,AL
        MOV    AL,36H              ;写命令指令
        OUT    DX,AL
WAIT:   IN     AL,DX              ;读入状态控制字
        AND    AL,02H
        JZ     WAIT               ;检查 RxRDY 是否为 1
        MOV    DX,04A0H
        IN     AL,DX              ;输入数据
```

【例 10-5】编写使 8251A 发送数据的程序段。将 8251A 定为异步传送方式，比特率系数为 64，采用偶校验，1 位停止位，7 位数据位。8251A 与外设有握手信号连接，采用查询方式发送数据。

设 8251A 数据口地址为 04A0H，控制口地址为 04A2H。

分析：Mode Instruction=0111 1011B=7BH

Command Instruction=00110011B=33H

程序如下：

```
        MOV    DX,    04A2H
        MOV    AL,    7BH         ;写工作方式控制字
        OUT    DX,    AL
        MOV    AL,    33H         ;写操作命令控制字
        OUT    DX,    AL
WAIT: IN       AL,    DX
        AND    AL,    01H         ;检查 TXRDY 是否为 1
        JZ     WAIT
        MOV    DX,    04A0H
        MOV    AL,    36H         ;输出的数据送 AL
        OUT    DX,    AL
```

【例 10-6】某外设采用查询方式通过 8251 向 CPU 输入 80 个字符，并将这些字符送到字符缓冲区。8251 的端口地址为 3F0H 和 3F2H。要求工作在异步方式：传输格式为 7 个数据位、2 个停止位、1 个偶校验位、$K = 16$。

程序如下：

```
        MOV    DX,    3F2H
        MOV    AL,    0FAH        ;1111 1010
        OUT    DX,    AL          ;先写入模式字
        MOV    AL,    37H
        OUT    DX,    AL          ;再写入控制字
        MOV    DI,    0
        MOV    CX,    80          ;设置循环传送次数 80
BEGIN:  MOV    DX,    3F2H
        IN     AL,    DX          ;读入状态字
```

```
        TEST    AL,     02H             ;测试D1 = 1?
        JZ      BEGIN
        MOV     DX,     3F0H
        IN      AL,     DX              ;D1 = 1，数据输入寄存器中已有数据
        MOV     BX,     OFFSET  BUFFER
        MOV     [BX + DI],AL
        INC     DI
        MOV     DX,     3F2H
        IN      AL,     DX              ;读入状态字
        TEST    AL,     38H             ;测试D3、D4、D5
        JNZ     ERROR
        LOOP    BEGIN
        JMP     EXIT
ERROR:  ...
EXIT:   ...
```

10.3.2　查询方式双机通信

【例10-7】用两片8251A接口芯片实现两个8086 CPU之间的串行通信，如图10-19所示。

视频57　8251 应用举例

要求在A、B两台微机之间进行串行通信，A机发送、B机接收。要求将A机内存缓冲区FABUFF中的100个字符传送到B机的FBBUFF中。采用异步方式，字符长度为8位，2个停止位，比特率因子为64，奇校验。比特率为4 800 bit/s。8251两端口地址为3F0H和3F2H，CPU与8251A之间采用查询方式交换数据。

分析：两台微机之间只需TxD、RxD和SG（信号线）3根线连接就能通信。采用8251A作为接口的主芯片，再配置少量的附加电路，就可构成一个串行通信接口。

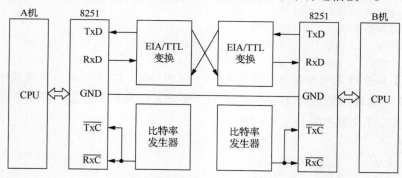

图10-19　8251A应用举例

在实际使用中，当未对8251A设置模式时，如果要对8251A进行复位，一般采用先送3个00H，再送40H的方法，这是8251A的编程约定（当然，按照方式字、命令字分析全部正确）。

接收和发送程序分开编写，每个程序段都应包含8251A初始化、命令字、状态查询和输入/输出等部分。

程序如下：

```
;A 机 CPU 发送程序
CTROLPORT    EQU      03F2H
DATAPORT     EQU      03F0H
DATA         SEGMENT
FABUFF       DB  XX,XX,…                    ;将要传送的数据
DATA         ENDS
STACK        SEGMENT  PARA  STACK  'STACK'
STAPN        DW       50   DUP(?)
TOPS         EQU      LENGTH  STAPN
STACK        ENDS
CODE         SEGMENT
             ASSUME   CS:CODE,DS:DATA,SS:STACK
START:  MOV      AX,DATA              ;取数据段寄存器地址
        MOV      DS,AX
        MOV      AX,STACK             ;取堆栈段寄存器地址
        MOV      SS,AX
        MOV      AX,TOPS
        MOV      SP,AX
LA0:    MOV      DX,CTROLPORT         ;控制口地址
        MOV      AL,00H
LA1:    OUT      DX,AL                ;连续发送 3 个 0
        CALL     REVTIME
        OUT      DX,AL
        CALL     REVTIME
        OUT      DX,AL
        CALL     REVTIME
        MOV      AL,40H               ;复位命令字
        OUT      DX,AL
        CALL     REVTIME
        MOV      AL,0DFH              ;模式字：异步，8 位数据，2 个
        OUT      DX,AL                ;停止位，奇校验，K=64
        CALL     REVTIME
        MOV      AL,37H               ;控制命令字：允许发送，错误复位
        OUT      DX,AL
        CALL     REVTIME
LA2:    LEA      SI, FABUFF           ;发送缓冲区首址送 SI
        MOV      CX,100               ;设置传送 100 个数据的计数器
WAIT1:  MOV      DX,CTROLPORT         ;设置 8251A 控制口地址
        IN       AL,DX                ;读取状态字
        TEST     AL,38H               ;有错误吗?
        JNZ      ERR                  ;转出错处理程序
        AND      AL,01H               ;检测 TxRDY 位
        JZ       WAIT1                ;发送器空，等待
        MOV      DX,DATAPORT          ;设置 8251A 数据口地址
        MOV      AL,[SI]              ;取数据
        OUT      DX,AL                ;将数据传送给另一台计算机
```

```
          INC        SI                    ;修改数据区地址指针
          DEC        CX
          JNZ        WAIT1
    ERR:  （略）
          MOV        AX,4C00H
          INT        21H                   ;发送完返回 DOS
    CODE  ENDS
          END        START

;B 机 CPU 接收程序
CTROLPORT    EQU     03F2H
DATAPORT     EQU     03F0H
DATA         SEGMENT
FABUFF  DB   100    DUP(?)
DATA         ENDS
STACK        SEGMENT PARA  STACK  'STACK'
STAPN   DW   50     DUP(?)
TOPS    EQU  LENGTH    STAPN
STACK   ENDS
CODE    SEGMENT
        ASSUME  CS: CODE, DS: DATA, SS: STACK
START:  MOV     AX,DATA              ;取数据段寄存器地址
        MOV     DS,AX
        MOV     AX,STACK             ;取堆栈段寄存器地址
        MOV     SS,AX
        MOV     AX,TOPS
        MOV     SP,AX
LB0:    MOV     DX,CTROLPORT         ;设置 8251A 控制口地址
        MOV     AL,00H               ;复位 8251A
LB1:    OUT     DX,AL                ;连续发送 3 个 0
        CALL    REVTIME
        OUT     DX,AL
        CALL    REVTIME
        OUT     DX,AL
        CALL    REVTIME
        MOV     AL,40H               ;复位命令字
        OUT     DX,AL
        CALL    REVTIME
LB2:    MOV     AL,0DFH              ;设置工作方式控制字
        OUT     DX,AL
        CALL    REVTIME
        MOV     AL,14H               ;设置操作命令控制字
        OUT     DX,AL
        CALL    REVTIME
LB3:    LEA     DI,FBBUFF            ;接收数据缓冲区首址
        MOV     CX,100               ;设置传送 100 个数据的计数器
```

```
WAIT2:    MOV      DX,CTROLPORT              ;设置 8251A 控制口地址
          IN       AL,DX                     ;监测 8251A 工作状态
          TEST     AL,38H                    ;有错误吗？
          JNZ      ERR                       ;转出错处理程序
          AND      AL,02H                    ;检测 RxRDY 是否为 1
          JZ       WAIT2
          MOV      DX,DATAPORT               ;8251A 数据口地址
          IN       AL,DX                     ;接收数据
          MOV      [DI],AL                   ;保存数据
          INC      DI                        ;修改数据区地址指针
          DEC      CX
          JNZ      WAIT2
ERR:      （略）
          MOV      AX,4C00H
          INT      21H                       ;发送完返回 DOS
CODE      ENDS
          END      START
```

在距离近时，双机通信最少用三根线即可，分别是 TxD、RxD 和地线。毕竟是串行通信，用的是电流环，那么在主板上有电平转换芯片，MOTOROLA 公司的 MC1488 和 MC1489，如图 10-20 所示。

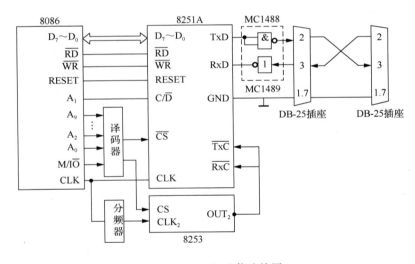

图 10-20　双机通信连接图

10.3.3　中断方式双机通信

【例 10-8】实际中编写 8251A 的应用程序一般采用中断方式，如自发、自收程序。现仅仅做如下提示，如果要进行这方面的研究，可查找其他资料。

① 什么时候 TXRDY 能被置 1？

异步发送方式：当发送允许信号 TxEN（由程序设置命令字的 D0 位）和 $\overline{CTS}$ 有效时，开始发送。当发送缓冲器为空时，TxRDY 信号置 1。

② 什么时候 RXRDY 能被置 1?

首先，接收允许 RxE 要为 1。然后，当一个字符从串行转换成并行数据送入接收数据缓冲器时，会同时发出 RxRDY 信号，表示已收到一个可用数据。

③ 什么时候 TXRDY 能被清零?

TXRDY：发送准备好信号，为 1 时表示 8251A 做好发送准备。CPU 可以向发送缓冲器发送 1 个字符，发送结束后，TXRDY=0。

④ 什么时候 RXRDY 能清零?

RXRDY：接收器准备好信号，为 1 时表示 8251A 从外设或调制解调器中接收到 1 个字符，通知 CPU 来取走。CPU 取走后 RXRDY=0。

⑤ 中断方式常识：

- 8251 没有单独的中断请求引脚：TxRDY 引脚可以作为发送中断请求。RxRDY 引脚可以作为接收中断请求。
- 收发均采用中断方式时：TxRDY、RxRDY 可以通过或门与系统总线的中断请求线连接。
- 在 CPU 响应中断转到 ISP 中时：对状态寄存器进行查询，以区分是发送中断还是接收中断。D_1=RxRDY，D_0=TxRDY。状态字与 ISP 处理如表 10-2 所示。

表 10-2　状态字与 ISP 处理

D_1D_0	00	01	10	11
进 ISP 否	不进	进	进	进
ISP 处理	无	SEND	RECEV	RECEV+ SEND

6. 中断方式参考程序：

初始化 SINIT:

```
        MOV     DX,SCON
        MOV     AL,7EH              ;Mode  Word=0111 1110
        OUT     DX,AL
        MOV     AL,37H              ;Command Instruction
        OUT     DX,AL
```

中断服务程序 ISP:

```
SINTR   PROC    FAR
        PUSH    AX
        PUSH    DX
        MOV     DX,SCON
        IN      AL,DX
        TEST    AL,00000010B
        JNZ     RECEV
        TEST    AL,00000001B
        JNZ     SEND
        JMP     SDONE
RECEV:  MOV     DX,SCON
        IN      AL,DX
        AND     AL,38H
        JNZ     ERROR
```

```
          JMP      SDONE
SEND:     MOV      AL,[SI]

          NOP
          JMP      SDONE
ERROR:    NOP
          JMP      SDONE
SDONE:    MOV      AL,20H
          OUT      20H,AL
          POP      DX
          POP      AX
          STI
          IRET
SINTR     ENDP
```

习　　题

综合题

1. 串行通信中有哪几种数据传送方式，各有什么特点？

2. 串行通信按信号格式分为哪两种？这两种格式有何不同？

3. 利用一个异步传输系统传送英文资料，系统的传输速率为 1 200 bit/s，待传送的资料为 5 000 字符。设系统用 ASCII 码传送，不用校验位，停止位只用一位，问至少需要多少时间才能传完全部资料。

4. 在一个串行异步通信系统中，传送"我喜欢学习微机接口技术"这样一句话用了 0.22 s 时间，若传送时使用一位校验位、两位停止位、8 位数据位，问传送时使用的波特率为多少？

5. 编写一个对 8251A 进行初始化的程序，使 8251A 能进行异步传输，字符为 7 位信息位、1 个停止位、无奇偶校验、比特率系数是 64。

6. 某系统利用 8251A 与外设通信，假设 8251A 工作在异步方式，其传送字符格式为：1 位起始位、7 位数据位、采用偶校验、1 位停止位，比特率为 2 400 bit/s。该系统每分钟发送多少个字符？若比特率系数为 16，$\overline{TXC}$ 的时钟频率应为多少？写出 8251A 的初始化程序。设 8251A 控制口地址为 0FFF2H。

7. 设 8251A 的端口地址为 06C0H 和 06C2H。试画出同 8088 CPU 最大模式的连接图。若 8251A 采用查询方式发送 100 个字节的数据，该数据块的偏移地址为 BUFFER，试编程实现。

8. 设 8251A 的端口地址为 06C0H 和 06C2H。试画出同 8088 CPU 最大模式的连接图。若 8251A 采用中断方式发送 100 个字节的数据，该数据块的偏移地址为 BUFFER，试编程实现。

9. 设 CPU 为 8088 系统，外接一片 8255A，还有一片是 8251A。

（1）画出该系统的硬件连线图，确定各芯片的端口地址。

（2）设 8251A 的通信规程如下：全双工同步传送，双同步字符，同步字符为 55H。字符长度 7 位，偶校验，完成 8251A 的初始化程序。

10. 一个串行通信系统的 CPU 为 8086。要求 8253 的通道 2 为 8251 提供发送与接收时钟，该芯片通道 2 的时钟频率为 2 MHz。其中，8251 采用全双工异步方式，字符长度 7 位，一个起始位，一个停止位，传输速率 4 800 bit/s，波特率系数 16，偶校验。要求完成：

（1）画出包括 8251 和 8253 在内的完整连线图（地址译码采用 138 译码器）。

（2）编写 8253 的初始化程序。

（3）编写 8251 的初始化程序，可参考图 10-20。

11. 系统使用 8251A 构成串行数据接收系统，规定 8251A 的端口地址分别是 03F0H 和 03F1H，工作时钟频率为 38 400Hz，要求通信规程如下：单工异步传送，数据传输速率为 2 400 bit/s。每个数据帧 8 个数据位，一个奇校验，一个起始位，2 个停止位。要求：

（1）编写 8251 的初始化程序。

（2）编写采用查询方式完成字符串接收的程序，存放到 STRING1 开始的缓冲区中，接收到 "$" 时接收结束。

A/D、D/A 转换器是微机测控系统的重要组成部件，在工程实践中有着广泛的应用。本章主要介绍 A/D、D/A 转换技术及其应用；简要介绍 A/D、D/A 转换器的工作原理和主要性能参数；重点阐述 ADC0832、ADC0809 的内部结构、引脚功能以及 A/D、D/A 转换器与微处理器的接口方法；并通过实例讲述了 ADC0832 和 ADC0809 的具体应用。

学习目标：

- 能够说出 A/D、D/A 转换器的工作原理。
- 能够将 A/D、D/A 转换器与微处理器进行连接。

11.1 概　　述

模/数和数/模转换技术主要应用于计算机控制。

模拟量（Analog）是指变量在一定范围内是连续变化的物理量（无论是时间上或数值上），如温度、压力、速度、流量等。这些量变化是缓慢的，但是取值是连续的。总之，任何两个数值之间都有无限个中间值。

数字量（Digital）是指变量在时间上都是离散变化的物理量。这个量是分散开的、不存在中间值的量。工作在数字信号下的电子电路称为数字电路。

计算机是一个典型的数字系统。数字系统只能对输入的数字信号进行处理，其输出信号也是数字的，但工业控制现场或者生活中的很多量都是模拟量。这些模拟量可以通过传感器变成与之对应的电压、电流等模拟量。为了实现数字系统对这些电模拟量的采样、决策和控制，需要一个模拟量和数字量之间相互转化的过程。

将模拟量转换为数字量的过程称为模/数（A/D）转换，完成这一转换的器件称为模数转换器（Analog to Digital Converter，ADC）。将数字量转换为模拟量的过程称为数/模（D/A）转换，完成这一转换的器件称为数模转换器（Digital to Analog Converter，DAC）。

传感器（Transducer/Sensor）是一种检测装置，能感受到被测量的信息，并能将感受到的信息，按一定规律变换成为电信号（模拟的电流或电压）或其他所需形式的信息输出。传感器的存在和发展，让物体有了触觉、味觉和嗅觉等感官。通常根据其基本感知功能分为热敏元件、光敏元件、气敏元件、力敏元件、磁敏元件、湿敏元件、声敏元件、放射线敏感元件、色敏元件和味敏元件等十大类。

图 11-1 所示为微型计算机自动控制系统的基本组成框图。

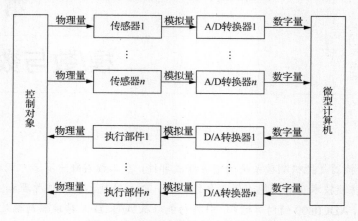

图 11-1　微型计算机自动控制系统

从图 11-1 中可以看到，A/D 转换器和 D/A 转换器在控制系统中具有重要的作用，它是计算机和模拟信号接口的关键部件。在许多系统中（如通信、图像处理中），A/D 和 D/A 转换器也有着同样的地位和作用。

因此，计算机控制就是一个采样、决策和控制的过程。由模拟量输入通道采样，由微机决策，由模拟量输出通道控制。

11.2　D/A　转　换

D/A 转换器是把输入的数字量转换为与输入量成比例的模拟信号的器件。为了完成这种转换功能，典型的 DAC 芯片由如下部件组成：基准电压（电流）、模拟二进制数的切换开关、产生二进制权电流（电压）的精密电阻网络和提供电流（电压）相加输出的运算放大器，如图 11-2 所示。多数 D/A 转换器把数字量（如二进制编码）转换成模拟电流，若将其转换成模拟电压，还要使用电流/电压转换器（I/V）来实现。少数 D/A 转换器内部有 I/V 变换电路，可直接输出模拟电压值。I/V 转换电路由运算放大器构成。

电阻网络是 DAC 的核心部件。按电阻网络的形成，D/A 转换器分为权电阻网络型和T 型电阻网络型两种。目前大都采用 T 型电阻网络型。

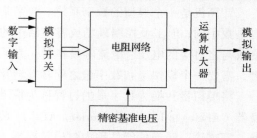

图 11-2　DAC 结构示意图

11.2.1 运算放大器的工作原理

1. 运算放大器的特点

① 输入阻抗非常大：运算放大器工作时，输入端相当于一个很小的电压加在一个很大的输入阻抗上，所以输入电流也很小。

② 输出阻抗非常小：它的驱动能力很大。

③ 开环放大倍数非常高：一般为几千，有的甚至高达十万。所以，正常情况下，运算放大器所需要的输入电压非常小。

2. 虚地概念

运放有两个输入端：一个和输出端同相位，称为同相端，用"+"号表示；另一个和输出端反相位，称为反相端，用"-"号表示。

在同相端接地时，用反相端作为输入端，由于输入电压 V_i 十分小，即输入点的电位和地的电位差不多，所以，可以认为输入端和地之间近似短路。另一方面输入电流也非常小，这说明又不是真正的短路。一般把这种输入电压近似为 0，输入电流也近似为 0 的特殊情况称为虚地。虚地的概念是分析运放工作情况的基础，如图 11–3（a）所示。

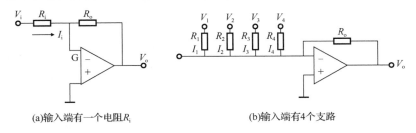

(a)输入端有一个电阻R_i　　　　(b)输入端有4个支路

图 11-3　运算放大器原理图

3. 运算放大器的工作原理

图 11-3(a)中，输入端有一个电阻 R_i，输出端和输入端之间有一个反馈电阻 R_o，由于运算放大器的 G 点为虚地，所以，输入电流

$$I_i=V_i/R_i$$

又由于运算放大器的输入阻抗极大，所以，认为流入运算放大器的电流几乎为 0，这样，也就可认为输入电流 I_i 全部流过 R_o 了。而 R_o 一端为输出端，一端为虚地，因此，R_o 上的电压降也就是输出电压 V_o，即

$$V_o=-R_oI_i=-R_o(V_i/R_i)$$

由此可求得带有反馈电阻的运算放大器的放大倍数为

$$V_o/V_i=-(R_o/R_i)$$

如图 11-3(b)所示，对于输入端具有 4 个支路的运算放大器来说，输出电压为

$$V_o=-(I_1+I_2+I_3+I_4)R_o$$

依此类推，对于输入端具有 n 个支路的运放来说，输出电压为 n 个支路电流之和与反馈电阻的乘积。

11.2.2 D/A 转换的基本原理

1．权电阻网络 D/A 转换器

图 11-4 所示为 n 位权电阻网络 D/A 转换器的原理图。

基准电压为 V_{REF}，$S_1 \sim S_n$ 为位切换开关，它受二进制各位状态控制。当相应的二进制位为"0"时，开关断开；为"1"时开关接基准电压 V_{REF}。$R_1=2R$、$R_2=4R$、$R_3=8R$、$R_4=16R$ 为二进制权电阻网络，它们的电阻值与相应的二进制数每位的权相对应，权越大则电阻越小，以保证一定权的数字信号产生相应的模拟电流。运算放大器的虚地按二进制数大小和各位开关的状态对电流求和后，转换成相应的输出电压 V_o。

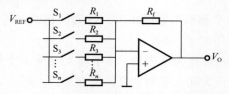

图 11-4 n 位权电阻网络 D/A 转换器的原理图

设输入数字为 D，采用定点二进制小数编码时，D 可以表示为：

$$D = a_1 \cdot 2^{-1} + a_2 \cdot 2^{-2} + \cdots + a_n \cdot 2^{-n} = \sum_{i=1}^{n} a_i \cdot 2^{-i}$$

式中，a_i 可以是 0 或 1，根据 D 的数值而定；n 为正整数。当 a_i 为"1"时，开关接基准电源 V_{REF}，相应支路产生的电流 $I_i=V_{REF}/R_i= V_{REF}/2^i R$。当 a_i 为"0"时，开关断开，相应支路中没有电流。设 $R_f=R$。因此，运算放大器输出的模拟电压为：

$$V_o = -(a_1 \cdot 2^{-1} + a_2 \cdot 2^{-2} + \cdots + a_i \cdot 2^{-i} + \cdots + a_n \cdot 2^{-n}) \cdot V_{REF}$$

由此可见，由于 D/A 转换器的输出电压正比于输入的数字量，从而实现了数字量到模拟量的转换。显然，位数越多，加权电阻的精度越高，转换精度越高。但是，位数越多时，所需要的加权电阻的种类就越多。由于在集成电路中制造大量的高精度、高阻值的电阻比较困难，所以通常用 T 形电阻网络来代替权电阻网络。

2．T 形电阻网络 D/A 转换器

图 11-5 所示为 n 位 T 形电阻网络 D/A 转换器原理图。在该电阻网络中，只需要 R 和 $2R$ 两种电阻。

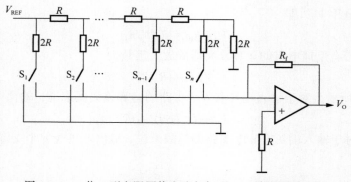

图 11-5 n 位 T 型电阻网络电流相加型 D/A 转换器原理图

图 11-5 中位切换开关 $S_1 \sim S_n$ 在运算放大器电流求和点的虚地与地之间进行切换。切换时，开关端点的电压几乎没有变化，切换的是电流，从而提高了开关速度。位切换开关 $S_1 \sim S_n$ 受输入的数字量相应的控制位 d_i 控制，其中 $d_i=1$ 时开关接运算放大器虚地，$d_i=0$ 时开关接地。所以，$2R$ 支路上端的电位相同。因此，各 $2R$ 支路下端 a、b、c、d 各点的电压按 0.5 系数进行分配，相应各支路的电流也按 0.5 系数进行分配。

假定数字量共 4 位，先看一看当 $D=d_1d_2d_3d_4=0000$ 时，即 4 个开关 $S_1S_2S_3S_4$ 均接地，电阻并联后再串联。从右到左看过去，根据电阻串并连的规律，最终输入端电阻等效于电阻 R。再看当 $D= d_1d_2d_3d_4=1000$、0100、0010、0001 时，流向运放输入端的电流，即每次只有一个开关合上，S_i 接通运放输入端。很显然，$S_1=1$ 时，$I_1=V_{REF}/2R$；$S_2=1$ 时，$I_2= V_{REF}/4R$；$S_3=1$ 时，$I_3= V_{REF}/8R$；$S_4=1$ 时，$I_4= V_{REF}/16R$。

当所有开关都接运算放大器虚地时，满度输出为：
$$V_o= -(I_1+I_2+I_3+I_4)R_f=-(15/16)(V_{REF} R_f/R)$$

设 $R_f=R$,则有 $V_o= -(15/16) V_{REF}$，可见，满度输出电流比基准电流少 1/16，这是由于图中右端 $2R$ 端电阻接地造成的。但是，没有 $2R$ 端电阻会引起译码误差。当增加电阻网络位数时，只增加低位量化的次数。所以，n 位 D/A 转换器输出电压为：

$$V_o = -(d_1 \cdot 2^{-1} + d_2 \cdot 2^{-2} + \cdots d_i \cdot 2^{-i} + \cdots + d_n \cdot 2^{-n}) \cdot \frac{V_{REF}}{R} \cdot R_f$$
$$= -(d_1 \cdot 2^{-1} + d_2 \cdot 2^{-2} + \cdots d_i \cdot 2^{-i} + \cdots + d_n \cdot 2^{-n}) \cdot V_{REF}$$

从而实现了数字量到模拟量的转换。

11.2.3 主要性能参数

描述 D/A 转换器性能的参数有很多，下面仅介绍几个常用参数。正确的理解这些参数，对于在接口设计时正确选择器件是非常重要的。

1．分辨率

指当输入数字量发生单位数据变化时所对应的输出模拟量的变化量。在实际应用中，分辨率通常用二进制位数来表示，例如 8 位的 DAC 能给出满量程电压的 $1/2^8$ 的分辨能力。

2．精度

指 D/A 转换器的实际输出与理论满刻度输出之间的差异，是由 D/A 转换器的增益误差、失调误差（零点误差）、线性误差和噪声等综合引起的。精度反映了 D/A 转换器的总误差。

3．建立时间

指当 D/A 转换器的输入数据发生变化后，输出模拟量达到稳定数值所需要的时间，也称电流建立时间。

4．温度系数

环境温度的变化会对 D/A 转换精度产生影响，分别用失调温度系数、增益温度系数和微分非线性温度系数来表示。这些系数的含义是当环境温度变化 1℃时该项误差的相对变化率。

5．非线性误差

非线性误差也称为线性度，是实际转换特性曲线与理想转换特性曲线之间的最大偏差。

11.2.4　DAC0832 的外部引脚

DAC0832 是 8 位分辨率的 D/A 转换集成芯片。其明显特点是与微机连接简单、转换控制方便、价格低廉，在微机系统中得到了广泛应用。D/A 转换器的输出一般都要接运算放大器，微小信号经放大后才能驱动执行机构的部件。

DAC0832 的主要技术指标有：分辨率为 8 位；电流稳定时间 1 μs；非线性误差为 0.20%FS（FS 是 Full Scale 的缩写）；温度系数为 $2 \times 10^{-6}℃$；工作方式为单缓冲、双缓冲和直通方式；逻辑输入与 TTL 电平兼容；功耗为 20 mW；单电源供电。

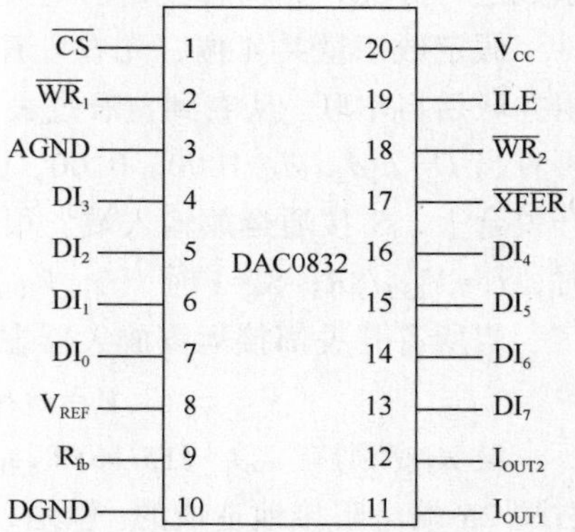

DAC0832 的引脚排列如图 11-6 所示。

① $DI_7 \sim DI_0$：8 条输入数据线。

② ILE：数据锁存允许控制信号输入线，高电平有效。它与 $\overline{CS}$、$\overline{WR_1}$ 配合使用。

③ $\overline{CS}$：片选信号，低电平有效。

④ $\overline{WR_1}$：数据锁存器写选通输入线，负脉冲（脉

图 11-6　DAC 0832 的引脚

宽应大于 500 ns）有效。由 ILE、$\overline{CS}$、$\overline{WR_1}$ 的逻辑组合产生 $\overline{LE_1}$。当 $\overline{LE_1}$ 为高电平时，数据锁存器状态随输入数据线变换，$\overline{LE_1}$ 的负跳变时将输入数据锁存。

⑤ $\overline{XFER}$：传送控制信号输入线，低电平有效。

⑥ $\overline{WR_2}$：DAC 寄存器写选通输入线，负脉冲（脉宽应大于 500 ns）有效。由 $\overline{WR_2}$、$\overline{XFER}$ 的逻辑组合产生 $\overline{LE_2}$。当 $\overline{LE_2}$ 为高电平时，DAC 寄存器的输出随寄存器的输入而变化，$\overline{LE_2}$ 的负跳变时将数据锁存器的内容打入 DAC 寄存器，并开始 D/A 转换。

⑦ V_{REF}：参考电压输入端，其电源电压可在 $-10 \sim +10$ V 范围中选取；计算中 V_{REF} 也可写做 U_{REF}。

⑧ I_{OUT1}、I_{OUT2}：D/A 转换器差动电流输出端。

⑨ V_{CC}：电源电压，+5 V 或 +15 V。

⑩ AGND：模拟信号地。

⑪ DGND：数字信号地。

11.2.5　DAC0832 的内部结构

图 11-7 为 DAC0832 的内部结构图，可以看出，D/A 转换是分两个步骤进行的。

首先，当 CPU 将要变换的数据送到 $D_7 \sim D_0$ 端时，使 ILE=1，$\overline{CS}$ =0，$\overline{WR_1}$ =0，这时数据可以锁存到 DAC0832 的 8 位输入锁存器中。接着应使 $\overline{XFER}$ 和 $\overline{WR_2}$ 同时有效，在这两个信号作用下，输入寄存器中的数据才被锁存到变换寄存器。再经变换网络，使输出模拟量发生一次新的转换。

当图 11-7 中输入寄存器锁存控制端 $\overline{LE_1}$ 为高电平时，该锁存器可以认为处于直通状态。可用变换寄存器的锁存控制端 $\overline{LE_2}$ 的正脉冲锁存数据并获得模拟输出。反之，也可以使 $\overline{LE_2}$ 为高电平而用 $\overline{LE_1}$ 的正脉冲（高到低的跃变），锁存数字信号并获得相应模拟输出。

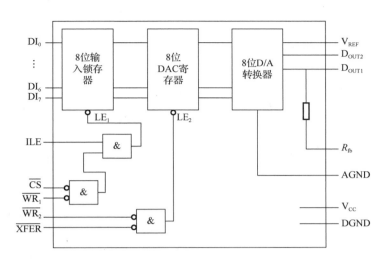

图 11-7 DAC0832 的内部结构

11.2.6 DAC0832 的工作方式

1. 单缓冲方式

单缓冲方式是控制输入寄存器和 DAC 寄存器同时接收资料，或者只用输入寄存器而把 DAC 寄存器接成直通方式。此方式适用只有一路模拟量输出或几路模拟量异步输出的情形。

在通常情况下，如果将 DAC0832 芯片 $\overline{WR_2}$、$\overline{XFER}$ 接地，ILE 接高电平，那么只要在 $D_0 \sim D_7$ 端送一个 8 位数据，并同时给 $\overline{CS}$ 和 $\overline{WR_1}$ 送一个负选通脉冲，则可完成一次新的变换。

2. 双缓冲方式

双缓冲方式是先使输入寄存器接收资料，再控制输入寄存器的输出资料到 DAC 寄存器，即分两次锁存输入资料。此方式适用于多个 D/A 转换同步输出的情况。

如果在系统中接有多片 DAC0832，且要求各片的输出模拟量在一次新的变换中需要同时发生变化（即各片的输出模拟量在同一时刻发生变化），那么可以分别利用各片的 $\overline{CS}$、$\overline{WR_1}$ 和 ILE 信号将各路要变换的数据送入各自的输入寄存器中，然后在所有芯片的 $\overline{WR_2}$ 和 $\overline{XFER}$ 端同时加一个负选通脉冲。这样在 $\overline{WR_2}$ 的上升沿，数据将由各输入寄存器锁存到变换寄存器中，从而实现多片的同时变换输出。

3. 直通方式

直通方式是数据不经两级锁存器锁存，即 $\overline{CS}$、$\overline{WR_1}$、$\overline{WR_2}$ 和 $\overline{XFER}$ 均接地，ILE 接高电平。此方式适用于连续反馈控制线路和不带微机的控制系统，但是在使用时，必须通过另加 I/O 接口与 CPU 连接，以匹配 CPU 与 D/A 转换。

11.2.7 DAC0832 的应用

1. 几种典型的输出连接方式

前面已经提到，D/A 转换器输出的模拟量有的是电流，有的是电压。一般微型机应用系统往往需要电压输出，当 D/A 转换器输出为电流时，就必须进行电流至电压的转换。

（1）单极性输出电路

单极性输出电路如图 11-8 和图 11-9 所示。D/A 芯片输出电流 I 经输出电路转换成单极性的电压输出。图 11-8 为反相输出电路，其输出电压为：

$$U_{OUT} = -IR$$

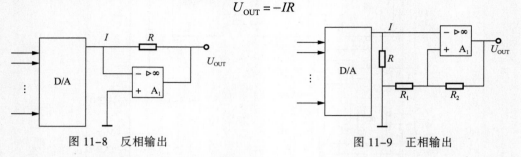

图 11-8　反相输出　　　　　　　　　　图 11-9　正相输出

图 11-9 是正相输出电路，其电压输出为：

$$U_{OUT} = -IR\left[1 + \frac{R_2}{R_1}\right]$$

（2）双极性输出电路

在某些微型机应用系统中，要求 D/A 的输出电压是双极性的，例如要求输出-5 ~ +5 V。在这种情况下，D/A 的输出电路要做相应的变化。图 11-10 所示为 DAC0832 双极性输出电路的实例。

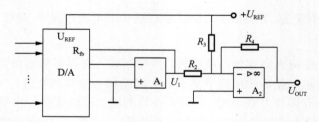

图 11-10　双极性输出电路

D/A 的输出经运算放大器 A_1、A_2 放大和偏移以后，在运算放大器 A_2 的输出端就可以得到双极性的-5 ~ +5 V 的输出电压。图中 U_{REF} 为 A_2 提供一个偏移电流，而且 U_{REF} 的极性选择应使偏移电流方向与 A_2 输出的电流方向相反。再选择 $R_4 = R_3 = 2R_2$，以使偏移电流恰好为 A_1 的输出电流的 1/2，从而使 A_2 的输出特性在 A_1 的输出特性基础上，上移 1/2 的动态范围。由电路各参数计算可得到最后的输出。

电压表达式为

$$U_{OUT} = 2U_1 - U_{REF}$$

设 U_1 为 0 ~ -5 V，则 U_{REF} 为+5 V，那么

$$U_{OUT} = (0 \sim 10)V - 5 V = (-5 \sim +5)V$$

2. D/A 转换器接口设计

前面已经提到,在各类 D/A 变换芯片中,从结构上来说大致可以分成本身带锁存器和不带锁存器的两种。前者可以直接挂接到 CPU 的总线上,电路连接比较简单。后者需要在 CPU 和 D/A 芯片之间插入一个锁存器,以保持 D/A 有一个稳定的输入数据。

(1)DAC0832 与 8088 微处理器的连 U_{OUT} 接

DAC0832 是一种 8 位的 D/A 芯片。片内有两个寄存器作为输入和输出之间的缓冲。这种芯片可以直接接在 PC 的总线上,其连接电路如图 11-11 所示。

图 11-11 中的双极性输出端为 U_{OUT}。当 D/A 变换器输入端的数据从 00H~FFH 变化时,输出将在(-5~+5)V 之间变化。如果想要单极性(0~+5)V 输出,那么只要使 V_{REF}=-5 V,然后直接从运算放大器 A_1 的输出端输出即可。在图中的输出端接一个(680~6 800)pF 的电容器是为了平滑 D/A 变换器的输出,同时也可以提高抗脉冲干扰的能力。

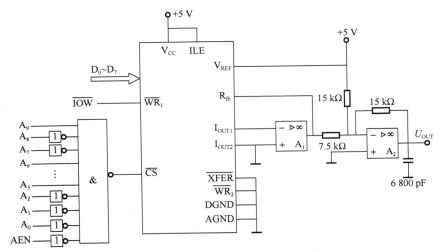

图 11-11　DAC0832 与 PC 总线的连接

(2)D/A 转换器的输出驱动程序

由于 D/A 芯片是挂接在 I/O 扩展总线上的,因此在编制 D/A 驱动程序时,只要把 D/A 芯片看作一个输出端口即可。向该端口送一个 8 位的数据,在 D/A 输出端就可以得到一个相应的输出电压。

【例 11-1】设 D/A 的端口地址为 278H,则用 8088 汇编语言编程产生锯齿波。

锯齿波程序为:

```
        ;用 D/A 产生锯齿波的程序
DAOUT: MOV     DX, 278H            ;端口地址送 DX
        MOV     AL,00H             ;准备起始输出数据
AGAIN: OUT     DX,AL
        DEC     AL                 ;AL 的值减 1
        JMP     AGAIN              ;循环形成周期锯齿波
```

可以想象,利用 D/A 转换器可以产生频率比较低的任意波形。因此,它可以作为函数发生器产生所需波形。这些波形是由程序产生的,当 CPU 的速度一定时,所产生的波形频率不可能很高。

图 11-11 是在总线上直接连接 D/A 转换器芯片，但是，当微型机应用系统中需要多片 D/A 转换器时，这种直接连接将会对总线构成较大负载，这时就应加总线驱动芯片。

对于锯齿波的周期，可以通过延时子程序控制。

【例 11-2】设 D/A 的端口地址为 278H，则用 8088 汇编语言编程产生另一种锯齿波。锯齿波程序为：

```
DAOUT: MOV      DX,278H        ;端口地址送 DX
       MOV      AL,0FFH        ;准备起始输出数据
AGAIN: INC      AL
       OUT      DX,AL
       CALL     DELAY          ;延时子程序
       JMP      AGAIN          ;循环形成周期锯齿波
```

提示：可以利用 DAC 输出锯齿波、三角波、梯形波、矩形波等各种波形。

11.3 A/D 转换

计算机只能直接处理离散的数字信号，但是计算机系统需要处理的外部实际对象，往往都是一些模拟量（如温度、压力、位移、图像等）。要使计算机或数字仪表能识别、处理这些信号，必须首先将这些模拟信号转换成数字信号。这样，就需要一种能将模拟信号转换为数字信号的器件（模数转换器，即 A/D 转换器）。转换精度与转换速度是衡量 A/D 转换器的重要技术指标。

11.3.1 A/D 转换原理

A/D 转换的方法很多，常用的有计数式、逐次逼近式、双积分式和并行式等。

1. 计数式 A/D 转换

一个 8 位的计数式 A/D 转换原理如图 11-12 所示。它由计数器、电压比较器和一个内部 D/A 转换器组成。其中，V_{in} 是模拟电压输入，$D_7 \sim D_0$ 引脚是数字量输出。

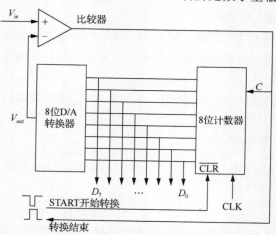

图 11-12 8 位的计数式 A/D 转换原理图

首先，启动信号 START 的下降沿使得计数器请 0。当启动信号恢复到高电平时，计数器

准备计数。计数器对时钟脉冲进行加 1 计数，产生从 0 开始的数字量，经 D/A 转换器转换成模拟电压 V_{out}，V_{out} 和待转换电压 V_{in} 进行比较。若 $V_{in} > V_{out}$，则比较器的输出端 C=1，计数器继续计数；若 $V_{in} \leq V_{out}$，则输出 C=0，计数器停止计数，此时计数器输出的数字量就是与输入模拟电压 V_{in} 对应的数字量。

计数式 A/D 转换电路简单且价格低廉，但转换速度较慢。例如，8 位 A/D 转换器的模拟电压为满量程时，计数器要计数到 FFH 才完成转换，需要 255 个时钟周期。

2. 逐次逼近式 A/D 转换

逐次逼近式 A/D 转换原理如图 11-13 所示。它由电压比较器、一个内部 D/A 转换器和一个特殊的逐次逼近寄存器（SAR）所组成。

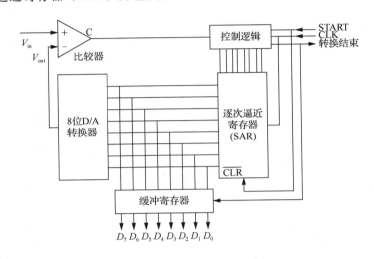

图 11-13　逐次逼近式 A/D 转换原理图

当启动信号 START 由高电平变为低电平时，使得 SAR 请 0。当启动信号恢复到高电平时，转换开始，SAR 进行计数。

转换时先将 SAR 最高位置 1，产生一个预测值 10000000B，该值送 D/A 转换器转换后输出 V_{out}，为满量程值的 128/256。与待转换模拟电压 V_{in} 比较，如果 $V_{in} > V_{out}$，则 C=1，说明此预测值小于最终的转换结果，控制电路会自动保持最高位 D_7=1；若 $V_{in} \leq V_{out}$，则 C=0，说明此预测值大于最终的转换结果，控制电路会自动将最高位复位 D_7=0。由此，决定了最高位的值。接着进行次高位 D_6 的预测。当然，此时的最高位是上一次的预测结果，可能是 0，也可能是 1。经过 8 次预测后，逐次逼近寄存器的内容就是输入模拟量 V_{in} 所对应的数字量。对于 n 位 ADC，逐次逼近式只要进行 n 次比较就可以完成转换。

3. 双积分式 A/D 转换

双积分式 A/D 转换原理如图 11-14 所示。它主要由标准电压源、积分器、过零比较器、计数器及时钟组成。

转换过程分为两个阶段：一是对输入模拟电压 V_{in} 进行积分的阶段，其积分时间是固定的；接着对基准电压 V_{REF} 进行反向积分。反向积分的阶段其斜率是固定的，如图 11-15 所示。

　　经过一段时间后，积分器输出为零，过零比较器开始动作，使计数器停止计数，转换过程结束。此时，计数器中的计数值就是 A/D 转换结果的数字，与输入模拟电压成正比。

　　双积分式 A/D 转换过程由于经历了两次积分，所以速度较慢。它的主要优点是转换精度高，即使转换电路本身元器件精度较差，也可以得到很高的转换精度。由于双积分式 A/D 转换器测量的是输入电压在 T_1 时间间隔内的平均值，而不是输入电压的瞬时值，因此它的抗干扰能力强。

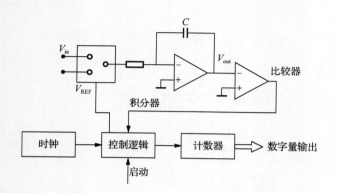

图 11-14　双积分式 A/D 转换原理图

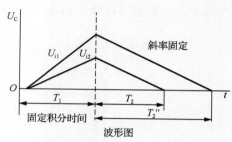

图 11-15　双积分式 A/D 转换波形图

11.3.2　主要性能参数

1. 衡量 A/D 转换器的主要参数

（1）分辨率

　　分辨率是指 A/D 转换器能测量的最小输入模拟量。一个 n 位 A/D 转换器，分辨率等于最大允许模拟量输入值（即满量程）除以 2^n。所以，通常用转换成的数字量位数来表示分辨率，如 8 位、10 位、12 位或 16 位等，位数越多则分辨率越高。

　　例如，设满量程电压值为 5 V，对 8 位 A/D 转换器，其分辨率为 5 V/256=19.5 mV，即输入模拟电压为 19.5 mV 时，就能将其转换成数字量，V_{in} 低于此值，转换器就不转换。此值也正好对应一个最低有效位（LSB）1。

（2）转换精度

　　精度是指输入模拟信号的实际电压值与被转换成数字量理论电压值之间的差值，这一差值称为绝对误差。当它用百分数表示时就称为相对误差。相对误差也常用最低有效值的位数 LSB 来表示。误差的主要来源有量化误差、零位偏差、增益误差和非线性误差等。一般来说，位数越多，其误差越小。

　　例如，一个 8 位 0～5 V 的 A/D 转换器，如果其相对误差为 1 LSB，则其绝对误差为 19.5 mV，相对误差用百分数表示为 0.39%。

（3）转换时间

　　转换时间是指从输入转换启动信号开始到转换结束所需要的时间，它反映了 ADC 的转换速度。不同的 A/D 转换器转换时间差别很大，通常在微秒数量级。

（4）量程

量程是指所能转换的输入电压范围。

2．A/D 转换器的输入/输出特性

（1）模拟量输入

模拟量输入来自被转换的对象，有单通道输入和多通道输入之分。对于具有多通道模拟量输入的 A/D 转换器，还需要设置通道地址线，以便进行通道选择。

（2）数字量输出

数字量输出是 ADC 将数字量送给 CPU 的数据线。数据线的位数表示 A/D 分辨率。

（3）转换启动

由系统控制器发生的一种信号，此信号一到，就开始 A/D 转换。

（4）转换结束

转换完毕后，ADC 发出转换结束信号。转换结束信号的逻辑定义，有些是高电平有效，有些是低电平有效。

11.3.3　ADC0809 的外部引脚

ADC0809 是采用 CMOS 工艺制作的，8 通道的 8 位逐次逼近式 ADC。其输出具有三态锁存和缓冲能力，易于与微处理器相连。其分辨率为 8 位，转换时间为 100 μs，功率为 15 mW，输入电压为 0～5 V，采用+5 V 单电源供电。

1．与 CPU 连接的引脚

ADC0809 的引脚分布如图 11-16 所示。其引脚信号可分为两部分：一部分与外设相连；另一部分与 CPU 相连。

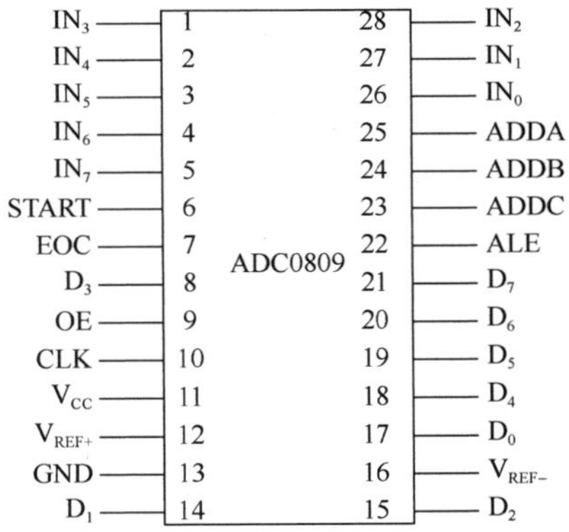

与 CPU 的接口信号如下：

① START：启动 A/D 转换。当 START 为高电平时，开始 A/D 转换。

② EOC：转换结束信号。当该引脚输出低电平时表示正在转换；输出高电平时则表示一次转换已经结束。此信号可用于检测 A/D 转换是否结束的检测信号或中断申请信号。

③ OE：数据输出允许信号，高电平有效。允许从 A/D 转换器锁存器中读取数字量。

图 11-16　ADC0809 的引脚分布

④ ALE：地址锁存允许，高电平有效。当 ALE 为高电平时，允许 ADDC、ADDB、ADDA 所选的通道工作，并把该通道的模拟量接入 A/D 转换器。

⑤ $D_7 \sim D_0$：8 位数字量输出。

⑥ ADDA、ADDB、ADDC：通道选择，C 为最高位，A 为最低位。

2．与外设的接口信号

① $IN_0 \sim IN_7$：8 个模拟量输入端。

② CLK：工作时钟，最高工作频率为 640 kHz，转换时间的典型值为 100 μs。

③ V_{REF+}，V_{REF-}：参考电压输入端。用来提供 A/D 转换器芯片内部 D/A 使用的基准电平。一般地，V_{REF+}接+5 V，V_{REF-}接 0 V。

④ V_{CC}：电源电压端，+5 V。

⑤ GND：接地端。

11.3.4　ADC0809 的内部结构

ADC0809 模数转换器的内部结构如图 11-17 所示。从图中可以看出，ADC0809 由两大部分组成。

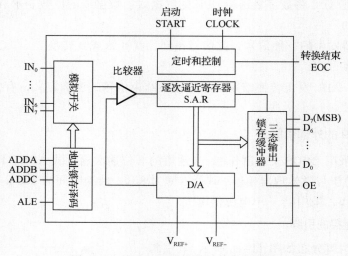

图 11-17　ADC 0809 模数转换器结构图

第一部分为 8 路模拟选通开关，通过 C、B、A 端口控制和地址锁存允许，使其中一个通道被选中。其 8 路模拟输入通道的选择如表 11-1 所示。

第二部分为一个逐次逼近型 A/D 转换，它由比较器、控制逻辑、输出锁存缓冲器以及 D/A 电路组成。

表 11-1　8 路模拟输入通道的选择表

地　　　址			选　择　通　道
ADDC	ADDB	ADDA	IN_i
0	0	0	IN₀
0	0	1	IN₁
0	1	0	IN₂
...	...	...	...
1	1	1	IN₇

控制逻辑用来控制逐次逼近 A/D 转换器的转换过程。经过 8 次比较后，D/A 输出的数字量与输入模拟量所对应数字量相等，该数字量被送到输出锁存器中，同时发出转换结束信号 EOC（高电平有效），表示转换已结束。此时，CPU 只需发出输出允许命令 OE（为高电平）就可以读取数据。

11.3.5　ADC0809 与系统的连接

ADC0809 的数据输出端为 8 位三态输出，故数据线可直接与微机的数据线相连。但因为其无片选信号线，因而需要相关的逻辑电路相匹配。

1. 与 CPU 的连接

图 11-18 所示为 ADC0809 接口原理图。

CPU 的外设写信号与片选译码信号 $\overline{\text{CS}}$ 经或非门后，输出连到 ADC0809 的 START 与 ALE 引脚。这样，CPU 在执行 OUT 指 $\overline{\text{IOW}}$ 令时就能够对 ADC0809 执行写操作。

CPU 的外设读信号 $\overline{\text{IOR}}$ 与片选译码信号 $\overline{\text{CS}}$ 经或非门后，输出连到 ADC0809 的 OE 引脚。这样，CPU 在执行 IN 指令时就能够对 ADC0809 执行读操作。

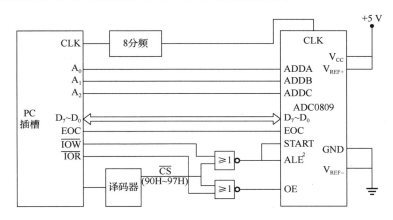

图 11-18　ADC 0809 接口原理图

【例 11-3】假设 ADC0809 的工作时钟为 500 kHz，片选信号 $\overline{\text{CS}}$ 的地址为 90H ~ 97H，参考电压 V_{REF} 为+5 V。当输入的模拟信号从输入通道 3 输入时，要实现一次 A/D 转换，请写出相应指令。

```
OUT        93H, AL       ;选择输入通道 3，地址为 93H，并启动 A/D 转换
CALL       DELAY         ;延时约 150 μs
IN         AL, 90H       ;将 A/D 转换的结果读到 AL 中
```

当然，CPU 也可以用查询方式（查询 EOC 信号）和中断方式（EOC 信号作为中断请求信号）读取 ADC0809 转换的结果。

【例 11-4】ADC0809 与 CPU 的连接如图 11-19 所示，若对 IN_0 ~ IN_7 这 8 个模拟量各采样 100 个点，请写出程序。

根据译码电路，ADC0809 的 START 地址为 85H，EOC 地址为 81H，OE 地址为 83H。

```
       BLOCK   DB 800 DUP(?)
       ...
       LEA     DI, BLOCK
       MOV     CX, 100       ;循环 100 次，次数送 CX
Next:MOV       BL, 0
LL: MOV        AL, BL        ;BL 用来选择通道
       OUT     85H,AL        ;启动转换器
       NOP
       NOP                   ;延迟，避免虚假 EOC 信号
```

```
Wait1: IN    AL, 81H
       TEST  AL, 04H
       JZ    Wait1        ;检测EOC，判断转换结束否，若转换未结束，则继续检测
       IN    AL, 83H
       MOV   [DI],AL      ;若转换好，则读数并存入内存
       INC   DI
       INC   BL           ;下一个通道
       CMP   BL, 08H
       JNZ   LL           ;8个通道是否转换完毕，若否，则继续下一个通道转换
       LOOP  Next
       ...
```

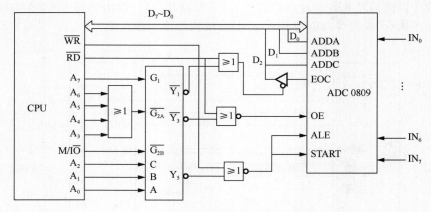

图 11-19　ADC0809 与 CPU 的连接图

2. 系统通过并口与 ADC0809 的连接

【例 11-5】系统可对 8 路模拟量分时进行数据采集，转换结果采用查询方式传送。除了一个传送转换结果的输入端口外，还需要传送 8 个模拟量的选择信号和 A/D 转换的状态信息。所以，可以采用 8255A 作为 ADC0809 和 CPU 的连接接口，连接图如图 11-20 所示。

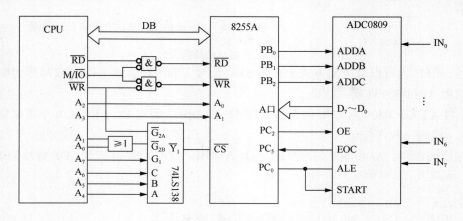

图 11-20　ADC0809 和系统连接图

连接图如图 11-20 所示。AD 采用查询方式转换通道 IN_5 的模拟量程序如下：

分析：8255 的之 A 口、B 口、C 口和控制口的端口地址分别为 90H、94H、98H 和 9CH。

　　;8255初始化程序

```
        MOV      AL,      10011000B      ;PA Mode0 入，PB Mode0 出
        OUT      9CH,     AL             ;PC 上 入，PC 下 出
;A/D 转换
        MOV      AL,      05H
        OUT      94H,     AL             ;选 IN₅ 通道
        MOV      AL,      00000001B      ;启动 A/D，PC₀=1
        OUT      9CH,     AL
        NOP
        NOP                             ;延迟，避免虚假 EOC 信号
Wait2:  IN       AL,      98H            ;测 EOC
        TEST     AL,      00100000B      ;PC5=EOC=1?
        JZ       Wait2
        MOV      AL,      00000101B      ;OE 置 1
        OUT      9CH,     AL
        IN       AL,      90H
        MOV      BL,      AL             ;转换结果存入 BL 中
        MOV      AL,      00000000B      ;OE 清 0
        OUT      9CH,     AL
```

11.4　应 用 实 例

图 11-21 所示为利用 Intel 8088 CPU 和 ADC0809 构成一个 8 通道的数据采集系统。

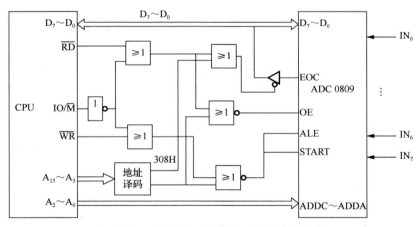

图 11-21　ADC0809 工作于查询方式的连接

【例 11-6】设 CPU 与 ADC0809 之间采用查询方式工作，分别对 8 路模拟信号轮流采样一次，并将采样结果存入数据段中从 BUFFER 开始的数据区中。

分析：由于 ADC0809 内部具有三态输出锁存器，因此其 8 位数据输出引脚能同系统的数据总线直接连接。ADDA ~ ADDC 与地址总线的 $A_0 ~ A_2$ 相连，用于选通 8 路模拟输入通道中的一路。设 8 路模拟输入通道的 I/O 端口地址为 300H ~ 307H。由于 ADC0809 无片选信号，因此需由地址译码器的输出、IO/$\overline{M}$ 和 $\overline{WR}$ 三信号控制启动信号 START 和地址锁存信号 ALE，使得锁存模拟输入通道地址的同时启动 A/D 转换。而输出使能端 OE 是由地址译码器的输出、IO/$\overline{M}$ 和 $\overline{RD}$ 三信号控制。当 ADC0809 转换结束时，在 EOC 引脚输出一个由低变高的转换结束信号，采用查询方式时，可以利用该信号作为转换结束状态标志。设状态标志端

口地址为 308H，此引脚经过三态门与 D_0 相连，因此，启动 A/D 转换后，只要不断查询 D_0 位是否为 1，便可知道转换是否结束。

实现上述数据采集过程的参考程序如下：

```
        MOV     BX,     BUFFER      ;置数据缓冲首地址
        MOV     CX,     08H         ;设置通道数
        MOV     DX,     300H        ;通道 IN0 口地址
L1: OUT     DX,     AL              ;启动 A/D 转换（AL 可为任意数）
        PUSH    DX                  ;保存通道口地址
        MOV     DX,     308H        ;指向状态口地址
L2: IN      AL,     DX              ;读 EOC 状态
        TEST    AL,     01H         ;转换是否结束
        JZ      L2                  ;若未结束，等待
        POP     DX                  ;转换结束，恢复通道口地址
        IN      AL,     DX          ;读取转换数据
        MOV     [BX],   AL          ;转换结果送缓冲器
        INC     DX                  ;指向下一个输入通道
        INC     BX                  ;指向下一个缓冲单元
        LOOP    L1                  ;判断 8 路模拟量是否全部采样完毕
```

若采用中断方式读取转换后的数据量，则可将 ADC0809 的 EOC 引脚接至中断控制器 8259A 可使用的 IR_i，当 ADC0809 转换结束时，EOC 为高电平，向 CPU 发出中断请求，在中断服务程序中采集数据。

习　题

综合题

1. D/A 转换器由哪几部分组成？如何选择 D/A 转换器？

2. D/A 转换器有哪些指标？

3. 什么是 A/D 转换器？

4. A/D 转换器在微型计算机应用中起到什么作用？

5. A/D 转换器的主要参数有哪些？各参数反映了 A/D 转换器的什么性能？

6. ADC 中的转换结束信号 EOC 起到什么作用？

7. 某系统的 CPU 为 8088，要求 8253 通道 0 每 2 s 发一次中断请求，CPU 响应中断后，启动 DA 转换芯片 0832 输出一串 5 个锯齿波（满量程）。8253 的通道 0 的工作频率为 2 MHz，0832 采用双缓冲连接。（已知 8253 的地址为 F0~F3H，8259A 的地址为 40H~41H，0832 的地址为 80H~81H）。要求完成：

　（1）编写 8253 的初始化程序。

　（2）如果其中断请求接 8259A 的 IR_7，电平触发，采用 AEOI 结束方式，非缓冲，全嵌套，开放 IR_7 的中断源。编写 8259A 的初始化程序。

　（3）编写中断服务子程序。

8. 某 8 位 D/A 转换器，其参考电压为正 5 V。当 CPU 分别送出 80H、40H、10H 时，其相应的输出电压各为多少？

9. 试在 8088 CPU 微机系统中，对 8 路模拟量进行采样。试画出硬件连接示意图，要求考虑缓冲驱动。写出 8 路数据采集的子程序，采集的数据送到 BUFFER 开始的 8 个单元中。

附 录 A

A.1   7 位 ASCII 码编码表

低4位代码		高3位							
		0	1	2	3	4	5	6	7
		000	001	010	011	100	101	110	111
0	0000	NUL（空）	DLE（数据链换码）	SP（空格）	0	@	P	`	p
1	0001	SOH（标头开始）	DC1（设备控制1）	!	1	A	Q	a	q
2	0010	STX（文本结束）	DC2（设备控制2）	"	2	B	R	b	r
3	0011	ETX（文本结束）	DC3（设备控制3）	#	3	C	S	c	s
4	0100	EOT（传输结束）	DC4（设备控制4）	$	4	D	T	d	t
5	0101	ENQ（查询）	NAK（否定）	%	5	E	U	e	u
6	0110	ACK（确认）	SYN（同步）	&	6	F	V	f	v
7	0111	BEL（报警）	ETB（块结束）	'	7	G	W	g	w
8	1000	BS（退格）	CAN（作废）	(	8	H	X	h	x
9	1001	HT（横向列表）	EM（纸尽）	)	9	I	Y	i	y
A	1010	LF（换行）	SUB（减）	*	:	J	Z	j	z
B	1011	VT（纵向列表）	ESC（换码）	+	;	K	[	k	{
C	1100	FF（走纸控制）	FS（文字分隔）	,	<	L	\	l	|
D	1101	CR（回车）	GS（组分隔）	–	=	M	]	m	}
E	1110	SO（移位输出）	RS（记录分隔）	.	>	N	↑	n	~
F	1111	SI（移位输入）	US（单元分隔）	/	?	O	←	o	DEL

A.2　8086 指令系统

指令类型	指令格式	功　　能
传送指令	MOV　reg/mem, imm	原操作数→目的地址
	MOV　reg/mem/seg, reg	
	MOV　reg/seg, men	
	MOV　reg/mem, seg	
交换指令	XCHG　reg, reg/mem	将原操作数与目的操作数相互交换
	XCHG　reg/mem, reg	
转换指令	XLAT	[BX+AL]→AL
	XLAT　lab	
堆栈指令	PUSH　reg16/men16/seg	寄存器/存储器入栈
	POP　reg16/men16/seg	寄存器/存储器出栈
标志传送	CLC	CF 清 "0"
	STC	CF 置 "1"
	CMC	CF 置反
	CLD	DF 清 "0"，串操作时，地址自动增量
	STD	DF 置 "1"，串操作时，地址自动减量
	CLI	IF 清 "0"，关中断
	STI	IF 置 "1"，开中断
	LAHF	标志位低 8 位→AH
	SAHF	(AH)→标志位低 8 位
	PUSHF	标志位入栈
	POPF	标志位出栈
地址传送	LEA　reg16, mem	16 位有效地址→reg16
	LDS　reg16, mem	32 位远指针→DS: reg16
	LES　reg16, men	32 位远指针→ES: reg16
端口操作	IN　AL/AX, imm8/DX	I/O 端口地址→AL/AX
	OUT　imm8/DX, AL/AX	(AL/AX)→I/O 端口
加法运算	ADD　reg, imm/reg/mem	(目的操作数+原操作数)→目的操作数
	ADD　men, imm/reg	
	ADC　reg, imm/reg/mem	(目的操作数+原操作数+CF)→目的操作数
	ADC　men, imm/reg	
	INC　reg/mem	(reg/mem+1)→reg/mem
减法运算	SUB　reg, imm/reg/mem	(目的操作数−原操作数)→目的操作数
	SUB　men, imm/reg	
	SBB　reg, imm/reg/mem	(目的操作数−原操作数−CF)→目的操作数
	SBB　men, imm/reg	
	DEC　reg/mem	(reg/mem−1)→reg/mem

续表

指令类型	指令格式	功能
求补运算	NEG reg/mem	(0−reg/mem)→reg/mem
比较运算	CMP reg, imm/reg/mem	reg − imm/reg/mem，结果不回写
	CMP men, imm/reg	men − imm/reg，结果不回写
乘法运算	MUL reg/mem	无符号数乘法
	IMUL reg/mem	符号数乘法
除法运算	DIV reg/mem	无符号数除法
	IDIV reg/mem	符号数除法
符号扩展	CBW	将 AL 的符号扩展为 AX
	CWD	将 AX 的符号扩展为 DX.AX
十进制调整	DAA	将 AL 中的和调整为压缩 BCD 码
	DAS	将 AL 中的差调整为压缩 BCD 码
	AAA	将 AL 中的和调整为非压缩 BCD 码
	AAS	将 AL 中的差调整为非压缩 BCD 码
	AAM	将 AX 中的积调整为非压缩 BCD 码
	AAD	将 AX 中的非压缩 BCD 码扩展为二进制数
逻辑运算	AND reg, imm/reg/mem	目的操作数"与"原操作数，结果存入目的操作数
	AND men, imm/reg	
	OR reg, imm/reg/mem	目的操作数"或"原操作数，结果存入目的操作数
	OR men, imm/reg	
	XOR reg, imm/reg/mem	目的操作数"异或"原操作数，结果存入目的操作数
	XOR men, imm/reg	
	TEST reg, imm/reg/mem	目的操作数"与"原操作数，结果不回写
	TEST men, imm/reg	
	NOT reg/mem	reg/mem 的值求反，结果存入 reg/mem
移位	SAL reg/mem, 1/CL	算数左移 1/CL 指定的次数
	SAR reg/mem, 1/CL	算数右移 1/CL 指定的次数
	SHL reg/mem, 1/CL	逻辑左移 1/CL 指定的次数
	SHR reg/mem, 1/CL	逻辑右移 1/CL 指定的次数
	ROL reg/mem, 1/CL	循环左移 1/CL 指定的次数
	ROR reg/mem, 1/CL	循环右移 1/CL 指定的次数
	RCL reg/mem, 1/CL	带进位循环左移 1/CL 指定的次数
	RCR reg/mem, 1/CL	带进位循环右移 1/CL 指定的次数
串操作	MOVS[B/W]	串传送
	LODS[B/W]	串读取
	STOS[B/W]	串存储
	CMPS[B/W]	串比较
	SCAS[B/W]	串扫描
	REP	无条件重复前缀
	REPZ/REPE	相等重复前缀
	REPNZ/REPNE	不相等重复前缀

续表

指令类型	指 令 格 式	功　　能
控制转移	JMP　lab	无条件直接转移
	JMP　reg16/mem16	无条件间接转移
	JCC　lab	条件转移
循环控制	LOOP　lab	CX–1→CX；若 CX≠0，则循环
	LOOPZ/LOOPE　lab	CX–1→CX；若 CX≠0 且 ZF=1，则循环
	LOOPNZ/LOOPNE　lab	CX–1→CX；若 CX≠0 且 ZF=0，则循环
	JCXZ　lab	若 CX≠0，则循环
子程序	CALL　lab	直接调用
	CALL　reg16/mem16	间接调用
	RET	无参数返回
	RET　imm16	有参数返回
中断	INT　imm8	中断调用
	IRET	中断返回
	INTO	溢出中断调用
处理器控制	NOP	空操作指令
	SEG:	段超越前缀
	HLT	停机指令
	LOCK	封锁前缀
	WAIT	等待指令
	ESC　imm8, reg/mem	交给浮点处理器的浮点指令

说明：

① reg8：表示任意的 8 位寄存器 AH、AL、BH、BL、CH、CL、DH、DL。

② reg16：表示任意的 16 位寄存器 AX、BX、CX、DX、SI、DI、BP、SP。

③ reg：表示 reg8 或 reg16。

④ seg：表示任意的段寄存器 CS、DS、ES、SS。

⑤ mem8：表示 8 位的存储器操作单元。

⑥ mem16：表示 16 位的存储器操作单元。

⑦ mem：表示 mem8 或 mem16。

⑧ imm8：表示 8 位立即数。

⑨ imm16：表示 16 位立即数。

⑩ imm：表示 imm8 或 imm16。

⑪ lab：表示符号。

A.3　DOS 系统功能调用（INT 21H）

AH	功　　能	调 用 参 数	返 回 参 数
00	程序终止（同 INT 21H）	CS=程序段前缀 PSP	—
01	键盘输入（并回显）	—	AL=输入字符
02	显示输出	DL=输出字符	—
03	异步通信（COM1）输入	—	AL=输入数据
04	异步通信（COM1）输出	DL=输出字符	—
05	打印机输出	DL=输出字符	—
06	直接控制台 I/O	输入：DL=FFH 输出：DL=输出字符	AL=输入字符
07	键盘输入（无回显）	—	AL=输入字符
08	键盘输入（无回显） 检测【Ctrl+Break】或【Ctrl+C】	—	AL=输入字符
09	显示字符串	DS:DX=串地址，串以 '$' 结尾	—
0A	键盘输入到缓冲区	DS:DX=缓冲区首地址； (DS:DX)=缓冲区最大字符数 (DS:DX+1)=实际输入字符数	—
0B	检验键盘状态	—	AL=00，有输入 AL=FF，无输入
0C	清除缓冲区并请求指定的输入功能	AL=输入功能（1/6/7/8/0AH）	—
0D	键盘复位	—	清除文件缓冲区
0E	指定当前默认的磁盘驱动器	DL=驱动器号（0=A，1=B，…）	AL=系统中的驱动器数
0F	打开文件（FCB）	DS:DX=FCB 首地址	AL=00，文件找到 AL=FF，文件未找到
10	关闭文件（FCB）	DS:DX=FCB 首地址	AL=00，目录修改成功 AL=FF，目录中未找到文件
11	查找第一个目录项（FCB）	DS:DX=FCB 首地址	AL=00，找到 AL=FF，未找到
12	查找下一个目录项（FCB） 使用通配符进行目录项查找	DS:DX=FCB 首地址	AL=00，找到 AL=FF，未找到
13	删除文件（FCB）	DS:DX=FCB 首地址	AL=00，删除成功 AL=FF，未找到
14	顺序读文件（FCB）	DS:DX=FCB 首地址	AL=00，读成功 AL=01，文件结束，未读到数据 AL=02，DTA 数据边界错误 AL=03，文件结束，记录不完整

AH	功　能	调　用　参　数	返　回　参　数
15	顺序写文件（FCB）	DS:DX=FCB 首地址	AL=00，写成功 AL=01，磁盘满或只读文件 AL=02，DTA 数据边界错误
16	建立文件（FCB）	DS:DX=FCB 首地址	AL=00，建立成功 AL=FF，未建立成功
17	更改文件名（FCB）	DS:DX=FCB 首地址	AL=00，更改成功 AL=FF，未更改成功
19	取当前默认磁盘驱动器	—	AL=默认的驱动器号 （0=A，1=B，2=C，…）
1A	设置 DTA 地址	DS:DX=DTA 地址	—
1B	取默认驱动器 FAT 信息	—	AL=每簇的扇区数 DS:BX=指向介质说明的指针 CX=物理扇区的字节数 DX=每个磁盘簇数
1C	取指定驱动器 FAT 信息	DL=驱动器号	同上
1F	取默认磁盘参数块	—	AL=00，无错 AL=FF，出错 DS:BX=磁盘参数块地址
21	随机读文件（FCB）	DS:DX=FCB 首地址	AL=00，读成功 AL=01，文件结束 AL=02，DTA 边界错误 AL=03，读部分记录
22	随机写文件（FCB）	DS:DX=FCB 首地址	AL=00，写成功 AL=01，磁盘满或是只读文件 AL=02，DTA 边界错误
23	测文件大小（FCB）	DS:DX=FCB 首地址	AL=00，成功，记录数填入 FCB AL=FF，未找到文件
24	设置随机记录号（FCB）	DS:DX=FCB 首地址	—
25	设置中断向量	DS:DX=中断向量 AL=中断类型号	—
26	建立程序段前缀 PSP	DX=新程序段的段前缀 PSP	—
27	随机分块读（FCB）	DS:DX=FCB 首地址 CX=记录数	AL=00，读成功 AL=01，文件结束 AL=02，DTA 边界错误 AL=03，读入部分记录 CX=读取的记录数

续表

AH	功　能	调　用　参　数	返　回　参　数
28	随机分块写（FCB）	DS:DX=FCB 首地址 CX=记录数	AL=00，写读成功 AL=01，磁盘满或是只读文件 AL=02，DTA 边界错误
29	分析文件名字符串（FCB）	ES:DI=FCB 首地址 DS:SI=字符串地址	AL=00，标准文件 AL=01，多义文件 AL=FF，非法盘符
2A	取系统日期	—	CX=年（1980～2099） DH=月（1～12）：日（1～31） AL=星期（0～6）
2B	设置系统日期	CX=年（1980—2099） DH:DL=月（1～12）:日（1～31）	AL=00，成功 AL=FF，设置不成功
2C	取系统时间	—	CH:CL=时:分 DH:DL=秒:1/100 秒
2D	设置系统时间	CH:CL=时:分 DH:DL=秒:1/100 秒	AL=00，成功 AL=FF，无效
2E	设置磁盘自动读/写标志	AL=00，关闭标志 AL=FF，打开标志	—
2F	取磁盘缓冲区首地址	—	ES:BX=缓冲区首地址
30	取 DOS 版本号	—	AL=版本号，AH=发行号 BH=DOS 版本标志 BL:CX=序号（24 位）
31	结束并驻留	AL=返回号 DX=驻留区大小	—
32	取驱动器参数块	DL=驱动器号	AL=FF，驱动器无效 DS:BX=驱动器参数块地址
33	Ctrl-Break 检测	AL=00，取状态 AL=01，置状态（DL）	DL=00，关闭检测 DL=01，打开检测
35	取中断向量	AL=中断类型号	ES:BX=中断向量
36	取空闲磁盘空间	DL=驱动器号 0：默认，1：A，2：B，…	成功：AX=每簇扇区数 BX=可用扇区数 CX=每扇区字节数 DX=磁盘总扇区数 失败：AX=0FFFFH
38	置/取国家信息	DS:DX=信息区首地址	BX=国际电话前缀码
39	建立子目录（MKDIR）	DS:DX=子目录串首地址	AX=错误代码
3A	删除子目录（RMDIR）	DS:DX=子目录串首地址	AX=错误代码
3B	改变当前目录（CHDIR）	DS:DX=目录串首地址	AX=错误代码

AH	功　　能	调　用　参　数	返　回　参　数
3C	建立文件	DS:DX=子目录串首地址 CX=文件属性	成功：AX=文件号（句柄） 失败：AX=错误代码
3D	打开文件	DS:DX=文件名串首地址 AL=访问文件的方式 　（0：只读，1：只写，2：读/写）	成功：AX=文件号（句柄） 失败：AX=错误代码
3E	关闭文件	BX=文件号（句柄）	失败：AX=错误代码
3F	读文件或设备	DS:DX=数据缓冲区地址 BX=文件号（句柄） CX=读取的字节数	成功：AX=实际读入的字节数 　AX=0表示已读到文件末尾 失败：AX=错误代码
40	写文件或设备	DS:DX=数据缓冲区地址 BX=文件号（句柄） CX=写入的字节数	成功：AX=实际写入的字节数 失败：AX=错误代码
41	删除文件	DS:DX=字符串首地址	成功：AX=00 失败：AX=错误代码
42	移动文件指针	BX=文件号（句柄） CX:DX=位移量 AL=移动方式（0～2）	成功：DX:AX=新指针位置 失败：AX=错误代码
43	置/取文件属性	DS:DX=字符串首地址 AL=00，取文件属性 AL=01，置文件属性 CX=文件属性	成功：CX=文件属性 失败：AX=错误代码
44	设备文件 I/O 控制	BX=文件号（句柄） AL=设备子功能代码（0～11H） 0：读设备信息；1：置设备信息 2：读字符设备；3：写字符设备 4：读块设备；　5：写块设备； … BL=驱动器代码 CX=读/写的字节数	成功：DX=设备信息 　AX=传送的字节数 失败：AX=错误代码
45	复制文件代号	BX=文件号1（句柄1）	成功：AX=文件号2（句柄2） 失败：AX=错误代码
46	强行复制间文件代号	BX=文件号1（句柄1） CX=文件号2（句柄2）	失败：AX=错误代码
47	取当前目录路径名	DL=驱动器号 DS:SI=字符串地址 　（从根目录开始的路径名）	成功：DS:SI=字符串地址 失败：AX=错误代码
48	分配内存空间	BX=申请内存字节数	成功：AX=分配内存的初始段地址 失败：AX=错误代码

续表

AH	功　能	调 用 参 数	返 回 参 数
49	释放已分配内存	ES=内存起始段地址	失败：AX=错误代码
4A	修改内存分配	ES=原内存起始段地址 BX=新申请内存字节数	失败：AX=错误代码
4B	装入/执行程序	DS:DX=字符串地址 ES:BX=参数区首地址 AL=00，装入并执行程序 AL=01，装入，但不执行	失败：AX=错误代码
4C	带返回码终止	AL=返回码	
4D	取返回代码	—	AL=子出口代码 AH=返回代码 00：正常终止 01：用【Ctrl+C】组合键终止 02：严重设备错误终止 03：功能调用 31H 终止
4E	查找第一个匹配文件	DS:DX=字符串地址 CX=属性	失败：AX=错误代码
4F	查找下一个匹配文件 （使用通配符进行查找）	DS:DX=字符串地址	失败：AX=错误代码
50	置 PSP 段地址	BX=新 PSP 段地址	—
51	取 PSP 段地址	—	BX=当前运行进程的 PSP
52	取磁盘参数块	—	ES:BX=参数块表指针
53	把 BIOS 参数块(BPB)转换为 DOS 的 驱动器参数块（DPB）	DS:SI=BPB 的指针 ES:BP=DPB 的指针	—
54	取写盘后读盘的检验标志	—	AL=00，检验关闭 AL=01，检验打开
55	建立 PSP	DX=建立 PSP 的段地址	—
56	文件改名	DS：DX=当前字符串地址 ES：DI=新字符串地址	失败：AX=错误代码
57	置/取文件日期和时间	BX=文件号（句柄） AL=00，读取日期和时间 AL=01，设置日期和时间 (DX:CX)=日期:时间	失败：AX=错误代码
58	置/取内存分配策略	AL=00，取策略代码 AL=01，设置策略代码 BX=策略代码	成功：AX=策略代码 失败：AX=错误代码

AH	功　能	调 用 参 数	返 回 参 数
59	取扩充错误码	—	AX=扩充错误码 BH=错误类型 BL=建议的操作 CH=出错设备代码
5A	建立临时文件	CX=文件属性 DS:DX=字符串（以'\'结束）地址	成功：AX=文件代码 　　　DS:DX=字符串地址 失败：AX=错误代码
5B	建立新文件	CX=文件属性 DS:DX=字符串地址	成功：AX=文件代码 失败：AX=错误代码
5C	锁定文件存取	AL=00，锁定文件指定的区域 AL=01，开锁 BX=文件号（句柄） CX:DX=文件区域偏移量 SI:DI=文件区域的大小	失败：AX=错误代码
5D	取/置严重错误标志的地址	AL=06，取严重错误标志地址 AL=0A，置 ERROR 结构指针	DS:SI=严重错误标志的地址
60	扩展为全路径名	DS:SI=字符串地址 ES:DI=工作缓冲区地址	失败：AX=错误代码
62	取程序段前缀地址	—	BX=PSP 地址
68	刷新缓冲区数据到磁盘	AL=文件号（句柄）	失败：AX=错误代码
6C	扩充的文件打开/建立	AL=访问权限 BX=打开方式 CX=文件属性 DS:SI=字符串地址	成功：AX=文件号（句柄） 　　　CX=采取的动作 失败：AX=错误代码

A.4　BIOS 功能调用

INT	AH	功　能	调 用 参 数	返 回 参 数
10	00	设置显示方式	AL=00，40×25，黑白文本，16 级灰度 　=01，40×25，16 色文本 　… 　=11，640×480，黑白图形（VGA） 　=12，640×480，16 色图形（VGA） 　=13，640×480，256 色图形（VGA）	—
10	01	置光标类型	$(CH)_{0-3}$=光标起始行 $(CL)_{0-3}$=光标末尾行	—
10	02	置光标位置	BH=页号，DH/DL=行/列	—

续表

INT	AH	功　能	调 用 参 数	返 回 参 数
10	03	读光标位置	BH=页号	CH=光标起始行 CL=光标结束行 DH/DL=行/列
10	04	读光笔位置	BH=页号	AX=0，光笔未触发 AX=1，光笔触发 CH/BX=像素行/列 DH/DL=字符行/列
10	05	置当前显示页	AL=页号	—
10	06	屏幕初始化或向上滚动	AL=0，初始化窗口（清屏） AL=上滚行数，BH=滚入行属性 CH/CL=左上角行/列 DH/DL=右下角行列	—
10	07	屏幕初始化或向下滚动	AL=0，初始化窗口 AL=下滚行数，BH=滚入行属性 CH/CL=左上角行/列 DH/DL=右下角行列	—
10	08	读光标位置的字符和属性	BH=页号	AH/AL=字符/属性
10	09	存光标位置显示字符和属性	BH=页号，AL/BL=字符/属性 CX=字符重复次数	—
10	0A	存光标位置显示字符	BH=页号，AL=字符 CX=字符重复显示次数	—
10	0B	置彩色调色板	BH=彩色调色板 ID BL=和 ID 配套使用的颜色	—
10	0C	显示像素	AL=像素值，DX=行号（0～199）， CX=列号（0～639）	—
10	0D	读像素	DX=行号（0～199），CX=列号（0～639）	AL=像素的颜色值
10	0E	显示字符（光标前移）	AL=字符，BH=页号，BL=前景色	
10	0F	取当前显示方式	—	BH=页号，AH=字符列数 AL=显示方式
10	10	置调色板寄存器	AL=0，BL=调色板号，BH=颜色值	—
10	11	装入字符发生器 （EGA/VGA）	AL=0～4，全部或部分装入字符点阵集 AL=20～24，置图形方式显示字符集 AL=30，读当前字符集信息	ES:BP=字符集位置
10	12	返回当前适配器设置的信息（EGA/VGA）	BL=10H（子功能）	BH=0，单色方式 BH=1，彩色方式 BL=VRAM 容量 CH=特征位设置 CL=EGA 开关设置

INT	AH	功　能	调　用　参　数	返　回　参　数
10	13	显示字符串	ES：BP=字符串首地址 AL=写方式（0～3），CX=字符串长度 DH/DL=起始行/列，BH/BL=页号/属性	—
11		取设备信息	—	AX=返回值（位映像） 0：设备未安装 1：设备已安装
12		取内存容量	—	AX=字节数（KB）
13	00	磁盘复位	DL=驱动器号	失败：AH=错误代码
13	01	读磁盘驱动器状态		AH=状态字节
13	02	读磁盘扇区	AL=扇区数，$(CL)_{0\sim5}$=扇区号 $(CL)_{6\sim7}(CH)_{0\sim7}$=磁道号 DH/DL=磁头号/驱动器号 ES:BX=数据缓冲区地址	成功：AH=0 　　　　AL=读取的扇区数 失败：AH=错误代码
13	03	写磁盘扇区	同上	成功：AH=0 　　　　AL=写入的扇区数 失败：AH=错误代码
13	04	检验磁盘扇区	AL=扇区数，$(CL)_{0\sim5}$=扇区号 $(CL)_{6\sim7}(CH)_{0\sim7}$=磁道号 DH/DL=磁头号/驱动器号	成功：AH=0 　　　　AL=检验的扇区数 失败：AH=错误代码
13	05	格式化盘磁道	AL=扇区数，$(CL)_{0\sim5}$=扇区号 $(CL)_{6\sim7}(CH)_{0\sim7}$=磁道号 DH/DL=磁头号/驱动器号 ES:BX=格式化参数表指针	成功：AH=0 失败：AH=错误代码
14	00	初始化串口	AL=初始化参数 DX=串行口号	AH=通信口状态 AL=调制解调器状态
14	01	向通信口写字符	AL=字符 DX=通信口号	成功：$(AH)_7$=0 失败：$(AH)_7$=1 　　　$(AH)_{0\sim6}$=通信口状态
14	02	从通信口读字符	DX=通信口号	成功：$(AH)_7$=0 　　　　AL=字符 失败：$(AH)_7$=1
14	03	取通信口状态	DX=通信口号	AH=通信口状态 AL=调制解调器状态
14	04	初始化扩展 COM	—	—
14	05	扩展 COM 控制	—	—
15	00	启动盒式磁带机	—	—
15	01	停止盒式磁带机	—	—

续表

INT	AH	功 能	调 用 参 数	返 回 参 数
15	02	磁带分块读	ES:BX=数据传输区首地址 CX=字节数	AH=状态字节 　=00，读成功 　=01，冗余校验错 　=02，无数据传输 　=04，无引导 　=80，非法命令
15	03	磁带分块读	DS:BX=数据传输区首地址 CX=字节数	同上
16	00	从键盘读字符	—	AL=字符码，AH=扫描码
16	01	取键盘缓冲状态	—	ZF=0：AL=字符码 　　　　 AH=扫描码 ZF=1：缓冲区无按键等待
16	02	取键盘标志字节	—	AL=键盘标志字节
17	00	打印字符 回送状态字节	AL=字符	AH=打印机状态字节 DX=打印机号
17	01	初始化打印机 回送状态字节	DX=打印机号	AH=打印机状态字节
17	02	取打印机状态	DX=打印机号	AH=打印机状态字节
18		ROMBASIC 语言	—	—
19		引导装入程序	—	—
1A	00	读时钟	—	CH:CL=时:分（BCD） DH:DL=秒，1/100 秒（BCD）
1A	01	置时钟	CH:CL=时:分（BCD） DH:DL=秒，1/100 秒（BCD）	—
1A	06	置报警时间	CH:CL=时:分（BCD） DH:DL=秒，1/100 秒（BCD）	—
1A	07	清除报警时间	—	—

参 考 文 献

[1] 钱晓捷. 16/32 位微机原理、汇编语言及接口技术[M]. 3 版. 北京：机械工业出版社，2011.

[2] 沈美明. IBM-PC 汇编语言程序设计[M]. 北京：清华大学出版社，2007.

[3] 斯特泊. 汇编语言基础教程[M]. 远红亮，等译. 北京：清华大学出版社，2014.

[4] 冯博琴，吴宁. 微型计算机原理及接口技术[M]. 北京：清华大学出版社，2011.

[5] 李干林. 微机原理及接口技术[M]. 北京：北京大学出版社，2015.

[6] 卜艳萍，周伟. 汇编语言程序设计教程[M]. 4 版. 北京：清华大学出版社，2016.

[7] 蔡启仲. 微机原理及接口技术[M]. 北京：机械工业出版社，2013.

[8] 林志贵. 微型计算机原理及接口技术[M]. 北京：机械工业出版社，2010.

[9] 郭兰英，赵祥模. 微机原理与接口技术[M]. 2 版. 北京：清华大学出版社，2015.

[10] 周孟初. 微型计算机原理与接口技术[M]. 合肥：中国科学技术大学出版社，2012.

[11] 黄丽雯，赵明富. 微机原理与接口技术[M]. 北京：科学出版社，2018.

[12] 李珍香. 微机原理与接口技术[M]. 北京：清华大学出版社，2018.

[13] 朱耀庭，董焕芝，高飞. 汇编语言程序设计[M]. 北京：清华大学出版社，2013.

[14] 李继灿. 微机原理与接口技术[M]. 北京：清华大学出版社，2010.

[15] 吉海彦. 微机原理与接口技术[M]. 北京：机械工业出版社，2008.

[16] 杨全胜，胡友彬，王晓蔚，等. 现代微机原理与接口技术[M]. 3 版. 北京：电子工业出版社，2013.

[17] 黄会雄. 微机原理与接口技术[M]. 长沙：中南大学出版社，2007.

[18] 海德. 汇编语言编程艺术[M]. 陈曙晖，译. 北京：清华大学出版社，2005.

[19] 戴梅萼，史嘉权. 微型计算机技术及应用[M]. 4 版. 北京：清华大学出版社，2008.

[20] 胡蔷，王祥瑞. 微机原理及接口技术[M]. 北京：机械工业出版社，2013.